W0189253

HERZLICHEN GLÜCKWUNSCH

Und Dankeschön für den Kauf dieses Buches. Als besonderes Schmankerl* finden Sie unten Ihren persönlichen Code, mit dem Sie das Buch exklusiv und kostenlos als eBook erhalten.

Beachten Sie bitte die Systemvoraussetzungen auf der letzten Umschlagseite!

70181-r65p6- vkv00-f7bda

Registrieren Sie sich einfach in nur zwei Schritten unter www.hanser.de/ciando und laden Sie Ihr eBook direkt auf Ihren Rechner.

KOMPETENZ · HANSER · GEWINNT

*Bayrisch für eine leckere Kleinigkeit; ein Leckerbissen

Stähler/Meier/Scheuch/Schmülling/Somssich

Enterprise Architecture, BPM und SOA
für Business-Analysten

Bleiben Sie einfach auf dem Laufenden:
www.hanser.de/newsletter
Sofort anmelden und Monat für Monat
die neuesten Infos und Updates erhalten.

Dirk Stähler
Ingo Meier
Rolf Scheuch
Christian Schmülling
Daniel Somssich

Enterprise Architecture, BPM und SOA für Business-Analysten

Leitfaden für die Praxis

Dirk Stähler, Gummersbach, dirk.staehler@opitz-consulting.com
Ingo Meier, Köln, ingo.meier@opitz-consulting.com
Rolf Scheuch, Bergisch Gladbach, rolf.scheuch@opitz-consulting.com
Christian Schmülling, Overath, christian.schmuelling@opitz-consulting.com
Daniel Somssich, Köln, daniel.somssich@opitz-consulting.com

Alle in diesem Buch enthaltenen Informationen, Verfahren und Darstellungen wurden nach bestem Wissen zusammengestellt und mit Sorgfalt getestet. Dennoch sind Fehler nicht ganz auszuschließen. Aus diesem Grund sind die im vorliegenden Buch enthaltenen Informationen mit keiner Verpflichtung oder Garantie irgendeiner Art verbunden. Autoren und Verlag übernehmen infolgedessen keine juristische Verantwortung und werden keine daraus folgende oder sonstige Haftung übernehmen, die auf irgendeine Art aus der Benutzung dieser Informationen – oder Teilen davon – entsteht.

Ebenso übernehmen Autoren und Verlag keine Gewähr dafür, dass beschriebene Verfahren usw. frei von Schutzrechten Dritter sind. Die Wiedergabe von Gebrauchsnamen, Handelsnamen, Warenbezeichnungen usw. in diesem Buch berechtigt deshalb auch ohne besondere Kennzeichnung nicht zu der Annahme, dass solche Namen im Sinne der Warenzeichen- und Markenschutz-Gesetzgebung als frei zu betrachten wären und daher von jedermann benutzt werden dürften.

Bibliografische Information der Deutschen Nationalbibliothek:
Die Deutsche Nationalbibliothek verzeichnet diese Publikation in der Deutschen Nationalbibliografie; detaillierte bibliografische Daten sind im Internet über http://dnb.d-nb.de abrufbar.

Dieses Werk ist urheberrechtlich geschützt.
Alle Rechte, auch die der Übersetzung, des Nachdruckes und der Vervielfältigung des Buches, oder Teilen daraus, vorbehalten. Kein Teil des Werkes darf ohne schriftliche Genehmigung des Verlages in irgendeiner Form (Fotokopie, Mikrofilm oder ein anderes Verfahren) – auch nicht für Zwecke der Unterrichtsgestaltung – reproduziert oder unter Verwendung elektronischer Systeme verarbeitet, vervielfältigt oder verbreitet werden.

© 2009 Carl Hanser Verlag München (www.hanser.de)
Lektorat: Margarete Metzger
Herstellung: Irene Weilhart
Umschlagdesign: Marc Müller-Bremer, www.rebranding.de, München
Umschlagrealisation: Stephan Rönigk
Datenbelichtung, Druck und Bindung: Kösel, Krugzell
Ausstattung patentrechtlich geschützt. Kösel FD 351, Patent-Nr. 0748702
Printed in Germany

ISBN 978-3-446-41735-9

Inhalt

Vorwort

Die erste Idee zu dem vorliegenden Buch entstand bereits vor rund drei Jahren. Kurz nach-dem die OEM-Vereinbarung zwischen Oracle und IDS Scheer bekannt wurde, dachten Rolf Scheuch und ich darüber nach, unsere Erfahrungen, die wir in 10 Jahren gemeinsamer Nutzung der Werkzeuge von Oracle und IDS Scheer gemacht haben, einem breiteren Kreis zugänglich zu machen.

Also begannen wir Material zu sammeln und zu strukturieren, während die ersten Versio-nen der Oracle BPA Suite auf den Markt kamen. Im Verlauf unserer „Orientierungsarbei-ten" zeigte sich immer mehr, dass wir kein weiteres Benutzerhandbuch schreiben wollten, sondern dass es uns vielmehr darum ging, eine Methode zur Verbindung der klassischen, eher betriebswirtschaftlichen Modellierungswelt der IDS Scheer und der eher technischen Welt von Oracle vorzustellen. Mehr noch stellten wir fest, dass auf dem deutschen Markt bisher kein Buch verfügbar war, das eine einfache Methode zum Aufbau eines integrierten Modells, und damit zur Verbindung beider Modellierungswelten, beschrieb.

Kurz vor Beendigung der Arbeiten an diesem Buch erreichte uns die Nachricht, dass die Software AG beabsichtigt die IDS Scheer AG zu übernehmen. Wir haben uns natürlich direkt gefragt, welche Auswirkungen diese Übernahme auf unser Buch haben würde. Nach Bewertung der ersten Reaktionen von Oracle und IDS Scheer können wir sagen, dass kurz- und mittelfristig keine Änderungen auf Seiten der Hersteller zu erwarten sind. Oracle ver-wendet die ARIS Produktlinie an verschiedenen zentralen Stellen des eigenen Produktport-folios und plant nach aktuellen Aussagen daran nichts zu ändern.

Parallel zu unseren Überlegungen und den Ereignissen rund um Oracle nahm das grund-sätzliche Interesse an den Zusammenhängen von Enterprise Architecture, Business Process Management und SOA in den Jahren 2007 und 2008 ständig zu. Deshalb haben wir uns entschieden, diese Aspekte bei der Verbindung der Modellierungswelten in den Mittel-punkt zu stellen. Genau an der Schnittstelle dieser Modellierungswelten arbeitet heute zu-nehmend der Business Analyst. Er muss die Verbindung zwischen ihnen herstellen und zwischen den jeweiligen Sichten vermitteln.

Entstanden ist ein Buch, welches sowohl ein werkzeugneutrales Vorgehen für den Modellierungsteil der Arbeit des Business Analysten aufzeigt und gleichzeitig dem Praktiker konkrete Beispiel einer Modellierung innerhalb eines Werkzeuges näherbringt.

Wir möchten uns besonders für die Unterstützung der Oracle Corp. Bedanken, insbesondere bei Meera Srinivasan und Wolfgang Mücke, die uns jederzeit mit Rat zur Seite gestanden haben.

Auch danken wir den Kollegen bei OPITZ CONSULTING, die durch Anregungen und Verbesserungsvorschläge ebenfalls maßgeblich zum Gelingen dieses Buches beigetragen haben. Besonders erwähnen möchten wir an dieser Stelle Danilo Schmiedel, der uns mit seinen kritischen, aber immer konstruktiven Anmerkungen unterstützt hat.

Weiterhin gilt unser Dank dem Hanser Verlag für die hervorragende Unterstützung bei der Erstellung des Buches. Besonders danken wir Margarete Metzger und Irene Weilhart für die redaktionelle und technische Unterstützung.

Wir wünschen Ihnen viel Spaß und neue Erkenntnisse beim Lesen des Buches und freuen uns über jede Form von Rückmeldungen. Schreiben Sie uns Ihre Ideen und Anmerkungen!

Gummersbach im August 2009
Dirk Stähler
dirk.staehler@opitz-consulting.com

Die Autoren

Dirk Stähler
ist Direktor für Strategie und Innovation bei dem Gummersbacher Beratungshaus OPITZ CONSULTING GmbH. Im Rahmen seiner Tätigkeit verantwortet er die strategische Entwicklung des Unternehmens in den Bereichen Enterprise Architecture, BPM und fachliche SOA. Er ist bekannt durch diverse Veröffentlichungen und arbeitet in Projekten bei nationalen und internationalen Konzernen.
Dirk Stähler hat die Kapitel 1, 2, 3, 4 und 5 verfasst.

Ingo Meier
berät rund um das Thema Prozessmanagement. Ein besonderer Schwerpunkt liegt dabei auf der Prozessautomatisierung in der IT und der Verbindung fachlicher Prozesse mit den methodischen Ansätzen serviceorientierter Architekturen. Er verfügt über mehrjährige Praxiserfahrung in Prozessmanagement- und SOA-Projekten.
Ingo Meier hat das Kapitel 8 verfasst.

Rolf Scheuch
ist einer der Gründer und geschäftsführender Gesellschafter der Opitz Consulting GmbH. Er beschäftigt sich schwerpunktmäßig mit den Themen IT Strategiemanagement, Prozess-Controlling und -steuerung. Er hat langjährige Erfahrung in der Abwicklung komplexer IT Projekte und berät IT Führungskräfte namhafter deutscher Konzerne.
Rolf Scheuch hat das Kapitel 9 verfasst.

Christian Schmülling
ist Berater und Trainer im Bereich SOA. Er arbeitet aktiv in IT Projekten und verfügt dadurch über eine hohe fachliche und technische Kompetenz in der Analyse, Konzeption und Implementierung von serviceorientierten Architekturen und Individualsoftware.
Christian Schmülling hat das Kapitel 7 verfasst.

Daniel Somssich
ist Berater bei der OPITZ CONSULTING GmbH. Er verfügt über mehrjährige Projekterfahrung in den Bereichen Geschäftsprozessmanagement und Business-IT-Alignment, in deren Rahmen er Fachkonzepte für individuelle IT-Systeme nach modellbasierten Ansätzen entwirft.
Daniel Somssich hat das Kapitel 6 verfasst.

1 Einleitung

1.1 Warum Modellierung?

Unsere Welt ist komplex! Sie zu verstehen, erfordert neben dem Vorhandensein eigenen Wissens auch die Abstimmung individueller Sichten der „Wahrheit" zwischen Menschen. Zur sicheren Kommunikation darüber benötigen wir eine gemeinsame Grundlage.

Jeder von uns hat individuelle Vorstellungen von der Realität. Gelegentlich decken sich diese nicht mit den Meinungen anderer. Welche individuelle Wahrheit richtig ist, lässt sich nicht so einfach bestimmen. Wir möchten an dieser Stelle keine philosophische Diskussion über Wahrheit beginnen, doch liefert deren Definition einen Hinweis darauf, warum wir modellieren.

> Unter dem Begriff „Wahrheit" versteht man die Übereinstimmung einer Erkenntnis mit dem ihr zugrunde liegenden Gegenstand. Da es sich dabei um einen eindeutig bestimmbaren Gegenstand handeln muss, kann die existierende Übereinstimmung immer nur durch den direkten Vergleich und nicht nach einer allgemeinen Regel erfolgen. Etwas kann niemals alleine per Definition wahr sein.

Leider können wir nicht alle Gegenstände der realen Welt zu jeder Zeit mit uns herumtragen, um sie gemeinsam mit anderen auf Übereinstimmung mit unseren Erkenntnissen zu überprüfen. Jederzeit den Kölner Dom mit sich zu tragen, um über bestimmte Ausführungen seiner Architektur mit anderen zu diskutieren, gestaltet sich in der Praxis als schwierig.

Welche Basis zur Kommunikation wählt man aber, wenn es nicht möglich ist, einen betreffenden realen Gegenstand zur Erkenntnisüberprüfung permanent im Zugriff zu haben? Wie ermöglicht man den Vergleich komplexer Objekte?

Seit Jahrtausenden nutzen Menschen die Technik der Modellierung, um dieses Problem zu lösen. Darunter verstehen wir die Erstellung eines Abbildes der realen Welt, welches festgelegten und bekannten Regeln folgt, so dass das Ergebnis verbindlichen und kommunizierbaren Strukturen entspricht. Wir modellieren also, um eine komplexe Welt in handhab- und kommunizierbare Teile zu zerlegen und damit beschreibbar zu machen. Das Ergebnis dieser Tätigkeit ist ein Modell.

1.2   Was ist eigentlich ein Modell?

Der Ursprung des Begriffes „Modell" liegt im italienischen Begriff „modello" und bedeutet frei gesprochen in den Naturwissenschaften „Abbild der Natur". Unter einem Modell verstehen wir also ein Abbild der realen Welt.

Dabei erzeugt man im Allgemeinen keine genaue Kopie des darzustellenden Gegenstandes – sonst hätte man ihn ja nachgebaut –, sondern eine reduzierte Beschreibung. Rob Davis definiert in [Davi01] die Eigenschaften eines Modells. Ein Modell ist demnach:

- eine Repräsentation eines realen Objektes,
- erstellt in einem bestimmten Maßstab,
- erstellt bis zu einem bestimmten Detaillierungsniveau,
- erstellt, um einen bestimmten Gesichtspunkt darzustellen,
- die Beschreibung eines Objektes der realen Welt zu einem bestimmten Zeitpunkt und
- erstellt, um einem bestimmten Zweck zu erfüllen.

Zur Diskussion der Architektur des Kölner Doms könnten wir ein Modell im Maßstab 1:400 erstellen. Es wäre dann rund 40 cm hoch und deutlich einfacher zu transportieren als das Original. Zur Darstellung der grundsätzlichen Charakteristika gotischer Architektur wäre es ausreichend.

Genauso verhält es sich mit dem integrierten Enterprise Architecture, Business Process Management und fachlichen serviceorientierten Architekturmodell, das wir in diesem Buch behandeln. Um über existierende oder zukünftige IT-Lösungen mit anderen Menschen sprechen zu können, benötigen alle Beteiligten ein möglichst gleiches Vorwissen. Auch in diesem Fall gilt, dass man den realen Diskussionsgegenstand nicht zu jeder Zeit mit sich „herumtragen" kann. Insbesondere bei zukünftigen, noch nicht existierenden Lösungen stellt dies ein Problem dar. Ein Modell unterstützt uns an dieser Stele optimal, wenn die oben aufgeführten Eigenschaften während der Erstellung berücksichtigt wurden.

1.3   Warum Standards und Regeln?

Der Maschinenbau ist seit mehr als 100 Jahren Vorbild einer gelungenen Standardisierung. Normen schaffen dort die Plattform zur Kommunikation und versetzen uns weltweit in die Lage, Wissen zu kombinieren. Kann man das erfolgreiche Konzept der Maschinenbauer auf die Schnittstelle zwischen betriebswirtschaftlicher und technischer Standardisierung in der Informatik übertragen, und wenn ja, welche Konsequenzen ergeben sich daraus? Die

IT-Branche neigt dazu, schnell in technischen Kategorien zu denken. Als Beispiel aus dem Standardisierungsbereich möchten wir an dieser Stelle die UML anfügen, welche zunächst zur technischen Modellierung von IT-Systemen gedacht war und erst im späteren Entwicklungsverlauf näher an die fachliche Modellierung herangerückt ist. Einige Leser werden anmerken, dass die UML doch bereits von Beginn an fachliche Modellierungsfunktionalitäten wie z.B. die Use-Case-Beschreibungen angeboten hat. Genau hier entsteht immer noch eines der größten Missverständnisse zwischen betriebswirtschaftlich und technisch orientierten Modellierern. Die Modellierungswelten von Betriebswirtschaftlern unterscheiden sich erheblich von denen der Informatiker.

Diese Unterschiede haben in der Vergangenheit zu interessanten Diskussionen und noch unterhaltsameren Meetings geführt, in denen Fachbereich und IT vollständig aneinander vorbeiredeten. Wir sind uns sicher, dass jeder Leser eine Anekdote dazu beisteuern kann. Konnte man sich bei der Entwicklung von Modellierungsstandards in der Vergangenheit noch relativ einfach von diesem Missverständnis lösen, in der Regel am „effizientesten" realisiert durch Ignorieren der anderen Bereiche, so ist dieser machiavellistische Ansatz auf beiden Seiten heute nicht mehr tragfähig. Eigentlich ist er nie tragfähig gewesen, zunehmend erkennen aber beide Seiten, dass es von Vorteil wäre, besser miteinander zu kommunizieren.

Die Verbesserung der Kommunikation ist das Ziel der Standards und Regeln zur Modellierung innerhalb dieses Buches.

1.4 Was Sie in diesem Buch finden

Das vorliegende Buch stellt eine Methode zum Aufbau eines integrierten EA-, BPM- und fachlichen SOA-Modells vor. Es betrachtet allgemeine Inhalte, die unabhängig von einem Modellierungswerkzeug eines bestimmten Herstellers verwendet werden können, um ein integriertes Modell zu erstellen, und zeigt deren Umsetzung am Beispiel des Werkzeuges Oracle BPA Suite.

Weite Teile können Sie analog mit dem ARIS Business Architect der IDS Scheer AG realisieren. Lediglich die automatisierungsrelevante Modellierung ist auf die Oracle BPA Suite beschränkt. Dies betrifft insbesondere Kapitel 7 und Kapitel 8.

Das Buch bietet Ihnen einen Überblick über den grundsätzlichen Aufbau eines integrierten EA-, BPM- und fachlichen SOA-Modells. Es zeigt Ihnen,

- welche EA-, BPM- und fachlichen SOA-Inhalte in einem Modell vereint werden müssen;
- wie ein werkzeugneutrales Meta-Modell entworfen und bewertet werden kann;
- wie ein individuelles Meta-Modell in der Oracle BPA Suite umgesetzt wird;
- wie ein Grundmodell als Basis für die Modellierung erstellt wird;
- mit welchem Ansatz ein modellgestützter fachlicher Entwurf von IT-Systemen aufgebaut werden kann;

- wie fachliche Services für eine SOA-Modellierung identifiziert werden können;

- einen Vorschlag zur Erstellung eines fachlichen SOA-Modells mit der Oracle BPA Suite und

- wie sich die fachliche Konzeption eines Prozesscontrollings im Modell integrieren lässt.

Viele Wege führen nach Rom. Nutzen Sie das vorliegende Buch als Anregung für Ihre individuelle Gestaltung. Auch wir mussten Kompromisse bei der Ausgestaltung des integrierten Modells machen. Unser Ansatz wird mit Sicherheit nicht jede individuelle Fragestellung abdecken. Wenn Sie ihn dabei als Ausgangspunkt für Ihre individuelle Modellstruktur verwenden, wird er wertvolle Dienste leisten. Ergänzen Sie ihn dort, wo erforderlich, und reduzieren Sie ihn, wo immer es sinnvoll erscheint.

1.5 Was Sie in diesem Buch nicht finden

Das vorliegende Buch ist keine detaillierte Einführung in die Managementkonzepte Enterprise Architecture, Business Process Management oder Service orientierte Architekturen. Wir empfehlen zur Einarbeitung in die jeweiligen Gebiete die Bücher [Hans09], [Schm07] und [Math07].

Wir erläutern einen pragmatischen Ansatz zur Erstellung eines integrierten EA-, BPM- und fachlichen SOA-Modells. Dabei ist unser Ziel, Ihnen die Vorgehensweise beim Aufbau integrierter Modelle näherzubringen. Aufgrund vielfältiger spezifischer Fragestellungen in Organisationen ist es aber nicht möglich, einen für alle Anwendungsfälle passenden generischen Ansatz zu beschreiben. Auch haben wir kein technisches SOA-Buch geschrieben. Vielmehr betrachten wir die Modellierungsebenen vor der technischen SOA-Modellierung.

Auf keinen Fall ersetzt das Buch die bestehenden Dokumentationen der Oracle BPA Suite oder der ARIS Process-Plattform. Betrachten Sie es als Ergänzung zur Dokumentation der vorgestellten Werkzeuge. Es enthält keine Beschreibung der technischen BPEL-Automatisierungsmodellierung mit der Oracle BPA Suite und der Verbindung mit dem Oracle JDeveloper oder anderen Werkzeugen der Oracle Fusion Middleware.

1.6 Welches Vorwissen sollten Sie besitzen?

Sie sollten als Leser Grundlagenwissen in der Erstellung von Enterprise-Architekturen, Business-Process-Management-Modellen und Service-orientierten Architekturen besitzen. Dieses Wissen ist hilfreich, um die Vereinigung der Inhalte der drei jeweiligen Einzeldisziplinen zu überblicken. Diese Voraussetzung sollte Sie aber nicht abschrecken. Wir haben das Buch so geschrieben, dass auch Leser, die in den oben genannten Gebieten nicht so versiert sind, einen leichten Zugang finden werden.

1.7   Das integrierte Beispiel

Um Ihnen die angewendete Modellierungsmethodik vorzustellen, haben wir ein durchge-
hendes Beispiel in das Buch aufgenommen. Abgebildet wurde der Prozess der Wareneingangskontrolle in einem produzierenden Unternehmen. Abbildung 1.1 zeigt die grundsätzlichen Zusammenhänge des Prozesses der Wareneingangskontrolle.

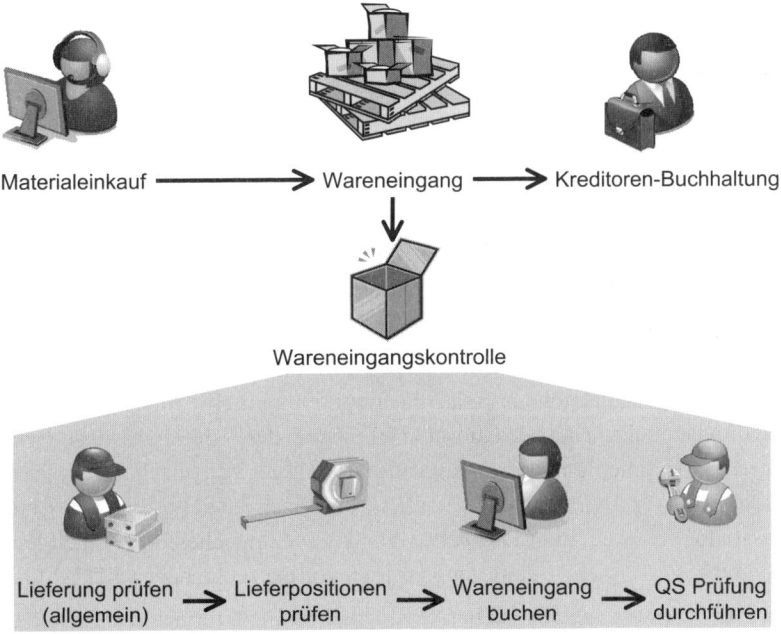

Abbildung 1.1 Schematische Darstellung der Wareneingangskontrolle

Diesen Beispielprozess werden wir im Verlauf des Buches immer wieder heranziehen, um
die erläuterten theoretischen Ansätze zu verdeutlichen.

2 Integrierte Modellierung für EA, BPM und fachliche SOA

2.1 Fragen, die dieses Kapitel beantwortet

- ◼ Welchen Informationsbedarf muss ein integriertes Modell für EA, BPM und SOA abdecken?
- ◼ Was ist der Informationsbeitrag der EA-Modellierung im integrierten Modell?
- ◼ Was ist der Informationsbeitrag einer BPM-Modellierung im integrierten Modell?
- ◼ Was ist der Informationsbeitrag einer SOA-Modellierung im integrierten Modell?
- ◼ Nach welchen Kriterien kann man ein integriertes Modell für EA, BPM und SOA unterteilen?

2.2 Management, Fachbereiche und IT – jeder ist anders

„Jede Jeck ist anders – Jet jeck simmer all" lautet ein bekanntes Sprichwort in Köln. Damit bringen unsere kölnischen Landsleute zum Ausdruck, dass wir alle verschieden sind und jeder auf seine Weise etwas Besonderes. Für die des kölnischen Dialektes mächtigen Leser unter uns ist anzumerken, dass es sich um eine recht freie und positive Übersetzung handelt. Sie drückt aber sehr gut aus, worum es geht. Je nachdem, welche Rolle ein Mitarbeiter im Unternehmen einnimmt, sei es Management, Fachbereich oder technische IT, immer hat er genaue Anforderungen, wie bestimmte Fragestellungen oder Sachverhalte zu beschreiben sind.

Problematisch ist häufig, dass die jeweils anderen Rollen von dieser Sichtweise mehr oder weniger stark abweichen. Vielleicht kennen Sie die Situation: Sie sitzen in einem Meeting mit Teilnehmern aus dem Management, den Fachbereichen und der Informatik, in dem der

Nutzen, die fachlichen Auswirkungen und die technische Umsetzung einer IT-Lösung besprochen werden soll. Jede Seite trägt ihre Sichtweise vor, aber irgendwie haben Sie latent das Gefühl, dass die anderen den Sachverhalt noch nicht so ganz verstanden haben. Jedenfalls nicht so wie Sie.

Gehen wir einmal davon aus, dass alle Beteiligten guten Willens sind, ihr Fachgebiet beherrschen und konstruktiv an einem positiven Beitrag mitarbeiten. Dennoch scheint man eine unterschiedliche Sprache zu sprechen:

- Das Management interessiert sich in der Regel nur für die grundsätzlichen Fragen eines IT-Problems. Häufig beschränkt auf Zeit und Kosten.
- Die IT-Abteilung betrachtet gerne technische Detailprobleme und deren möglichst elegante Lösung.
- Das „Gebiet" des Business-Analysten ist irgendwo dazwischen angesiedelt. Häufig kommt ihm die Aufgabe zu, zwischen der globalen Sicht des Managements und der technischen Sicht der IT zu vermitteln.

An dieser Stelle werden einige Leser protestieren. Uns ist bewusst, dass die Darstellung einseitig und pointiert ist. Aber Sie werden uns zustimmen, dass irgendwo zwischen Management und den Niederungen der Informatik erhebliche Kommunikationslücken bestehen, deren Schließung man vom Business Analyst erwartet. Gelingt ihm das nicht, äußert sich das im besten Fall in gestiegenen Projektkosten und im schlimmsten Fall in komplett fehlgeschlagenen Projekten.

Was kann man an dieser Stelle also tun, um Risiken zu vermindern? Die Antwort ist auf den ersten Blick ganz einfach: Jeder muss den anderen besser verstehen. Das ist in der Praxis aber gar nicht so leicht umzusetzen. Schauen wir uns zunächst einmal an, in welchen Situationen eine Kommunikation zwischen Management, Fachbereichen und IT-Abteilungen in Projekten erforderlich ist:

- Management
  - Kommunikation der aus der Unternehmensstrategie abgeleiteten IT-Strategie
  - Bewerten und Priorisieren von IT-Projekten
  - Abnahme und Freigabe der Projektaufträge (inkl. Projektbudget und Zeitplan)
  - Überwachung der Projekte und Eingriff bei Unklarheiten im Rahmen eines Lenkungsausschusses
  - Abschließende Bewertung der Projekte für die Unternehmung und Entlastung des Projektteams

- Business Analyst
  - Ermittlung und Detaillierung der fachlichen Anforderungen eines Projektes
  - Analyse der Auswirkungen des Projektes auf die IT-Strategie
  - Definition der zu realisierenden IT-Unterstützung aus fachlicher Sicht (Fachkonzept)
  - Test und Abnahme der entwickelten Lösung (ggf. auch Teillösungen) hinsichtlich fachlicher Vollständig- und Richtigkeit

- Technische IT
  - Überführung der fachlichen Anforderungen in eine technische Konzeption (DV-Konzept)
  - Verifizierung der technischen Umsetzbarkeit und ggf. Kommunikation möglicher Risiken

Selbstverständlich sind diese Rollen im Unternehmen noch für eine Vielzahl anderer Aufgaben zuständig, die genannten Aktivitäten beschreiben aber die wesentlichen Tätigkeiten, die eine Kommunikation mit den anderen Rollen erfordern. Dabei kommt es auch heute immer noch zu Problemen. Auslöser sind verschiedene Sichtweisen und „Sprachen" der beteiligten Personen.

Seit es IT-Projekte gibt, wird versucht, ein gemeinsames Verständnis aller Beteiligten zu erreichen. Die Kommunikation in IT-Projekten zwischen allen Beteiligten zu verbessern, ist deshalb auch keine neue Herausforderung. Der Maschinen- und Anlagenbau hat darin beispielhafte Perfektion und Qualität erreicht. Dort existiert ein etabliertes System an Methoden, Standards und Normen, welche weltweit Gültigkeit haben und zu einem allgemeinen Verständnis über Unternehmens- und Fachgebietsgrenzen hinweg beiträgt. Wenn Sie eine Maschine bauen, ist es unerheblich, ob eine dafür benötigte Schraube in Deutschland oder den USA hergestellt wurde. Entspricht sie den allgemein anerkannten Normen, passt sie überall.

Die Informatik ist bei weitem noch nicht so weit, trotz erheblicher Fortschritte in der Standardisierung und Normierung. Denken Sie nur einmal an die Probleme vieler Unternehmen mit Off-Shore-Dienstleistungen. Dort hängt der Erfolg besonders von einer guten Kommunikation und einem gemeinsamen Verständnis der Projektinhalte ab. Wenn das gemeinsame Verständnis aber bereits auf Unternehmensniveau nicht vorhanden ist, wie soll es dann erst in einem globalen Maßstab funktionieren?

Zur Verteidigung muss man allerdings auch berücksichtigen, dass die Informatik als Querschnitttechnologie nahezu alle Bereiche moderner Unternehmen durchdrungen hat und somit enorm komplexe Zusammenhänge entstanden sind. Das erschwert den Aufbau allgemein akzeptierter Normen. Dennoch sind in den letzten Jahren erhebliche Fortschritte erzielt worden. Dies zeigt sich vor allem in einer – teilweise internationalen – Definition von Standards zur Modellierung von IT-Systemen.

Es liegt auf der Hand, dass in einem IT-Projekt unzählige Informationen verwaltet werden müssen. Selbst wenn sich Ihr Projekt nur auf einen kleinen Unternehmensbereich beschränkt, werden Sie dennoch schnell eine Vielzahl konzeptioneller Informationen erzeugen. Um diese Informationsvielfalt in den Griff zu bekommen, bietet es sich an, einzelne Aspekte zu modellieren. Dabei hängt die Form der Modellierung stark von den jeweiligen Einsatzgebieten des Modells ab. Zum Beispiel finden Sie in der Praxis unterschiedliche Modellierungsstandards zur Abbildung fachlicher und zugehöriger technischer Sachverhalte. Der Grund dafür ist, dass fachliche und technische Modelle auf sehr unterschiedliche Weise genutzt werden. Betriebswirtschaftler und Informatiker verfolgen bei der Modellierung verschiedene Ziele.

Stellen Sie sich einen Qualitätsmanagementprozess in einem produzierenden Unternehmen vor. Die Beschreibung der Prozesse im Qualitätsmanagement-Handbuch unterscheidet sich erheblich von der Modellierung, die ein IT-Analyst für den Entwurf einer Software zur Unterstützung des Qualitätsmanagementprozesses erstellt. Erstere dient als Information für die Prozessausführenden, Letztere zur Entwicklung prozessunterstützender Lösungen.

Gleichzeitig stehen beide Beschreibungen aber in einem sachlichen Zusammenhang. Jede Seite benötigt Informationen des anderen Modellierungsbereiches, wenn auch die EDV-Abteilung in der Regel mehr Informationen von den Fachbereichen benötigt als umgekehrt.

Häufig erstellen Fach- wie auch IT-Abteilung jedoch eigene Modelle, ohne diese miteinander abzugleichen. Nur in seltenen Fällen werden sowohl fachliche als auch technische Inhalte in einem Modell zusammengefasst. Die Argumente beider Seiten, warum das nicht erfolgt, klingen ähnlich:

- Die Unterschiede in der Beschreibung sind zu groß.
- Das Modell wird von der anderen Partei nicht verstanden.
- Es steht nicht genügend Zeit zur Verfügung um beide Sichten zu verbinden.

All das ist nicht neu, und wir sind sicher, dass Sie von einem oder mehreren dieser Argumente auch in Ihrem Unternehmen gehört haben.

Ein integriertes Modell bringt aber nicht nur Vorteile. Um die positiven und negativen Aspekte integrierter und nicht integrierter Modellen abwägen zu können, zeigt Tabelle 2.1 die Vor- und Nachteile beider Ansätze.

Tabelle 2.1 Vor- und Nachteile eines integrierten/nicht integrierten Modells

	Vorteile	**Nachteile**
Integriertes Modell	Synergien durch Wiederverwertbarkeit der Modellinhalte mittel- bis langfristig Einsparungen im Modellmanagement gute Ausgangsbasis für zukünftige Erweiterungen umfassendere Informationsbasis für Auswertungen	Initial erhöhter Strukturierungs- und Erstellungsaufwand Abstimmung zwischen allen beteiligten Organisationsbereichen während der Modellerstellung erforderlich Einschränkungen beim abbildbaren Inhalt im integrierten Modell nicht vollständig vermeidbar
Nicht integrierte Modelle	kurzfristiger Zeitvorteil bei der initialen Erstellung keine Notwendigkeit, methodische Kompromisse in der Modellstruktur einzugehen	langfristig erhöhter Pflegeaufwand durch redundante Modellinhalte unzureichende Wiederverwertbarkeit durch fehlende Integration der Inhalte übergreifende Analysen und Weiterverwendung nahezu unmöglich

Zum erfolgreichen Aufbau eines integrierten Modells müssen Sie demnach:

■ einen für alle Beteiligten tragbaren Kompromiss bei den abbildbaren Inhalten erreichen;

■ den initialen Strukturierungs- und Erstellungsaufwand minimieren.

Bei beiden Punkten hilft Ihnen das vorliegende Buch. Wir zeigen Ihnen, wie Sie schnell und einfach den Einstieg in ein integriertes EA, BPM und fachliches SOA-Modell finden.

2.2.1 Inhalte für die Enterprise-Architecture-Modellierung

Das Konzept, eine Organisation mit Hilfe einer Enterprise Architecture zu beschreiben, ist nicht neu. Bereits in den achtziger Jahren wurden die grundlegenden Konzepte eines Enterprise Architecture Management unter anderem von John Zachman definiert. Aktuell erhält die Modellierung einer Enterprise Architecture in Verbindung mit Business Process Management und SOA neue Bedeutung. Häufig wird eine Enterprise Architecture dabei als Voraussetzung für ein erfolgreiches Business Process Management und die SOA-Einführung gesehen. Leider hat sich bis heute kein allgemeingültiges Verständnis entwickelt, das verbindlich festlegt, was eine Enterprise Architecture überhaupt ist. Es existieren Definitionen unterschiedlicher Gremien, wie zum Beispiel dem American National Standards Institute (ANSI), dem Institute of Electrical and Electronics Engineers (IEEE), dem Zachman Institute for Framwork Architecture oder der Open Group. Die Liste lässt sich noch fortführen, was nochmals unterstreicht, dass die Fachwelt zum Thema Enterprise Architecture keine einheitliche Meinung hat.

Entwurfsmuster für Enterprise-Architekturen werden häufig als Frameworks bezeichnet. Dabei handelt es sich um Rahmenwerke, die eine systematische Sammlung von Strukturen und manchmal auch Methoden und Werkzeugen bereitstellen. Die meisten EA Frameworks kann man nach einer primär statischen oder dynamischen Ausrichtung unterscheiden.

Statische Frameworks definieren Artefakte und Strukturen zum Aufbau eines EA-Modells. Ein Beispiel für ein statische EA Framework ist das bekannte Zachman Framework. Es wurde 1987 entwickelt und war das erste EA Framework, das in einem größeren Maßstab publiziert und verbreitet wurde. Sie können es als Blaupause eines Modells zur Beschreibung einer Organisation betrachten. Abbildung 2.1 zeigt die Bestandteile und den Aufbau des Zachman Frameworks.

Das Zachman Framework betrachtet eine Organisation unter den sechs Perspektiven Daten, Funktionen, Architektur, Organisation, Zeiten und Motivation. Jede Perspektive ist unterteilt in sechs Ebenen mit unterschiedlicher Detaillierung der Inhalte. Ausgehend von der globalen Beschreibung der Zielsetzung jeder Perspektive, über das betriebswirtschaftliche Modell, die erforderliche IT-Unterstützung, das zugehörige Technologiemodell, eine Beschreibung der daraus resultierenden typisierten Ausprägungen und der Auflistung der existierenden Instanzen. Für die Verwendung und „Füllung" des Frameworks mit Inhalten

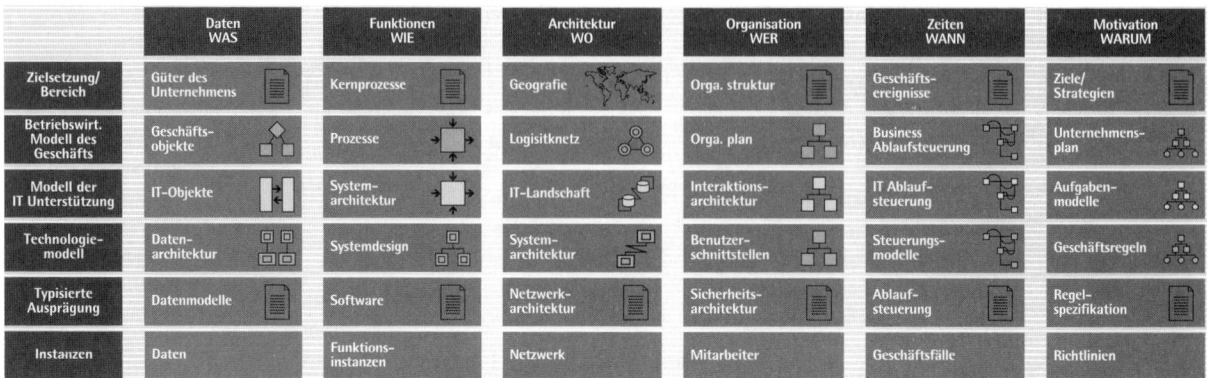

	Daten WAS	Funktionen WIE	Architektur WO	Organisation WER	Zeiten WANN	Motivation WARUM
Zielsetzung/ Bereich	Güter des Unternehmens	Kernprozesse	Geografie	Orga. struktur	Geschäfts- ereignisse	Ziele/ Strategien
Betriebswirt. Modell des Geschäfts	Geschäfts- objekte	Prozesse	Logisitknetz	Orga. plan	Business Ablaufsteuerung	Unternehmens- plan
Modell der IT Unterstützung	IT-Objekte	System- architektur	IT-Landschaft	Interaktions- architektur	IT Ablauf- steuerung	Aufgaben- modelle
Technologie- modell	Daten- architektur	Systemdesign	System- architektur	Benutzer- schnittstellen	Steuerungs- modelle	Geschäftsregeln
Typisierte Ausprägung	Datenmodelle	Software	Netzwerk- architektur	Sicherheits- architektur	Ablauf- steuerung	Regel- spezifikation
Instanzen	Daten	Funktions- instanzen	Netzwerk	Mitarbeiter	Geschäftsfälle	Richtlinien

Abbildung 2.1 Struktur und Inhalt des Zachman Frameworks

existiert keine offizielle Methodik, so dass der Anwender bei der Nutzung der jeweiligen Matrixfelder auf sich selbst gestellt ist.

Damit liefert das Zachman Framework eine Blaupause, die als Ausgangspunkt für den Strukturentwurf Ihres individuellen EA-Metamodells verwendet werden kann. Sie müssen aber selber festlegen, mit welchen Artefakten Sie Inhalte beschreiben möchten und in welcher Form diese miteinander in Beziehung stehen.

Eine zweite Gruppe sind die stärker dynamisch orientierten Frameworks. Sie bieten Phasenmodelle und Arbeitsanweisungen zur Abwicklung eines EA-Projektes. Eines der bekanntesten Beispiele für ein dynamisches Framework ist „The Open Group Architecture Framework" (TOGAF). Dabei handelt es sich um eine Sammlung von Vorgehensweise zur iterativen Entwicklung einer Enterprise Architecture anhand eines Phasenmodells mit genauen Angaben zu den Eingangsvoraussetzungen und Ergebnissen jeder Phase. Eine genaue Darstellung der Vorgehensweise finden Sie unter [Toga09].

Statische und dynamische Frameworks können in der Anwendung miteinander kombiniert werden.

Aus unserer Sicht haben die am Markt verfügbaren Standard-EA-Frameworks aber den Nachteil, dass sie entweder nicht genug oder viel zu umfangreich ausgestaltet sind. Dadurch sind Sie als Anwender von Standardframeworks entweder gezwungen, benötigte Erweiterungen ohne Unterstützung selber zu entwickeln oder, was aus unserer Sicht noch viel schlimmer ist, aus einem Überangebot an Möglichkeiten die für Sie richtigen zielsicher auszuwählen. Das ist ohne intensive Beratungsunterstützung nahezu unmöglich. Es muss also einen besseren Weg geben, um schnell zu einer individuellen Enterprise Architecture zu gelangen.

> Da Enterprise Architecture Frameworks häufig zu oberflächlich oder zu umfangreich gestaltet sind, empfehlen wir den Entwurf Ihrer eigenen Vorgehensweise und Ihres eigenen Metamodells. Orientieren Sie sich dabei zunächst nicht an Standardframeworks, sondern nutzen Sie diese nur zur Verifikation Ihrer individuellen Lösung und als Ideenquelle.

2.2.1.1 Unsere Definition einer Enterprise Architecture

Eine Enterprise Architecture ist ein konzeptioneller Entwurf, welcher die Struktur und Arbeitsweise einer Organisation beschreibt. Ziel einer Enterprise Architecture ist es, zu ermitteln, wie die betrachtete Organisation möglichst effektiv aktuelle und zukünftige Ziele erreichen kann.

Die Definition ist in ihrer Ausrichtung offen. Sie legt nicht fest, für welchen Zweck eine EA gestaltet werden sollte. In der Praxis zeigt sich jedoch, dass eine Enterprise Architecture in der Regel zur Dokumentation und Planung der informationstechnologischen Unterstützung einer Organisation eingesetzt wird.

Folgende Sichten sind, wenn auch gelegentlich anders benannt, in nahezu jedem EA-Konzept enthalten:

- Geschäfts-Architektur
- Daten-Architektur
- Anwendungs-Architektur
- Infrastruktur-Architektur

Danach wird eine EA zur transparenten fachlichen Überblicksbeschreibung einer Organisation und deren informationstechnologischen Unterstützung eingesetzt. Der Schwerpunkt liegt auf einer überblicksartigen Betrachtung, die keine Details beleuchtet, sondern das Wirken der Informationstechnologie im gesamten Unternehmen im Blick hat.

Die Geschäfts-Architektur

Die Geschäfts-Architektur beschreibt eine abstrakte Sicht auf die fachlichen, betriebswirtschaftlichen Aktivitäten und Beziehungen innerhalb einer Organisation. Es handelt sich dabei um eine überblicksartige Beschreibung der betriebswirtschaftlichen Sicht auf das Unternehmen.

Die Daten-Architektur

Die Daten-Architektur beschreibt die im Rahmen der Geschäftstätigkeit des Unternehmens anfallenden bzw. beteiligten Geschäftsobjekte, Informationen und Daten. In der gemeinsamen Betrachtung von Geschäfts- und Anwendungs-Architektur ist sie die Schnittstelle zwischen fachlichen Inhalten und der Informationstechnologie.

Die Anwendungssystem-Architektur

Die Anwendungs-Architektur zeigt auf, welche informationstechnologische Unterstützung benötigt wird, um das betriebswirtschaftliche Ziel des Unternehmens zu erfüllen. Sie beschreibt auf hoher Ebene die in der betrachteten Organisation vorhandenen Softwarelösungen und deren Beziehungen untereinander.

Die Infrastruktur-Architektur

Die Infrastruktur-Architektur beschreibt die erforderliche IT-Infrastruktur zum Betrieb der Anwendungssystem-Architektur und damit das IT-technische Fundament einer Organisation. Häufig taucht in diesem Zusammenhang die Frage auf, wie Anwendungssystem- und Infrastruktur-Architektur voneinander abgegrenzt werden können. Gehört zum Beispiel eine Datenbanksoftware zur Anwendungs- oder Infrastrukturarchitektur? Wir ordnen aus diesem Grund alle Softwareprodukte, die nicht direkt an der Wertschöpfung der Geschäftsarchitektur beteiligt sind, der Infrastruktur-Architektur zu.

2.2.1.2 EA im Kontext dieses Buches

Sie erkennen an den verschiedenen Architekturebenen, dass eine Enterprise Architecture einen breiten Bereich an Informationen rund um das betrachtete Unternehmen abbilden kann. Um uns nicht in der Modellierung zu verlieren, müssen wir die Enterprise Architecture im Einsatzbereich einer BPM- und SOA-Modellierung deutlich eingrenzen. Für die Erstellung eines integrierten Modells sind insbesondere die Teile einer Enterprise Architecture von Bedeutung, die wesentliche Informationen für die nachfolgende Modellierung von BPM- und SOA-Inhalten liefern. Bei der Auswahl der EA-Modellinhalte beschränken wir uns auf diesen Anwendungsfall.

2.2.2 Inhalte für die BPM-Modellierung

Auch Business Process Management (BPM) hat sich in den letzten Jahren zu einem Thema mit vielen Facetten entwickelt. Je nachdem, wen man befragt, erhält man zu BPM sehr unterschiedliche Definitionen.

Für BPM existiert in den USA eine andere Definition als in Europa. In den USA wird unter BPM im Wesentlichen die Automatisierung von Prozessen mit Hilfe der Informationstechnologie verstanden. Rein fachliche Betrachtungen ohne informationstechnologischen Inhalt werden in der Regel nicht dem BPM zugeordnet, sondern stärker im Bereich „Business Process Reengineering" (BPR) gesehen. Damit erhält BPM in den USA seine Bedeutung hauptsächlich durch die Digitalisierung und Automatisierung von Prozessen.

Anders als in dieser stark technologischen Sichtweise wird BPM in Europa zunächst mit der fachlichen, betriebswirtschaftlichen Gestaltung von Geschäftsprozessen in Verbindung gebracht. Dabei handelt es sich um eine neutrale, von technischen Inhalten weitgehend befreite Sicht. Diese umfasst neben der Analyse von Geschäftsprozessen auch deren fachliche Optimierung, Dokumentation und Kommunikation. Erst in nachfolgenden Schritten berücksichtigt man auch in Europa die Automatisierung von Geschäftsprozessen mit Hilfe der Informationstechnologie. Diese Definition vergrößert den inhaltlichen Umfang des BPM beträchtlich. In der europäischen Sicht auf BPM stehen rein fachliche und technische Inhalte gleichgewichtet nebeneinander.

Die unterschiedliche Sicht auf BPM führt in Deutschland häufig zu Verständigungsschwierigkeiten zwischen zumeist US-amerikanischen Herstellern von Werkzeugen zur Prozessautomatisierung und fachlich ausgerichteten Anwendern.

Aufgrund dieses unterschiedlichen Verständnisses hat sich in Europa eine eigene Industrie für BPM-Softwarelösungen entwickelt und im Markt etabliert. Erst in jüngster Zeit, nicht zuletzt forciert durch SOA, zeigen sich Tendenzen, die BPM-Lösungen US-amerikanischer und europäischer Hersteller miteinander zu verbinden.

> Business Process Management wird in den USA und in Europa unterschiedlich definiert. Die USA betrachten beim BPM im Wesentlichen die Automatisierung von Prozessen mit Hilfe der Informationstechnologie. In Europa stehen fachlich organisatorische und technische Inhalte gleichgewichtet nebeneinander.

2.2.2.1 Unsere Definition von BPM

Eine Beschränkung auf die Automatisierung von Geschäftsprozessen, ohne deren fachliche Dimension zu berücksichtigen, ist für ein ganzheitliches BPM jedoch unzureichend. Aus diesem Grund verwenden wir im Rahmen dieses Buches die folgende BPM-Definition:

Business Process Management umfasst alle Aktivitäten zur effektiven Organisationsgestaltung und -weiterentwicklung und zur Bearbeitung und Messung fachlicher Prozesse sowie die dazu eingesetzte informationstechnologische Unterstützung.

Grundsätzlich unterscheiden wir die folgenden Sichten:

- Fachliches BPM
- Technisches BPM

Fachliches BPM

Fachliches BPM befasst sich mit der betriebswirtschaftlichen Gestaltung von Geschäftsprozessen. Berücksichtigt werden fachliche Aspekte der Prozessstrategie, der Prozessgestaltung, der Prozessimplementierung und der Prozessüberwachung.

Die Prozessstrategie dient zur Bestimmung der strategischen Ausrichtung und Zielsetzung des Prozessmanagements. Ziel ist es, sicherzustellen, dass im Rahmen der Prozessgestaltung ein an den fachlichen Bedürfnissen des Unternehmens ausgerichteter Prozessentwurf entsteht.

Die Prozessgestaltung dient der fachlich inhaltlichen Ausgestaltung einzelner Prozesse eines Unternehmens. In diesem Bereich des fachlichen BPM werden mit Hilfe einer Geschäftsprozessanalyse die Abläufe ermittelt bzw. an fachlichen Bedürfnissen ausgerichtet, entworfen und optimiert.

Die Prozessimplementierung befasst sich anschließend mit der organisatorischen Implementierung der Prozesse sowie Governance und Qualitätssicherungsmaßnahmen zur Sicherstellung einer gleichbleibenden Prozessdurchführung.

Abschließend werden im Rahmen des Prozesscontrollings Maßnahmen zur permanenten Beobachtung und Bewertung der Geschäftsprozesse eingeführt sowie Handlungsanweisungen zur kontinuierlichen Leistungssteigerung festgelegt.

Allen vier Phasen ist im Rahmen des fachlichen BPM gemein, dass eine informationstechnologische Unterstützung nicht Bestandteil ist.

Technisches BPM

Demgegenüber befasst sich das technische BPM mit der informationstechnologischen Unterstützung der fachlichen Prozesse. Betrachtet werden die IT-Aspekte der Prozessstrategie, der Prozessgestaltung, der Prozessimplementierung und der Prozesssteuerung, aufbauend auf den Ergebnissen des fachlichen BPM.

Im Rahmen der Prozessstrategie wird die technologische Unterstützung strategisch bewertet und festgeschrieben. Ziel ist es, sicherzustellen, dass im Rahmen der Prozessgestaltung, -implementierung und -steuerung eine an den fachlichen Bedürfnissen des Unternehmens ausgerichtete Technologievorgabe vorliegt.

Der Prozessgestaltung kommt im technischen BPM eine stärker unterstützende Bedeutung zu. Im Wesentlichen geht es hier um den Einsatz der zur fachlich inhaltlichen Ausgestaltung der einzelnen Prozesse des Unternehmens genutzten Informationstechnologie. Dies umfasst hauptsächlich Prozessmodellierungswerkzeuge.

Stärkere Bedeutung gewinnt das technische BPM wieder in der Phase der Prozessimplementierung und -überwachung. Dabei geht es besonders um den Einsatz von Werkzeugen zur Prozessautomatisierung und Prozessmessung.

2.2.2.2   BPM im Kontext dieses Buches

Technisches BPM baut immer auf einem fachlichen BPM auf und hängt deshalb vom Vorhandensein eines fachlichen BPM ab. Demgegenüber ist ein fachliches BPM auch ohne technisches BPM denk- und umsetzbar.

Aus diesem Grund betrachten wir im Rahmen des Buches beide Spielarten des BPM, trennen sie aber klar in eine fachliche und technische Sicht. Neben dieser Unterteilung beschränken wir uns auf die Modellierungsaspekte des BPM, die im Kontext mit einer EA- und fachlichen SOA-Modellierung relevant sind.

2.2.3   Inhalte für die fachliche SOA-Modellierung

Wenn Sie versuchen, eine fachliche SOA zu definieren, so erhalten Sie gänzlich unterschiedliche Ergebnisse, je nachdem, wen Sie befragen. Die Einordnung reicht dabei von einem allgemeinen Management-Konzept bis zur Reduzierung auf ein Konzept zur Integration von Anwendungssystemen.

Mittlerweile nimmt das Thema serviceorientierte Architekturen aber zunehmend Platz in vielen Unternehmen ein und gewinnt damit an Sichtbarkeit und Bedeutung. Unternehmen implementieren die Konzepte serviceorientierter Architekturen sowohl fachlich als auch technisch und ziehen konkrete Vorteile und Nutzen aus dem Ansatz.

Wir möchten uns an dieser Stelle nicht an der Diskussion beteiligen, was SOA denn nun wirklich ist und wie allgemeinverbindlich man eine SOA definieren kann. Vielmehr geht es uns darum, die Anforderungen einer fachlichen SOA-Modellierung im Kontext der Modellbildung zusammen mit EA und BPM zu beschreiben. Dennoch kommen wir um eine kurze Beschreibung von SOA aus unserer Sicht nicht herum.

In der Welt der Informatiker besteht weitgehend Einigkeit darüber, dass zur Einführung einer SOA Kenntnisse über die Prozesse, die sie unterstützen soll, vorhanden sein müssen. An dieser Stelle erkennen Sie die Verbindung mit dem fachlichen und technischen BPM. Diese Betrachtung ist aber noch nicht hinreichend.

Ein umfassender Blick auf SOA muss darüber hinaus aber weitere Aspekte wie zum Beispiel die SOA-Strategie, SOA-Governance und -Organisation, Service Portfolio Management, SOA-Technologien und -Implementierung sowie SOA-Infrastrukturen umfassen.

SOA ist demnach mehr, als wir zwischen zwei Buchdeckeln beschreiben können. Um im vorliegenden Buch nicht die Orientierung zu verlieren, müssen wir „unser" SOA enger definieren.

> SOA ohne Kenntnisse und Berücksichtigung der Geschäftsprozesse eines Unternehmens führt nicht zu wirklich prozessorientierten Lösungen. Deshalb sollte bei der umfassenden Einführung einer SOA auch BPM berücksichtigt werden. SOA ohne BPM ist nur eine technische Integration, die nicht die vollen Potenziale beider Konzepte ausschöpft.

2.2.3.1 Unsere Definition von SOA

Die von uns verwendete Definition von SOA stammt von OASIS (Organization for the Advancement of Structured Information Standards).

> *„Service Oriented Architecture (SOA) is a paradigm for organizing and utilizing distributed capabilities that may be under the control of different ownership domains."*
> *[Oasi06]*

Die OASIS-Definition ist IT-neutral. Es gibt keinen Zwang, Services mit IT zu realisieren. Dementsprechend ist es auch möglich, eine rein fachliche SOA zu erstellen. In der Praxis haben wir diese Bestrebung jedoch noch nicht sehen können. Oft wird sogar nicht nur eine SOA angestrebt, sondern direkt das aufbauende Konzept der Prozessautomatisierung ins Visier genommen. Damit baut sie konzeptionell auf den zu unterstützenden fachlichen Geschäftsprozessen auf und unterstützt diese durch automatisierte (technische) Geschäftsprozesse.

SOA aus fachlicher Sicht

Unter SOA aus fachlicher Sicht verstehen wir zunächst die Zerlegung fachlicher Geschäftsprozesse in Aktivitäten, die servicebasiert unterstützt werden können. In einer weiter gefassten Betrachtung werden dem Bereich der fachlichen SOA noch das Service Level Management und Governance-Themen rund um die Verwaltung der eingesetzten Services zugeordnet. Zu beachten ist dabei, dass eine „SOA aus fachlicher Sicht" eine IT-neutrale Beschreibung eines fachlichen Sachverhalts darstellt.

SOA aus technischer Sicht

Die technische Perspektive befasst sich mit den informationstechnologischen Bestandteilen einer SOA. Dies beinhaltet im Wesentlichen Fragen zur technischen Architektur von SOA-Lösungen, zur eingesetzten Infrastruktur und natürlich zur Entwicklung erforderlicher Software. Eine SOA aus technischer Sicht betrachtet damit primär die technische Umsetzung.

2.2.3.2 SOA im Kontext dieses Buches

Im Rahmen des Buches beschränken wir uns auf die prozessbezogenen fachlichen Modellierungsinhalte einer SOA und wie diese mit einer EA- und BPM-Modellierung in Verbindung stehen. Nicht berücksichtigt werden Service Level Management, SOA-Governance und alle weiteren Themen, die sich mit der technischen Implementierung einer SOA befassen. Diese finden Sie in diversen Publikation zur Implementierung technischer SOA-Lösungen.

2.3 Grundsätzliche Gliederung eines integrierten Modells

Der zentrale Erfolgsfaktor eines Modells kann ganz einfach benannt werden. Es muss in der Lage sein, Antworten auf die Fragen zu liefern, zu deren Beantwortung es erstellt wurde. Wie sieht das aber bei einem integrierten Modell aus? Auch dort ist der Erfolgsfaktor derselbe, mit der Ergänzung, dass unterschiedliche Interessengruppen erwarten, dass das Modell ihnen mitunter recht unterschiedliche Fragestellungen beantwortet. Für Sie als verantwortlichen Modelldesigner ergibt sich dadurch natürlich eine besondere Herausforderung. Sie müssen Ihr Modell bereits von Anfang an so strukturieren, dass es möglichst flexibel genutzt werden kann.

Grundsätzlich können die Inhalte eines Modells nach

- den Artefakttypen, denen sie zugeordnet sind,
- der semantischen Zuordnung,
- ihrem dynamischen oder statischem Charakter sowie
- der horizontalen und vertikalen Einordnung

typisiert und unterschieden werden.

2.3.1 Artefakttypen der Modellierung

Enterprise Architecture, BPM und die fachliche SOA-Modellierung befassen sich vielfach mit ähnlichen Informationsinhalten. Zum Beispiel benötigt der Informatiker zur Umsetzung eines IT-Projekts Informationen über die fachlichen Zusammenhänge, für die er eine passende Lösung erstellen soll. Der Business Analyst muss diese fachlichen und technischen Informationen ermitteln und beschreiben und das Management muss in der Lage sein, diese in die gesamte Unternehmensstrategie einzuordnen und zu bewerten.

Fachliche Informationen müssen deshalb so dokumentiert werden, dass sie kommuniziert und von den Beteiligten auf Management, Fach- und EDV-Abteilungsseite verstanden werden. Welche Informationstypen sind dabei besonders wichtig?

Als Erstes fallen Ihnen bestimmt Geschäftsprozesse und Objekte der realen Welt ein. Im Umfeld einer kombinierten EA, BPM- und SOA-Modellierung sind dies Organisationseinheiten und Rollen, Geschäftsobjekte und Daten, Anwendungssysteme sowie fachliche und technische Dienste und zuletzt Infrastrukturen. Sowohl das Management, Fach- wie auch EDV-Abteilungen haben eigene Vorstellungen, wie diese zu beschreiben sind. Grundsätzlich gilt jedoch, dass alle drei Gruppen mehr oder weniger auf die Informationen der jeweils anderen Bereiche angewiesen sind. Damit existieren Schnittmengen des Informationsbedarfs, welche sich lediglich in der jeweiligen Detailtiefe der Modellierung unterscheiden. Abbildung 2.2 zeigt beispielhaft, welche Artefakttypen in der Schnittmenge eines integrierten Modells berücksichtigt werden müssen.

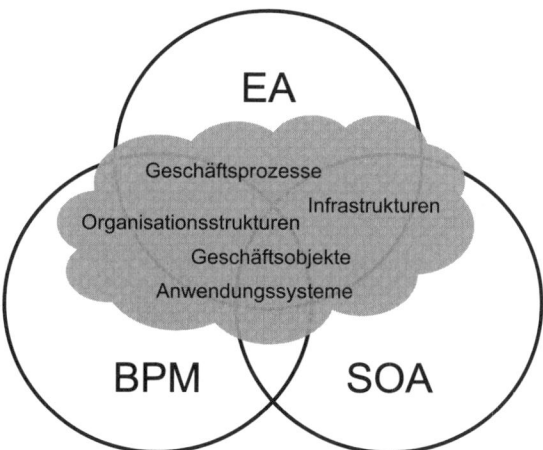

Abbildung 2.2 Artefakttypen der Schnittmenge eines integrierten EA, BPM- und SOA-Modells

Die Schnittmenge des Informationsbedaprfs so zu gestalten, dass sie alle drei Gruppen zufriedenstellend bedienen, ist die Herausforderung bei der Erstellung eines integrierten Modells. Um die unterschiedlichen Zielsetzungen von Management, Fach- und EDV-Abteilung bei der Modellbildung zu verbinden, müssen die Schnittmengen des Informationsbedarfs bekannt und zwischen den beteiligten Personengruppen abgestimmt werden.

Die im Folgenden vorgestellte Einteilung hilft Ihnen, die Artefakttypen der Schnittstellen zu erkennen und eine Struktur für ein integriertes Modell zu entwerfen.

2.3.1.1 Geschäftsprozesse

Unter Prozessen versteht man eine von einem oder mehreren Ereignissen ausgelöste, zeitlich logische Abfolge von Tätigkeiten (Funktionen) mit dem Ziel, ein bestimmtes Ergebnis zu erzielen. Sowohl in der EA-, der BPM- und der fachlichen SOA-Modellierung spielen Geschäftsprozesse und Funktionen eine zentrale Rolle, wenn auch mit jeweils unterschiedlicher Detaillierung. Betrachtet man bei der EA-Modellierung primär die Geschäftsprozesse und ihre Beziehungen zueinander, so wird bei der BPM-Modellierung zusätzlich Wert auf die detaillierte fachliche Beschreibung der einzelnen Funktionen gelegt, aus denen sich ein Geschäftsprozess zusammensetzt. Die fachliche SOA-Modellierung legt ihren Schwerpunkt dagegen auf die Geschäftsprozesse und Funktionen aus technischer Sicht, d.h. ausgerichtet auf die Anforderungen einer Automatisierung.

2.3.1.2 Organisationsstruktur

Auch die Modellierung der Organisationsstruktur wird unterteilt in fachliche und technische Inhalte. Die Modellierung der fachlichen Organisationsstruktur betrachtet alle Inhalte die zur Beschreibung organisatorischer Zusammenhänge im Rahmen der EA und des BPM erforderlich sind. Diese berücksichtigen im Wesentlichen die Beschreibung von Organisationseinheiten, Stellen und geographischen Strukturen wie zum Beispiel Regionen, Länder, Gebäude etc. sowie deren Beziehungen untereinander.

Neben einer rein organisatorischen Betrachtung werden im Zusammenhang mit der fachlichen SOA-Modellierung auch Rollen betrachtet. Rollen sind definiert als Zusammenfassung verschiedener Stellen einer Organisation, die alle die gleiche Eigenschaft aufweisen. In dem Modellierungskontext des integrierten EA,BPM- und fachlichen SOA-Modells ist diese Eigenschaft das Recht, bestimmte Funktionalitäten eines Anwendungssystems oder eines Dienstes zu nutzen.

2.3.1.3 Geschäftsobjekte

Der Begriff Geschäftsobjekt stammt ursprünglich aus der objektorientierten Softwareentwicklung. Unter einem Geschäftsobjekt verstehen wir ein Objekt der realen Welt, das durch einen Geschäftsprozess oder eine Funktion erzeugt, bearbeitet oder verbraucht werden kann. Im Wesentlichen handelt es sich dabei um Datenobjekte oder Roh-, Hilfs- und Betriebsstoffe. Geschäftsobjekte ermöglichen die allgemeine Beschreibung von Ressourcen im Modell, die nicht zu den Gruppen Organisationsstruktur, Anwendungssysteme oder IT-Infrastrukturinhalten gehören.

Für die stärker informationstechnologische Modellierung im fachlichen SOA-Teil des Modells werden die Geschäftsobjekte zur Abbildung in IT-Systemen detaillierter als Daten beschrieben. Daten stehen immer in einer Beziehung zu einem Geschäftsobjekt, wogegen Geschäftsobjekte nicht zwingend ein zugeordnetes Datenobjekt besitzen müssen. Zum

Beispiel muss das fachliche Geschäftsobjekt „Kundenauftrag" in ein Datenobjekt „Kundenauftrag" detailliert werden, um es in einem IT-System abbilden zu können. Daten repräsentieren innerhalb von IT-Systemen Geschäftsobjekte und sind im Kontext eines integrierten EA, BPM- und SOA-Modells ausführlicher zu modellieren als Geschäftsobjekte.

2.3.1.4 Anwendungssysteme

Anwendungssysteme beschreiben Softwareprogramme, die in einer direkten Interaktion mit einem fachlichen Benutzer stehen oder eine Aufgabe in einem fachlichen Prozess erfüllen. Sie dienen immer der Unterstützung bzw. Ausführung des wertschöpfenden Geschäftsprozesses. Durch das Konzept der serviceorientierten Architekturen wurden neben klassischen Anwendungssystemen zusätzlich fachliche Services aufgenommen. Sie beschreiben keine über ein bestimmtes Softwareprogramm identifizierbare Anwendung mehr, sondern stellen nur „virtuelle" IT-Leistungen dar, die einen wertschöpfenden Geschäftsprozess informationstechnisch unterstützen können. Dabei ist es weder erforderlich noch gewünscht, die dahinter stehenden Softwarelösungen genau zu kennen. Vielmehr dient das Konzept der „Verschleierung" der eigentlichen IT-Lösung und fokussiert „nur" auf die fachliche Aufgabenerfüllung. Zusätzlich zu den fachlichen Services finden wir technische Services. Sie unterscheiden sich von fachlichen Services dadurch, dass sie in keiner direkten Beziehung zum Wertschöpfungsprozess stehen, sondern von fachlichen Services als „Hilfsservices" in Anspruch genommen werden.

2.3.1.5 Infrastrukturen

Die Beschreibung der Infrastrukturen umfasst im Rahmen der EA,BPM- und SOA-Modellbildung alle physischen Objekte der Informationstechnologie, die zur Abwicklung der Geschäftsprozesse erforderlich sind, sowie nicht direkt an der fachlichen Wertschöpfung beteiligte Software. Dies sind zum Beispiel die physisch vorhandenen Objekte Server und Netzwerke und im Bereich der Software Datenbanken, Virenscanner etc.

2.3.2 Schnittmengen und symmetrische Differenz der Modellierungsbereiche

2.3.2.1 Erstellung eines hierarchisch gegliederten integrierten Modells

Mit der Erstellung eines integrierten Modells verfolgen wir das Ziel, eine EA,BPM- und fachliche SOA-Modellierung in einem einzigen Modell zusammenzufassen. Es ist nicht einfach, die Inhalte einer integrierten Modellierung voneinander abzugrenzen. Abbildung 2.2. zeigt, dass zwischen den Modellen inhaltliche Schnittmengen bestehen. Betrachten wir aber zunächst die EA,BPM- und SOA-Modellierung unabhängig voneinander.

Würden Sie nur ein EA Modell erstellen, so wären in ihm Inhalte modelliert, die auch in einem BPM und SOA Modell enthalten sein müssten. Gleiches gilt für ein einzelnes BPM oder fachliches SOA Modell, natürlich für unterschiedliche Inhalte. Da wir Redundanzen vermeiden wollen, müssen wir bei dem Zuschnitt des integrierten Modells diesen Sachverhalt besonders berücksichtigen. Bei der Erstellung der Struktur eines integrierten Modells müssen Sie deshalb genau festlegen, welche Inhalte zu welchem Modellbereich (EA, BPM und fachliches SOA) gehören.

Orientieren Sie sich bei der Zuordnung von Inhalten in Ihrem Gesamtmodell immer an den folgenden Kriterien:

■ Der Enterprise Architecture-Modellteil beinhaltet die abstrakte, überblicksartige Beschreibung einer Organisation oder Unternehmung. Es werden im Wesentlichen Zusammenhänge und Abhängigkeiten im groben Überblick dargestellt. Eine Detailmodellierung einzelner Aspekte erfolgt nicht.

■ Der BPM-Modellteil fokussiert auf das Ablaufverhalten und die Tätigkeiten der Wertschöpfung in der betrachteten Organisation oder Unternehmung. Es wird im Einzelnen beschrieben, wie eine Tätigkeit durchgeführt wird. Dabei werden auch die beteiligten Ressourcen betrachtet. Unterschieden werden Modelle mit ausschließlich fachlichem und informationstechnischem Inhalt.

■ Der SOA-Modellteil dient zur Beschreibung der Inhalte, die man zum Entwurf, zur Implementierung und zum Betrieb einer SOA Lösung benötigt. Er richtet sich grundsätzlich immer an den Dokumentations- und Beschreibungsanforderungen einer SOA aus.

Abbildung 2.3 zeigt, wie die drei Modellbereiche im integrierten Gesamtmodell aufeinander aufbauen.

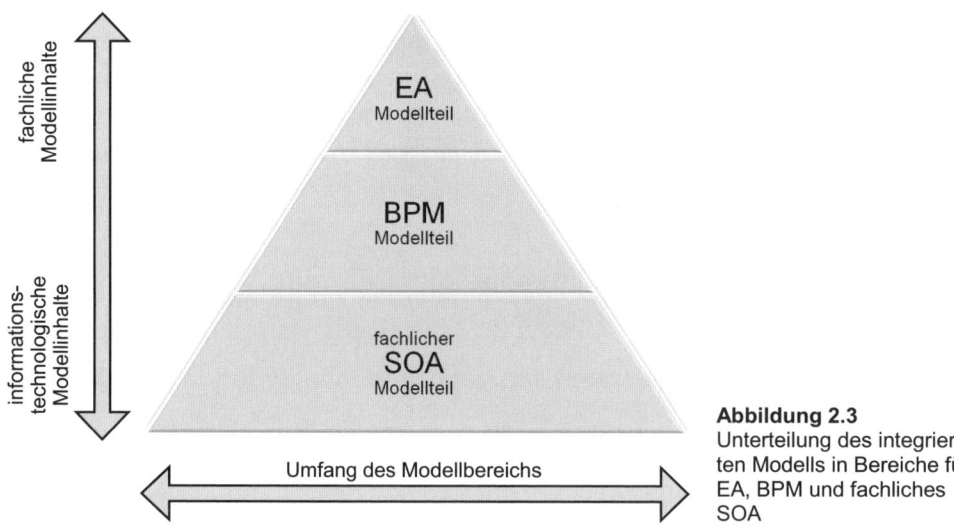

Abbildung 2.3
Unterteilung des integrierten Modells in Bereiche für EA, BPM und fachliches SOA

Welche Inhalte im integrierten Modell den Bereichen EA, BPM und fachliche SOA zugeordnet werden, wird im Folgenden definiert. Außerdem legen wir fest, welche Strukturen zu deren Beschreibung sinnvoll anzulegen sind und wie detailliert die Inhalte zu den Artefakttypen erfolgt.

2.3.2.2 Detaillierung des EA-Modellbereichs

Geschäftsprozesse

Innerhalb des EA-Modellteils werden Prozesse meistens nur sehr grob beschrieben. Eine EA nutzt Prozessmodelle zur Darstellung grundsätzlicher Zusammenhänge meistens in einem unternehmensweiten oder sogar unternehmensübergreifenden Kontext. Detailinformationen über die genaue Ausführung einzelner Prozesse spielt im Rahmen der EA-Modellierung in der Regel keine Rolle.

Organisationsstruktur

Im Rahmen des EA-Modellteils werden aufgrund der stärker überblicksartigen Modellierung nur übergeordnete organisatorische Strukturen beschrieben. Wie schon bei den Prozessen erfolgt in der EA-Modellierung die Erfassung von Detailinformationen zur organisatorischen Struktur in der Regel nicht.

Geschäftsobjekte

Innerhalb des EA-Modellteils berücksichtigen wir aufgrund der stärker überblicksartigen Darstellung der EA nur allgemein beschreibende Geschäftsobjekte. Detailliertere Datenbeschreibungen sind im integrierten Modell im EA-Modellbereich nicht vorgesehen.

Anwendungssysteme

Innerhalb des EA-Modellteils werden Anwendungssysteme überblicksartig beschrieben. Unterschieden wird dabei zwischen unternehmensweiten Softwaresystemen (z.B. ERP-Systemen), die in der Regel mit ihren teilweise komplexen Architekturen genauer und Einzelplatzanwendungen (z.B. WORD), die meistens nur typisiert für einen Unternehmensbereich erfasst werden.

Infrastrukturen

Sämtliche Infrastrukturobjekte werden in der integrierten Modellierung im EA-Modellbereich erfasst. Dies schließt sowohl die IT-Infrastruktur (z.B. Server und Netzwerke) wie auch die nicht IT-bezogene Infrastruktur (z.B. Maschinen) ein.

2.3.2.3 Detaillierung des BPM-Modellbereichs

Geschäftsprozesse

Im BPM-Modellteil werden zusätzlich detailliertere Beschreibungen der jeweiligen Prozesse bis hin zu den fachlichen Funktionen und Aktivitäten erfasst. Sie stellen das Herzstück eines BPM-Modells dar. In der Praxis ist es jedoch strittig, ob neben den fachlichen auch technische Funktionen wie zum Beispiel ausschließlich durch ein IT-System ausgeführte Arbeitsschritte modelliert werden sollen. Wir legen für unsere Modellierung fest, dass eine Beschreibung des fachlichen Verhaltens eines IT-Systems (z.B. die Bedienreihenfolge einer Maske) noch Bestandteil des BPM-Modellbereichs ist.

Organisationsstruktur

Die Organisationsmodellierung wird im BPM-Modellteil um ausführlichere Beschreibungen der jeweiligen Organisationseinheiten und Stellen ergänzt.

Geschäftsobjekte

Der BPM-Modellteil enthält zusätzlich fachliche Datenbeschreibungen, welche die ermittelten Geschäftsobjekte aus Sicht der Informationstechnologie konkretisieren. Fachliche Datenobjekte beschreiben damit Geschäftsobjekte, die zukünftig von IT Systemen verarbeitet werden sollen, genauer.

Anwendungssysteme und Infrastrukturen

Der BPM-Modellteil enthält keine Inhalte zu Anwendungssystemen, fachlichen oder technischen Services oder Infrastrukturen.

2.3.2.4   Detaillierung des SOA-Modellbereichs

Geschäftsprozesse

Die Prozessmodellierung im SOA-Modellteil befasst sich hauptsächlich mit automatisierten Prozessen und den darin enthaltenen technischen Funktionen. Wie beim BPM ist auch im SOA-Umfeld strittig, bis zu welchem fachlichen Niveau ein Prozess und dessen Funktionen beschrieben werden müssen. Dabei nähert man sich dieser Frage im Vergleich zum BPM aus der entgegengesetzten Richtung. Wie weit die Modellierung auch fachliche Prozesse beinhaltet, hat sich in der Praxis noch nicht allgemeinverbindlich etabliert. Allgemein anerkannt ist, dass technische Prozesse Bestandteil des SOA-Modellteils sein müssen. Wir beschränken uns beim fachlichen SOA-Modellbereich auf die Modellierung technischer Prozesse zur Automatisierung.

Organisationsstrukturen

Die Modellierung organisatorischer Inhalte im SOA-Modellteil beschränkt sich auf die zur Implementierung der SOA erforderlichen Artefakte. Besonders wichtig ist die Beschreibung aller beteiligten Rollen innerhalb des zu automatisierenden Prozesses.

Geschäftsobjekte

Weiterhin erfolgt im SOA-Modellteil eine Verfeinerung der fachlichen Datenobjekte zu technischen Datenobjekten. Sie werden um technische Inhalte angereichert, die für die Bearbeitung in IT-Systemen erforderlich sind.

Anwendungssysteme

Innerhalb des fachlichen SOA-Modellteils werden nur solche Services modelliert, die der direkten Unterstützung fachlicher Funktionen dienen.

Infrastrukturen

Auch der fachliche SOA-Modellteil enthält keine Inhalte zu Infrastrukturen.

2.3.2.5 Schnittmenge des integrierten Modells

Im vorhergehenden Abschnitt haben wir gesehen, welche Artefakttypen in einer integrierten EA,BPM- und SOA-Modellierung vorkommen. Dabei konnten Sie erkennen, dass einige davon in unterschiedlicher Detaillierung in mehreren Modellbereichen beschrieben werden. Zum Beispiel finden Sie Geschäftsprozesse im EA-, dem BPM- und im fachlichen SOA-Modellteil.

Um zu verhindern, dass Redundanzen im Gesamtmodell entstehen, müssen Sie für Ihr Modell festlegen, welche Inhalte wo beschrieben werden. Es muss vermieden werden, dass Modellinhalte mit gleicher Bedeutung in mehr als einem Modellbereich des integrierten Modells abgelegt werden.

Tabelle 2.2 zeigt eine Empfehlung zur grundsätzlichen Einteilung der Artefakttypen in die Modellbereiche EA, BPM und SOA und deren Detaillierung im jeweiligen Modellbereich. Sie dient Ihnen als Orientierungspunkt zur Strukturierung des späteren Gesamtmodells und der Modellierungsmethodik.

Tabelle 2.2 Zuordnung und Detaillierung des Artefakttypen zu den Modellbereichen

Artefakttyp	EA	BPM	SOA
Geschäftsprozesse	abstrakt	–	–
Funktionen	–	detailliert (fachlich)	detailliert (technisch)
Organisationseinheiten	abstrakt	detailliert	–
Stellen	–	detailliert	—
Geographische Strukturen	abstrakt	detailliert	–
Rollen	–	detailliert	–
Geschäftsobjekte	abstrakt	–	–
Daten	–	detailliert	detailliert
Anwendungssysteme	detailliert	–	–
Fachliche Services	abstrakt	detailliert	–
Technische Services	–	–	detailliert
Infrastrukturen	detailliert	–	–

Wichtig ist zu beachten, dass im integrierten Modell nicht alle Artefakttypen modelliert werden müssen. Berücksichtigen Sie bei der Auswahl immer Ihre individuellen Gegebenheiten und Anforderungen. Außerdem helfen Ihnen die in den nachfolgenden Kapiteln beschriebenen Heuristiken beim weiteren Aufbau Ihrer individuellen Modellierungsstruktur.

Jeder Artefakttyp, der in mehr als einer Spalte in Tabelle 2.2 zugeordnet ist, befindet sich in der Schnittmenge zweier Modellbereiche. Für diese Artefakttypen müssen wir eine genaue Abgrenzung definieren, in welchem inhaltlichen Kontext er in welchen Modellbereich gehört.

> Die Artefakttypen Funktionen, Organisationseinheiten, geographische Strukturen, Daten und fachliche Services lassen sich je nach Grad der Detaillierung in unterschiedlichen Modellbereichen zuordnen. Für das integrierte Modell muss genau festgelegt werden, bei welcher inhaltlichen Detaillierung die Artefakttypen in welchen Modellbereich gehören.

2.3.3 Semantische Zuordnung verschiedener Inhaltstypen

Grundsätzlich können die Inhalte der EA, BPM und fachlichen SOA-Modellbereiche unterteilt werden:

- **Fachliche Inhalte** umfassen alle ausschließlich betriebswirtschaftlichen Inhalte des Gesamtmodells. Dies sind neben einer Beschreibung der fachlichen Prozesse häufig Informationen über die am Prozessablauf beteiligten Organisationseinheiten und Geschäftsobjekte. Inhalte, welche zusätzliche Informationen für besondere betriebswirtschaftliche Fragestellungen enthalten, zum Beispiel Compliance und Geschäftsstrategien, werden ebenfalls hier zugeordnet. Wesentliches Kriterium zur Identifizierung fachlicher Inhalte ist deren Neutralität gegenüber jeglichem (informations-)technologischen Bezug. Stellen Sie sich zur Identifizierung fachlicher Inhalte die Frage ob diese vollständig IT-neutral beschrieben sind? Beispielsweise müssen Prozessbeschreibungen dieses Inhaltstyps immer so formuliert sein, dass ihnen nicht entnommen werden kann, ob der Prozess manuell, mit Papier und Bleistift oder mit einem Computer bearbeitet wird.

- **Fachliche IT Inhalte** verbinden IT neutrale Inhalte mit technischen Beschreibungen von IT-Systemen. Man kann sie sich als eine Art Klebstoff zwischen den beiden anderen Inhaltstypen vorstellen. Um fachliche IT-Inhalte zu identifizieren, stellen Sie sich die Frage, ob diese direkt mit einem IT-System in Verbindung stehen, dabei aber einen fachlichen Charakter für den Anwender des IT-Systems haben. Ein Beispiel ist die Beschreibung eines Maskenflusses zur Bedienung einer Anwendungssoftware. Es liegt in diesem Fall eine direkte Beziehung der Inhalte zu einem IT-System vor, gleichzeitig beschreibt der Maskenfluss aber auch die Arbeitsschritte eines Anwenders zur Umsetzung eines fachlichen Prozesses.

- **(Informations-)Technische Inhalte** beschreiben, wie IT-Systeme, die zur Unterstützung eines fachlichen Prozesses benötigt werden, intern arbeiten. Bei der Identifizierung dieser Inhalte müssen Sie darauf achten, dass es sich ausschließlich um Inhalte ohne direkte Verbindung zum Anwender des beschriebenen IT-Systems handelt. Beispielsweise kann man die Beschreibung der modularen Architektur einer Anwendungssoftware nennen.

Abbildung 2.4 zeigt den abgestuften Zusammenhang zwischen fachlichen, fachlichen IT- und (informations-)technologischen Modellinhalten. Es besteht keine direkte Verbindung zwischen den rein fachlich orientierten und den (informations-)technologischen Inhalten. Beziehungen zwischen diesen beiden werden immer über dazwischen liegende fachliche IT-Inhalte hergestellt. Wenn Sie Ihr Gesamtmodell auf diesem Weg erstellen, erhalten Sie eine lose Kopplung. Der besondere Vorteil dieser Struktur liegt in der klaren Trennung der Inhalte, bei gleichzeitiger loser Verknüpfung. Auf diese Weise erhalten Sie ein Gesamtmodell, das sehr flexibel auf verschiedene Fragestellungen regieren kann. Ein Modell mit dieser Grundstruktur kann einfach analysiert werden, ohne auf Informationen anderer Inhaltsbereiche Rücksicht nehmen zu müssen. Beispielsweise lassen sich Informationen über den fachlichen Prozessablauf unabhängig von dessen technischer Realisierung in einer Anwendungssoftware gewinnen.

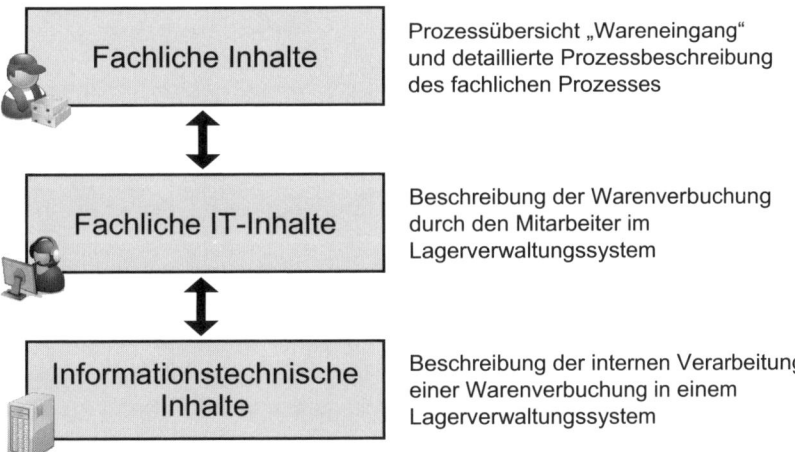

Abbildung 2.4 Semantische Zuordnung von Inhaltstypen

Gleichzeitig kann über die lose Kopplung zu jeder Zeit aber zusätzliche Information hinzugefügt werden, ohne dabei die saubere Trennung aufzuheben. Würde man dagegen die fachlichen, fachlichen IT und (informations-)technischen Inhalte miteinander vermischen, so wäre eine automatisierte Trennung zu einem späteren Zeitpunkt nicht mehr möglich. Sie würden dann die Fähigkeit verlieren, Ihr Modell nach verschiedenen fachlichen und technischen Perspektiven auszuwerten. Kein Algorithmus der Welt könnte diese Leistung heute erbringen.

> Achten Sie bei dem Entwurf Ihres integrierten Modells unbedingt auf eine Trennung der fachlichen Inhalte, fachlichen IT-Inhalte und technischen Inhalte.

Daraus ergeben sich einige Anforderungen an ein integriertes Modell:

- Die Modellstruktur für alle drei Inhaltstypen muss eindeutig und redundanzfrei festgelegt werden. Damit kann jeder Inhalt eindeutig einem der Modellbereiche zugeordnet werden. Die doppelte Ablage gleicher Inhalte in mehr als einem Modellbereich ist nicht zulässig.

- Die Schnittstellen zwischen den einzelnen Inhaltstypen sind klar zu definieren. Es müssen Regeln festgelegt werden, die den Übergang beschreiben und Vorgaben zur Abbildung enthalten. Auf diese Weise wird sichergestellt, dass die Verbindung zwischen den einzelnen Inhalten im gesamten Modell immer auf die gleiche Art erfolgt.

- Es ist klar festzulegen, welche Inhalte die Modellstruktur aufnehmen kann. Dadurch definiert man, welche Inhalte im Modell abgebildet werden können und welche nicht mehr Bestandteil des integrierten Modells sind.

2.3.4 Dynamische und statische Unterteilung

Die Unterscheidung zwischen Statik und Dynamik beruht auf einem unterschiedlichen zeitlichen Verhalten.

Dynamische Inhalte beschreiben das zeitlich logische Verhalten eines Prozesses. Ziel einer dynamischen Modellierung ist es, die Veränderung der Umwelt innerhalb eines Ablaufs darzustellen. Stellen Sie sich beispielsweise den Ablauf des Wareneingangsprozesses vor. Im Rahmen der dynamischen Modellierung wird dort beschrieben, wie Waren angenommen, verbucht und eingelagert werden.

Demgegenüber beschreibt die Statik Sachverhalte, die über einen längeren Zeitraum stabil bleiben. In einem Organigramm ist zum Beispiel der organisatorische Aufbau der Abteilung „Wareneingang" beschrieben. Sicher, auch statische Inhalte unterliegen einer zeitlichen Veränderung; sie ist in der Regel aber nur längerfristig zu erkennen und liegt nicht im Fokus der Darstellung. Statische Inhalte beschreiben demnach Ressourcen, die in Prozessen erzeugt, genutzt oder verbraucht werden.

Zwischen Dynamik und Statik besteht also ein Zusammenhang. Bei der Abbildung innerhalb eines Modells ist es dennoch empfehlenswert, die Inhalte zu trennen. Dies geschieht vor dem Hintergrund, dass die Modellierung beider Bereiche theoretisch getrennt erfolgen sollte. Idealtypisch würden Sie bei der Modellierung folgendermaßen vorgehen:

- Beschreiben Sie zunächst alle statischen Inhalte komplett losgelöst voneinander.

- Anschließend modellieren Sie ausschließlich die Aktivitäten zur Durchführung eines Prozesses, wobei darauf zu achten ist, dass keine statischen Informationen (zum Beispiel beteiligte Personen etc.) in die Formulierung der Aktivitäten einbezogen werden.

- Im abschließenden Schritt ordnen Sie die statischen Inhalte den passenden Aktivitäten des Prozesses zu.

Wenn Sie sich diesen Ablauf ansehen und bereits Erfahrung mit der Modellierung von Prozessen haben, werden Sie schnell erkennen, dass dieses Vorgehen in der Realität nur eingeschränkt funktioniert. Vielmehr ist es so, dass alle drei genannten Schritte iterativ während der Modellierung durchgeführt werden. Es ist nicht möglich, alle statischen Objekte, die an einem Prozess beteiligt sind, vor der Modellierung der Aktivitäten und deren zeitlichem Zusammenhang final zu kennen. Dennoch sollten Sie versuchen, sich dem oben genannten Ablauf so weit wie möglich anzunähern. Er hilft Ihnen dabei, Ihre Modellierung an einem roten Faden zu orientieren.

Durch die Trennung innerhalb Ihres Modells erreichen Sie eine Strukturierung, mit der Sie auch bei iterativer Modellierung leichter den Überblick behalten. Doch damit nicht genug: die Trennung der Bereiche hilft nicht nur bei der Erstellung des Modells, sondern noch viel mehr bei der Weiterverwendung der Modellinhalte in späteren Phasen. Auswertungen und Analysen der Inhalte sind mit jedem Modellierungswerkzeug deutlich einfacher durchführbar, wenn eine klare und eindeutige Trennung in statische und dynamische Inhalte vorliegt.

2.3.5 Horizontale und vertikale Unterteilung

Modelle, egal, ob fachlich oder technisch, sind in der Regel hierarchisch strukturiert, d.h., sie werden ausgehend von einer abstrakten Beschreibung zunehmend detaillierter. Dies gilt für alle oben genannten Artefakttypen, wird hier aber besonders am Beispiel von Prozessmodellen erläutert. Stellen Sie sich dazu nochmals den oben erwähnten Wareneingangsprozess vor. Eine vertikale Detaillierung dieses Prozesses führt zum Beispiel zur weiteren Unterteilung des Prozesses „Wareneingang" in die Unterprozesse „Wareneingangskontrolle", „Warenverbuchung" und „Wareneinlagerung". Abbildung 2.5 zeigt die Zusammenhänge.

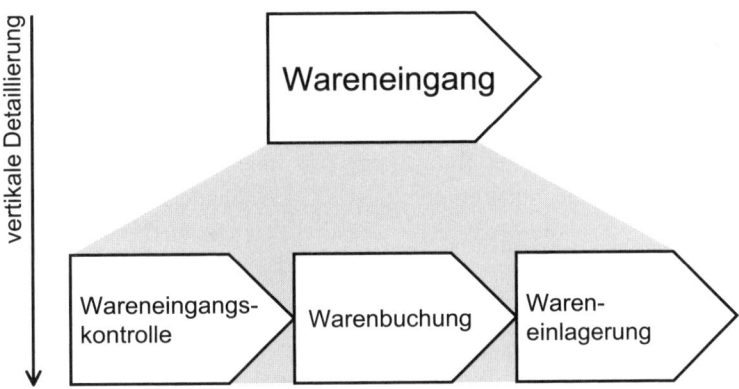

Abbildung 2.5 Beispiel einer vertikalen Detaillierung des Prozesses „Wareneingang"

Neben dieser „in die Tiefe" gerichteten Strukturierung werden Prozessmodelle weiterhin horizontal unterteilt. Dabei handelt es sich um eine Abgrenzung der beschriebenen Inhalte gegeneinander. Meistens erfolgt die Trennung der Inhalte anhand besonderer Gruppierungskriterien wie zum Beispiel nach fachlich unterschiedlichen Bereichen. Um bei dem Beispiel zu bleiben: so kann der „Wareneingangsprozess" von anderen horizontalen Prozessen wie „Materialeinkauf" oder „Kreditorenbuchhaltung" horizontal abgegrenzt werden (s. Abbildung 2.6).

Die horizontale Abgrenzung der Inhalte im integrierten Modell ist von besonderer Bedeutung, da sie wesentlich höhere Anforderung stellt als die vertikale Gliederung. Überprüfen Sie dies einmal selbst. Es fällt Ihnen sicher deutlich leichter, die genannten horizontalen Prozesse zu detaillieren, als klare Regeln für deren Abgrenzung untereinander aufzustellen.

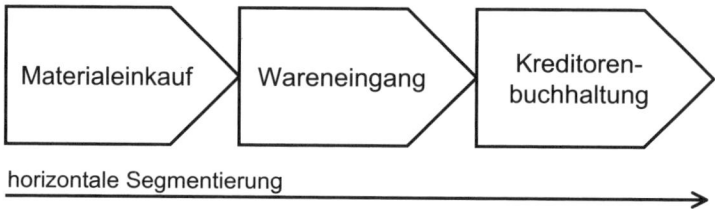

Abbildung 2.6 Beispiel einer horizontalen Segmentierung

Die vertikale Detaillierung beschreibt die Vertiefung eines einzelnen Inhaltsbereiches, wogegen sich die horizontale Segmentierung mit der inhaltlichen Abgrenzung verschiedener Bereiche zueinander befasst.

Um in einem Modellierungsprojekt sicherzustellen, dass das Gesamtmodell konsistent aufgebaut und die horizontale Unterteilung und vertikale Detaillierung einheitlich sind, müssen vor Beginn der Modellierung eindeutige Kriterien zur Unterscheidung definiert werden.

Bei der Strukturierung ist es wichtig, dass die Unterteilungskriterien einerseits eine eindeutige und klare Abgrenzung erlauben, andererseits aber möglichst einfach sind, um den Aufwand zur Abgrenzung in vertretbaren Grenzen zu halten. Ausgangspunkt für die Unterteilung sollte immer die horizontale Segmentierung vor der vertikalen Detaillierung sein. Leider wird in vielen Projekten zu schnell mit einer vertikalen Detaillierung begonnen, was im weiteren Projektverlauf in der Regel zu erheblichen Anpassungs- und Nacharbeiten führt.

2.4 Zusammenfassung

Die Struktur eines integrierten Enterprise Architecture, BPM- und fachlichen SOA-Modells können Sie nach den folgenden Kriterien gliedern:

- ihrer semantischen Einordnung;
- ihrem dynamischen oder statischen Charakter;
- dem Artefakttyp, dem sie zugeordnet sind;
- ihrer horizontalen und vertikalen Einordnung.

Jeder Inhalt des integrierten Modells kann nach diesen vier Kriterien eindeutig zugeordnet werden. Bei der Erstellung der Struktur Ihres Modells müssen Sie darauf achten, dass Inhalte eindeutig und überschneidungsfrei im Modell abgelegt werden können. Um die

Überschneidungsfreiheit sicherzustellen, bauen Sie die Modellstruktur und die Regeln zur Ablage der Inhalte in folgenden Arbeitsschritten auf:

1. Bilden Sie die semantische Struktur Ihres Modells. Unterteilen Sie das integrierte Modell dabei zunächst nach
   - einem Modellbereich für „fachlichen Inhalte",
   - einem Modellbereich für „fachliche IT-Inhalte" und
   - einem Modellbereich für „IT-technische Inhalte".

2. Unterteilen Sie anschließend jeden semantischen Modellbereich für
   - dynamische Modellinhalte und
   - statische Modellinhalte.

3. Legen Sie danach fest, welche Artefakttypen in den dynamischen und statischen Bereichen abgelegt werden sollen. Beschreiben Sie genau die jeweils erforderlichen Artefakttypen. Die genaue Ermittlung der Artefakttypen besprechen wir im folgenden Kapitel.

4. Legen Sie fest, wie Sie die Inhalte horizontal und vertikal im betrachteten Modellbereich einordnen. Die Regeln zur horizontalen und vertikalen Einordnung erläutern wir in den folgenden Kapiteln näher.

3

3 Aufbau des Metamodells

3.1 Fragen, die dieses Kapitel beantwortet

- Wie identifizieren Sie den individuellen Fokus Ihrer Modellierung?
- Wie stellen Sie die unterschiedlichen Anforderungen an ein integriertes Modell kommunizierbar dar?
- Welche typischen Fragestellungen soll Ihr integriertes Modell beantworten?
- Wie strukturieren Sie Ihre Fragestellungen für den Metamodellentwurf?
- Welche Beziehungen bestehen zwischen verschiedenen Fragestellungen, die Ihr Modell beantworten soll?
- Wie entwerfen Sie ein werkzeugneutrales Metamodell?
- Wie können Sie den Modellierungsaufwand Ihres Modells grob abschätzen?

3.2 Der werkzeugneutrale Modellentwurf

Das Konzept einer Enterprise Architecture ist nicht neu. Bereits in den achtziger Jahren wurden die grundlegenden Ideen zum Enterprise Architecture Management unter anderem von John Zachman beschrieben. Heute erhält das Konzept im Zusammenhang mit Business Process Management und SOA neue Bedeutung. Die Existenz einer Enterprise Architecture wird häufig als Voraussetzung für ein erfolgreiches Business Process Management und die SOA-Einführung gesehen.

Egal, ob Sie „nur" eine Enterprise Architecture erstellen oder diese mit einem BPM- oder SOA-Modellteil verbinden möchten: Sie sollten Ihr Modell grundsätzlich zunächst werkzeugneutral entwerfen. Ziel ist es, den Informationsbedarf Ihrer Organisation zu ermitteln, ohne sich bereits in dieser frühen Phase durch die Restriktionen eines Werkzeuges einzuschränken. Auf diese Weise erhalten Sie ein Metamodell, welches zunächst ausschließlich den fachlichen Bedarf Ihrer Organisation an ein integriertes Modell darstellt. Natürlich ist in einem späteren Arbeitsschritt das ideale Metamodell an die Möglichkeiten des einzusetzenden Werkzeuges anzupassen. Dies geschieht dann in einem Prozess, der vorhandene werkzeuginduzierte Einschränkungen klar aufzeigt. Sollten Sie sich noch nicht auf ein Modellierungswerkzeug festgelegt haben, können Sie mit dem beschriebenen Vorgehen auch diese Auswahl gezielter angehen.

3.2.1 Modellierungsgrundsätze und deren Bewertung

Bevor Sie mit der Erstellung des integrierten Modells beginnen, müssen Sie sich einige grundsätzliche Gedanken über Ihre Modellierung machen. Es ist immer wieder erstaunlich, wie viele Unternehmen eine Modellierung beginnen, ohne über die Ziele und Fragestellungen des Modells nachzudenken.

Um diesen Fehler zu vermeiden, müssen Sie zunächst festlegen, wo Ihnen das Modell helfen soll. Betrachten Sie die Sichten Business-, Application-, Information- und Infrastructure-Achitecture als Ausgangspunkt. Zu jeder dieser Sichten formulieren Sie Grundsätze, die zur Gestaltung Ihres Modells herangezogen werden. Die Grundsätze beschreiben übergeordnete Ziele, deren Erreichung die Informationen aus dem Modell unterstützen sollen.

Tabelle 3.1 zeigt eine Auswahl möglicher Grundsätze, die mit Hilfe der Sichten verfolgt werden können. Die Tabelle erhebt keinen Anspruch auf Vollständigkeit. Sie soll Ihnen vielmehr als Startpunkt für Ihre eigenen Überlegungen dienen. Alle Grundsätze müssen neutral formuliert sein und keine konkreten methodischen, technologischen und organisatorischen Ausprägungen enthalten. Zum Beispiel wäre der Grundsatz „Anwendungsentwicklung grundsätzlich mit JAVA" nicht zulässig. Neutral formuliert, müsste es heißen: „Die Anwendungsentwicklung soll technologische Unternehmensstandards einhalten."

Stellen Sie Ihrer Organisation die Frage, welche Herausforderungen sie gerade hat und bei welchen aktuellen Themen mehr Transparenz benötigt wird.

Tabelle 3.1 Beispiele von Modellierungsgrundsätzen

Modell-Sicht	Grundsätze
Geschäfts-Architektur	Sicherstellung eines kontinuierlichen Geschäftsbetriebs
	Erfüllung und Einhaltung gesetzlicher Vorschriften
	Klare Zuweisung fachlicher Verantwortlichkeiten
	Klare Zuweisung technischer Verantwortlichkeiten
	Übergreifende Nutzung von Anwendungssoftware in verschiedenen Unternehmensbereichen
	…
Anwendungs-Architektur	Sicherstellung technologischer Unabhängigkeit
	Durchsetzung von Standardapplikationen
	Gewährleistung einer guten Bedien- und Anwendbarkeit
	…

Modell-Sicht	Grundsätze
Informations-Architektur	Unternehmensübergreifende Nutzung von Informationen
	Sicherstellung des jederzeitigen Informationszugriffs
	Klare Zuordnung von Informationsverantwortlichen
	Etablierung von Standards im Informationsmanagement
	Sicherung der Informationen der Organisation gegen Verluste
	…
Infrastruktur-Architektur	Steuerung verwendeter Technologien
	Sicherstellung von Interoperabilität
	…

Es empfiehlt sich, für die Ermittlung der Grundsätze zunächst eine heterogene Teilnehmergruppe aus verschiedenen Bereichen Ihrer Organisation im Rahmen eines Brainstormings zu befragen. Die Gruppengröße sollte zwischen 10 und 20 Personen betragen. Erstellen Sie zusammen mit der Gruppe eine möglichst vollständige Liste der Grundsätze für jede Sicht.

> Legen Sie die für Ihre Organisation relevanten Grundsätze der Modellierung fest. Formulieren Sie diese neutral ohne methodische, technologische oder organisatorische Einschränkungen. Die Grundsätze beschreiben die Leitlinien des Modells für Ihre Organisation. Listen Sie die Grundsätze für alle Teilnehmer sichtbar auf.

Nachdem Sie die relevanten Grundsätze ermittelt haben, führen Sie eine Bewertung der Ergebnisse durch. Jeder Teilnehmer des Brainstormings vergibt für jeden Grundsatz Punkte und drückt damit die Bedeutung aus, die der Grundsatz für ihn hat. Zur Berechnung der maximal von jedem Teilnehmer zu vergebenden Punkte teilen Sie die Summe der Grundsätze durch 2. Haben Sie eine ungerade Zahl an Grundsätzen identifiziert, so wird nur der ganze Anteil der oben genannten Division verwendet. Es ist jedem Teilnehmer freigestellt, die Punkte entweder gleichverteilt auf die Grundsätze zu vergeben, alle Punkte einem Grundsatz zuzuordnen oder individuell zwischen verschiedenen Grundsätzen zu gewichten. Wichtig ist, dass die Gesamtzahl möglicher Punkte nicht überschritten wird. Zur Erfassung der Ergebnisse des Brainstormings können Sie eine Aufstellung (siehe Tabelle 3.2) verwenden.

Im Anschluss an die Vergabe der Punkte tragen Sie die Ergebnisse innerhalb eines Kiviatgraphen auf. Abbildung 3.1 zeigt das Ergebnis für das obige Beispiel.

Sortieren Sie anschließend die Grundsätze nach ihrer Bewertung in absteigender Reihenfolge, und gruppieren Sie diese anschließend nach Schwerpunkten. Sie können Modellierungsgrundsätze mehreren Gruppen zuordnen, wenn sie nicht eindeutig zu einer Gruppe gehören.

In den meisten Fällen ist es für den Metamodell-Entwurf ausreichend, das obere Drittel der bewerteten Grundsätze weiterzuverfolgen.

Tabelle 3.2 Auswertung eines Brainstormings zur Ermittlung der Modellierungsgrundsätze (Beispiel)

Brainstorming zur Erfassung der Modellierungsgrundsätze bei …	
Teilnehmeranzahl	15
max. pro Teilnehmer zu vergebende Punkte	7
Grundsätze	**erreichte Summe**
Sicherstellung eines kontinuierlichen Geschäftsbetriebs	12
Erfüllung und Einhaltung gesetzlicher Vorschriften	5
Klare Zuweisung fachlicher Verantwortlichkeiten	9
Klare Zuweisung technischer Verantwortlichkeiten	10
Übergreifende Nutzung von Anwendungssoftware in verschiedenen Unternehmensbereichen	2
Sicherstellung technologischer Unabhängigkeit	0
Durchsetzung von Standardapplikationen	15
Gewährleistung einer guten Bedien- und Anwendbarkeit	8
Unternehmensübergreifende Nutzung von Informationen	15
Sicherstellung des jederzeitigen Informationszugriffes	4
Klare Zuordnung von Informationsverantwortlichen	4
Etablierung von Standards im Informationsmanagement	10
Sicherung der Informationen der Organisation gegen Verluste	4
Steuerung verwendeter Technologien	3
Sicherstellung von Interoperabilität	4

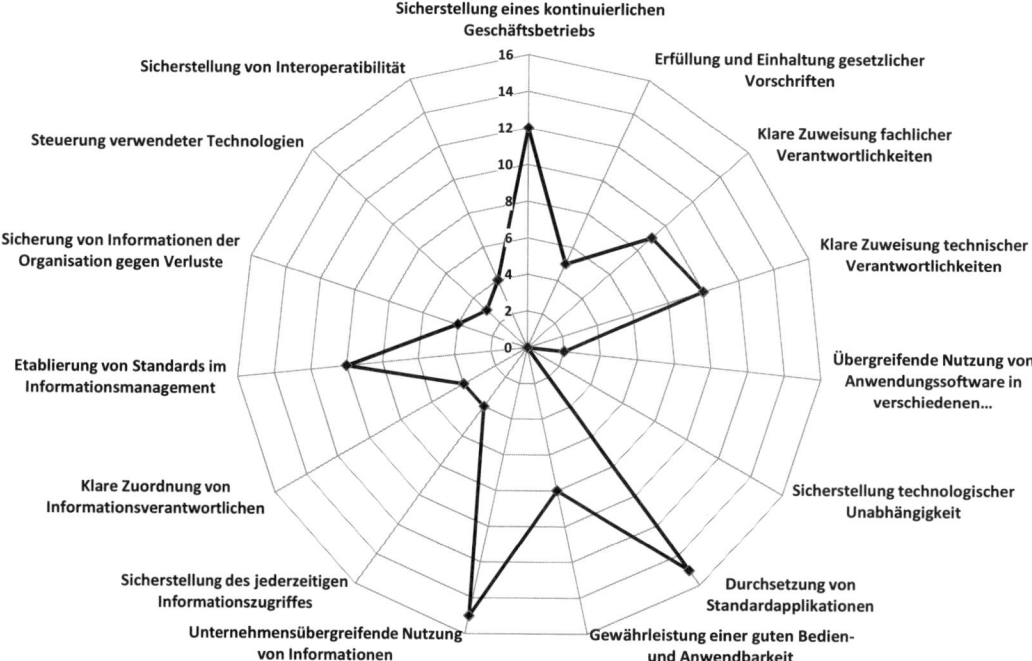

Abbildung 3.1 Auswertungsvorschlag der Modellierungsgrundsätze (Beispiel)

In unserem Beispiel liegen die Schwerpunkte der Teilnehmer in den nachfolgenden Bereichen:

- Informationsmanagement
  - Unternehmensübergreifende Nutzung von Informationen
  - Etablierung von Standards im Informationsmanagement
- Standardisierung
  - Durchsetzung von Standardapplikationen
  - Etablierung von Standards im Informationsmanagement
- Betriebsorganisation
  - Klare Zuweisung technischer Verantwortlichkeiten
  - Sicherstellung eines kontinuierlichen Geschäftsbetriebs

Auf den ersten Blick mag Ihnen die Auswertung trivial erscheinen. Sie liefert aber einen nicht zu unterschätzenden Startpunkt für die strukturelle und inhaltliche Ausrichtung Ihres integrierten Modells und hilft, dieses zu fokussieren, um zielgerichtet Auswertungen liefern zu können.

Im dargestellten Beispiel muss das integrierte Modell besonders auf die Bereiche Informationsmanagement, Standardisierung und Betriebsorganisation ausgerichtet werden. Das bedeutet, dass im Rahmen der weiteren Detaillierung der Modellteilinhalte Informationen zu den oben genannten Schwerpunkten zwingend enthalten sein müssen.

Außerdem gelingt es Ihnen mit dieser Fokussierung, die am Entwurfsprozess beteiligten Personen auf die individuellen Fragestellungen im Unternehmen zu fokussieren.

3.2.2 Ermittlung und Bewertung essenzieller Fragestellungen

Nachdem die Modellierungsgrundsätze definiert sind, ermitteln Sie die zugehörigen essenziellen Fragestellungen, die das Modell beantworten muss. Essenzielle Fragestellungen spezifizieren die Informationen, die ein integriertes Modell Ihrem Unternehmen liefern soll. Sie drücken den Informationsbedarf der beteiligten Personen aus, die in die Erstellung, Nutzung und Wartung des Modells eingebunden sind. Damit liefern sie das Fundament für den Entwurf des Metamodells.

Es empfiehlt sich, die Ermittlung der essenziellen Fragestellungen in zwei Stufen vorzunehmen:

- Brainstorming zur Identifizierung der Fragestellungen
- Zerlegung, Klassifizierung und Bewertung der Fragestellungen

3.2.2.1 Identifizierung der Fragestellungen

Wir haben bereits darauf hingewiesen, dass in Organisationen häufig verschiedene Sichtweisen existieren, welche Fragestellungen ein Modell beantworten soll. Meistens liegt die Ursache darin, dass im Vorfeld keine Einigkeit über die grundsätzliche Ausrichtung erzielt wurde. Genau um dieser Situation vorzubeugen, haben wir im vorhergehenden Schritt

Grundsätze aufgestellt und bewertet. Damit können Sie bereits deutlich fokussierter in die Ermittlung der wichtigen Modellfragestellungen starten. Richten Sie aus diesem Grund das Brainstorming zur Identifizierung der individuellen Fragestellungen an den für Ihre Organisation wichtigen Modellgrundsätzen aus.

Bringen Sie alle Personen, die zukünftig in irgendeiner Form mit dem Modell oder den Daten aus dem Modell arbeiten, zusammen. Bitten Sie alle Beteiligten, ihre Fragen an das zukünftige Modell im Rahmen der ermittelten Schwerpunkte zu erfassen. Dazu bieten sich verschiedene Kreativtechniken an (z.B. 6-3-5-Methode, freies Brainstorming etc.). Welche Technik Sie in Ihrem Unternehmen anwenden, sollten Sie individuell abwägen. Es kommt in dieser Phase zunächst darauf an, möglichst viele Fragen zu identifizieren. Eine Bewertung der einzelnen Fragen erfolgt in diesem Schritt noch nicht.

Wir führen die Ermittlung essenzieller Fragestellungen gerne in einem offenen Brainstorming durch und dokumentieren die Ergebnisse direkt auf einem Flip-Chart. Diese Art der Erfassung hat den Vorteil, dass die Teilnehmer ständig in den Prozess der Fragensammlung eingebunden und die Ergebnisse allen Teilnehmern jederzeit transparent sind. Sinnvoll ist ein offenes Brainstorming bis zu einer Gruppengröße von max. 10 Personen. Größere Gruppen sollten Sie entweder aufteilen oder auf Kreativitätstechniken ausweichen, die größere Gruppen effizient moderieren.

Abbildung 3.2 zeigt das Teilergebnis eines solchen Brainstormings, dokumentiert mit Hilfe eines Flip-Charts.

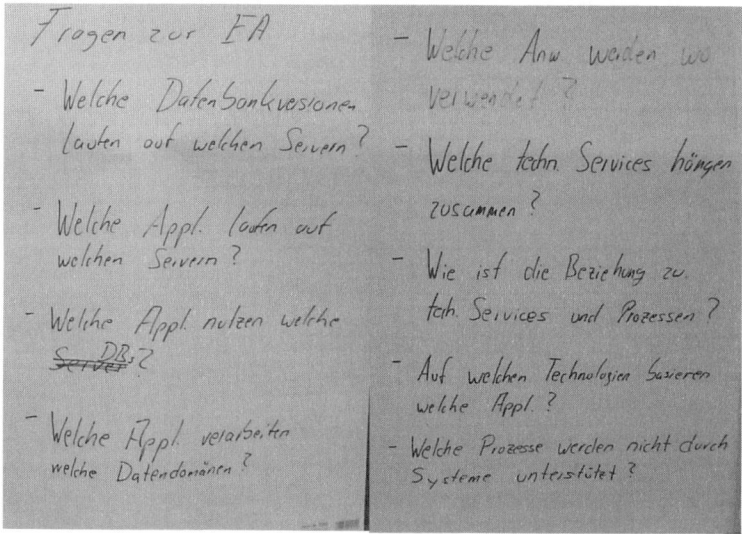

Abbildung 3.2 Flip-Chart-Beispiel der Ermittlung essenzieller Fragestellungen

Wiederholen Sie diesen Arbeitsschritt so lange, bis Sie ca. die dreifache Anzahl an Fragen gesammelt haben, wie Teilnehmer in der Runde sind. Aus Erfahrung können wir sagen, dass Sie dann in der Regel die möglichen essenziellen Fragestellungen dieser Gruppe identifiziert haben.

Ordnen Sie anschließend alle Fragen den ermittelten Grundsätzen zu. In unserem Beispiel sind dies:

- Fragen zum Informationsmanagement:
  - Welche Daten werden von welchen Anwendungen verarbeitet?
  - In welchen Formaten liegen gleiche Daten in welcher Abteilung vor?
  - …

- Fragen zur Standardisierung:
  - Welche Datenbanken nutzen welche Server?
  - Welche Anwendung nutzt welchen Server?
  - Welche Applikationen unterstützen gleiche fachliche Prozesse?
  - …

- Fragen zur Betriebsorganisation:
  - Welche Aktivitäten sind betroffen, wenn eine Anwendung nicht mehr zur Verfügung steht?
  - Welche Personen sind für welche Applikationen verantwortlich?
  - …

3.2.2.2 Zerlegung und Bewertung der Fragestellungen

Nachdem die essenziellen Fragestellungen erfasst wurden, werden sie zerlegt und bewertet. Dabei geht es darum, die gesammelten Fragen nach ihren Anteilen an den Sichten zu zerlegen, zu ordnen und hinsichtlich der Bedeutung für Ihr Modell zu bewerten. Ziel ist es, zu erkennen, in welcher Sicht der Schwerpunkt Ihres Modells liegt.

Um die Fragen nach den zugehörigen Sichten zu zerlegen, empfehlen wir zunächst, jede Sicht eindeutig zu kennzeichnen. Dies kann zum Beispiel ein graphisches Symbol oder eine Farbe für jede Ebene sein. In unserem Beispiel verwenden wir die folgenden Kennzeichnungen für:[1]

- Objekttypen der Geschäfts-Architektur
- Objekttypen der Daten-Architektur
- Objekttypen der Anwendungs-Architektur
- Objekttypen der Infrastruktur-Architektur

Markieren Sie in jeder Frage die zentralen Objekttypen einer Sicht mit der zugeordneten Kennzeichnung. Beachten Sie dabei, dass Sie nur Hauptwörter (Substantive) markieren. Betrachten wir zum Beispiel folgende Frage:

Welche Aktivitäten sind betroffen, wenn eine Applikation nicht mehr zur Verfügung steht?

---

[1] Selbstverständlich können Sie die Ebenen auch farblich kennzeichnen, worauf wir im Buch aus drucktechnischen Gegebenheiten verzichtet haben.

In dieser Frage sind die zwei Sichten Geschäftsarchitektur und Anwendungsarchitektur enthalten. Wir markieren deshalb Aktivitäten und Applikationen.

Welche Aktivitäten sind betroffen, wenn eine Applikation nicht mehr zur Verfügung steht?

Wiederholen Sie diesen Vorgang für alle Fragen, die im Rahmen des Brainstormings ermittelt wurden. Anschließend ordnen Sie jede Frage der entsprechenden Sicht zu. Fragen, in denen mehrere Sichten adressiert werden, wie in unserem Beispiel, werden jeder betroffenen Sicht zugeordnet. Dies kann ebenfalls an einem Flip-Chart durchgeführt werden. Abbildung 3.3 zeigt den Zusammenhang zwischen den Sichten und unserer Beispielfrage.

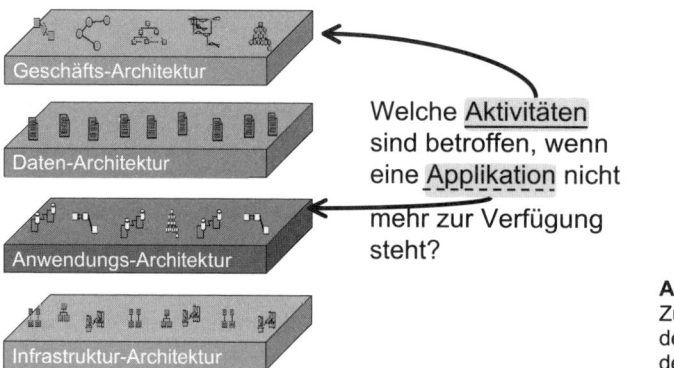

Abbildung 3.3
Zuordnung der Objekttypen
der essenziellen Fragen zu
den Modellsichten

Bewerten Sie anschließend das Ergebnis der Zuordnung unter Berücksichtigung der Grundsätze. Sie müssen sicherstellen, dass die Fragestellungen zu den festgelegten Grundsätzen passen.

Sollten Sie an dieser Stelle erhebliche Abweichungen zwischen den Schwerpunkten der Grundsätze und den den Sichten zugeordneten Fragestellungen feststellen, so müssen Sie dieses Ergebnis kritisch hinterfragen. In diesem Fall haben noch nicht alle beteiligten Personen das gleich Bild von den Zielen und dem Nutzen des integrierten Modells für Ihre Organisation.

Diskutieren Sie dann unbedingt nochmals die Grundsätze und die abgeleiteten Fragestellungen mit den Teilnehmern, und wiederholen Sie die vorhergehenden Arbeitsschritte so lange, bis die ermittelten Fragestellungen zu den festgelegten Grundsätzen passen.

> Ermitteln Sie, welche Fragen das integrierte Modell in Ihrer Organisation beantworten muss. Halten Sie diese Fragen schriftlich fest, und richten Sie die Modellstruktur daran aus.

3.2.3 Entwurf einer Domain-Level-Matrix

Nachdem Sie einen stabilen Stand hinsichtlich der Fragestellungen erreicht haben, können Sie mit dem Entwurf einer Domain-Level-Matrix beginnen. Die Domain-Level-Matrix ist die Vorstufe des Metamodells. Sie hilft Ihnen, die erforderlichen Entitäten des Metamodells zu ermitteln, deren Granularität zu bestimmen und diese in Beziehung zu setzen.

Gruppieren Sie zunächst die ermittelten Objekttypen nach den Sichten. Zum Beispiel werden „Anwendungen" und „Applikationen" der Sicht „Anwendungs-Architektur" zugeordnet.

Tabelle 3.3 enthält die Zuordnung für unsere Beispielfragen. Wenn Sie die Tabelle genau betrachten, wird Ihnen auffallen, dass nur drei der bisher bekannten Sichten enthalten und zwei neue Sichten hinzugekommen sind.

Dies ist darauf zurückzuführen, dass wir jetzt die Sicht Geschäftsarchitektur in einen dynamischen und einen statischen Teil aufspalten, die Sicht „Organisationsarchitektur", die alle Inhalte rund um aufbauorganisatorische Beschreibungen enthält, und die Sicht „Prozessarchitektur", in der die dynamischen Inhalte beschrieben werden.

Es stellt sich natürlich die Frage, warum wir diese Trennung nicht bereits am Anfang vorgenommen haben. Das liegt zum einen daran, dass die Unterteilung der Sichten Geschäfts-, Anwendungs-, Informations- und Infrastrukturarchitektur sehr verbreitet ist, unter anderem in der Enterprise-Architecture-Modellierung. Das möchten wir bei den initialen Entwurfsschritten nicht verändern.

Wichtiger ist aber unserer Erfahrung nach, dass die Trennung der Sichten „Prozess-" und „Organisationsarchitektur" in einer frühen Phase des Entwurfsprozesses bei dem beteiligten Personenkreis, der in der Regel sehr heterogen zusammengesetzt ist, zu Verwirrung führt. Prozessurale und organisatorische Inhalte werden häufig in engem Zusammenhang gesehen. Im Gegensatz dazu können anwendungs-, informations- und infrastrukturbezogene Inhalte von den meisten Beteiligten bereits während der ersten Entwurfsschritte gut unterschieden werden.

Die vorgenommene Trennung basiert demnach hauptsächlich auf Erfahrungen, die wir im Laufe der Jahre bei der Konzeption von Metamodellen gesammelt haben.

Tabelle 3.3 Zuordnung der gefundenen Objekttypen zu den Sichten

Zentrale Objekttypen	Sicht (erweitert)
Prozesse	Prozess-Architektur
Aktivitäten	
Standort	Organisations-Architektur
Unternehmen	
Abteilung	
Person	
Anwendungen	Anwendungs-Architektur
Applikationen	
Daten	Daten-Architektur
Datenbank	Infrastruktur-Architektur
Server	

Anschließend erstellen Sie die Domain-Level-Matrix. Wir empfehlen, dass Sie dazu eine Metaplan-Tafel nutzen, da ein Flip-Chart für diese Arbeit in der Regel zu klein ist. Abbildung 3.4 zeigt die Vorlage für eine Domain-Level-Matrix, die Sie direkt auf eine Metaplan-Tafel überführen können.

Abbildung 3.4 Domain-Level-Matrix

Ordnen Sie die identifizierten Objekttypen eindeutig einer Sicht zu, und sortieren Sie diese in jeder Sicht nach ihrer Detaillierung. Das erfolgt innerhalb jeder Spalte der Domain-Level-Matrix nach zunehmender Detaillierung von oben nach unten. Wiederholen Sie den Vorgang so lange, bis alle innerhalb der essenziellen Fragestellungen ermittelten Objekttypen in der Domain-Level-Matrix eingeordnet sind. Abbildung 3.5 zeigt das Ergebnis für unser Beispiel.

Bei der Durchführung werden Sie merken, dass sich die meisten Objekttypen leicht nach ihrer Granularität sortieren lassen. Gelegentlich werden Sie aber auf verschiedene Ansichten zur richtigen Reihenfolge stoßen. Zum Beispiel kann man die Objekttypen *Unternehmen* und *Standort* je nach Sichtweise unterschiedlich zuordnen. Nimmt man für den Begriff *Standort* eine allgemeine Sichtweise an, so ist es möglich, an einem *Standort* mehrere Unternehmen vorzufinden. Bei dieser Definition ist der *Standort* dem *Unternehmen* übergeordnet. Betrachtet man das *Unternehmen* aber als organisatorisches Ganzes, das an mehreren *Standorten* präsent ist, so kehrt sich die Reihenfolge um.

Weiterhin ist es möglich, dass in den essenziellen Fragen die gleichen Objekttypen mit verschiedenen Begriffen bezeichnet werden. Natürlich nehmen Sie nur einen dieser synonymen Begriffe in die Domain-Level-Matrix auf.

Sie müssen bei der Einordnung der Objekttypen in die Domain-Level-Matrix:
- unterschiedliche Interpretationen der Über- und Unterordnung sowie
- synonyme Begriffe

unterscheiden.

Diskutieren Sie in diesen Fällen die unterschiedlichen Standpunkte, und definieren Sie während der Anordnung die Bedeutung jedes Objektes verbindlich.

Damit ergibt sich für unser Beispiel die in Abbildung 3.5 dargestellte Domain-Level-Matrix. Wir sehen den Objekttyp „Unternehmen" als dem Objekttyp „Standort" übergeordnet an und die Objekttypen *Applikation* und *Anwendung* als synonym.

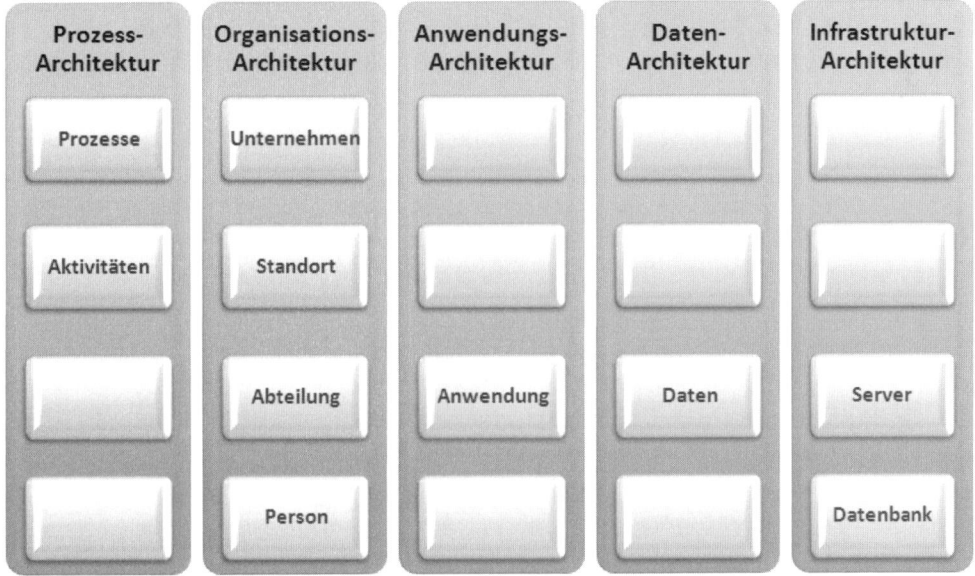

Abbildung 3.5 Domain-Level-Matrix mit zugeordneten Objekttypen (Beispiel)

Nachdem Sie die Objekte zu jeder Architektursicht zugeordnet und nach Granularität sortiert haben, tragen Sie die Beziehungen zwischen den Objekten in die Domain-Level-Matrix ein. Diese haben Sie bereits mit den essenziellen Fragestellungen ermittelt.

Betrachten wir beispielhaft die Frage: *Welche Aktivitäten sind betroffen, wenn eine Anwendung nicht mehr zur Verfügung steht?* Sie erkennen, dass eine Beziehung zwischen dem Objekt *Aktivität* und *Anwendung* erforderlich ist, um aus dem Modell heraus die Frage zu beantworten. Definieren Sie deshalb eine Beziehung zwischen den Objekten der jeweiligen Sicht, die eine ausreichende Granularität zur Beantwortung der Frage bietet und tragen Sie diese Beziehung in der Domain-Level-Matrix ein. Typisieren Sie die Beziehung weiterhin hinsichtlich der Information, die Sie ausdrücken möchten. Achten Sie dabei darauf, dass alle Beziehungstypen als Verben ausgedrückt werden.

Im vorliegenden Fall möchten Sie zum Beispiel die Unterstützung der fachlichen Aktivität durch eine Applikation anzeigen. Ein möglicher Beziehungstyp wäre demnach „unterstützt".

Versuchen Sie möglichst wenige Beziehungen über Architektursichten hinweg zu erzeugen. Dadurch verringern Sie bereits an dieser Stelle die Komplexität Ihres zukünftigen Modells[2].

Darüber hinaus müssen Sie darauf achten, dass Objekttypen, die über unterschiedliche Sichten hinweg verbunden werden, von ihrer Granularität her zueinander passen.

Welche Objekttypen Sie verknüpfen, hängt von Ihrem individuellen Informationsbedürfnis und dem Aufwand, den Sie zur Datenerfassung betreiben können, ab. Grundsätzlich gilt die Regel, dass die Komplexität und damit der Erstellungs- und Pflegeaufwand des Modells ansteigt, je detaillierter die verknüpften Objekte sind.

Wiederholen Sie diesen Vorgang so lange, bis Sie zu jeder essenziellen Fragestellung innerhalb der Domain-Level-Matrix eine entsprechende Beziehung abgebildet haben.

Abbildung 3.6 zeigt die für unser Beispiel vollständig ausgefüllte Domain-Level-Matrix.

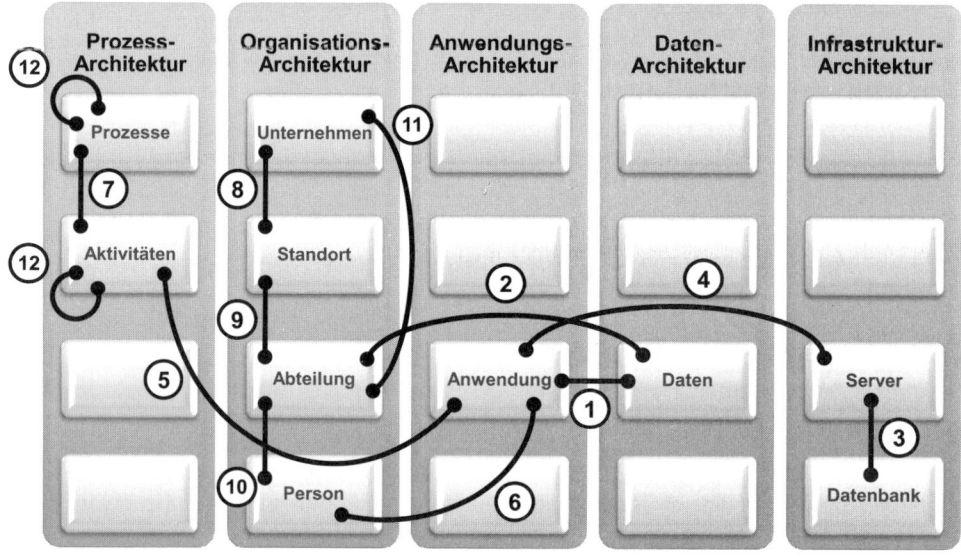

Abbildung 3.6 Domain-Level-Matrix mit zugeordneten Objekt- und Beziehungstypen

Nachdem Sie die Domain-Level-Matrix um die Beziehungen zwischen den erforderlichen Objekttypen ergänzt haben, ist es ratsam, diese nochmals gesondert aufzulisten. Tabelle 3.4 zeigt die in unserem Beispiel dargestellten Beziehungstypen.

---

[2] Diese Beschränkung ist besonders für die Modellierung innerhalb der Oracle BPA Suite wichtig, weil das Werkzeug über ein geschlossenes Metamodell verfügt. Je weniger Sichten-übergreifende Beziehungen Sie definieren, desto einfacher wird später die Umsetzung im Werkzeug.

Tabelle 3.4 Beziehungstypen der Domain-Level-Matrix

Nummer	Leserichtung der Beziehung	Beziehungstyp
1	Anwendung bearbeitet Daten	bearbeitet
2	Abteilung greift zu auf / bearbeitet Daten	greift zu auf / bearbeitet
3	Datenbank liegt auf Server	liegt auf
4	Anwendung läuft auf Server	läuft auf
5	Anwendung unterstützt Aktivität	unterstützt
6	Person ist verantwortlich für Anwendung	ist verantwortlich für
7	Prozess ist zusammengesetzt aus Aktivitäten	ist zusammengesetzt aus
8	Unternehmen befindet sich an Standort	befindet sich an
9	Abteilung befindet sich an Standort	befindet sich an
10	Person ist zugeordnet zu Abteilung	ist zugeordnet zu
11	Unternehmen ist zusammengesetzt aus Abteilung	ist zusammengesetzt aus
12	Prozess ist Vorgänger von Prozess	Ist Vorgänger von

Es handelt sich bei den Beziehungstypen aber noch nicht um Beziehungen des Metamodells. Wir befinden uns immer noch in einer fachlich geprägten Vorstufe, die hilft, das geplante integrierte Modell möglichst einfach zu entwickeln.

> Die Fokussierung auf relevante Grundsätze, die Formulierung essenzieller Fragestellungen und der Entwurf einer Domain-Level-Matrix sollten grundsätzlich werkzeugneutral erfolgen. Konzentrieren Sie sich dabei ausschließlich auf die fachlichen Fragestellungen Ihrer zukünftigen Enterprise-Architektur.

3.2.4 Erstellung eines Metamodells

3.2.4.1 Ermittlung der Metamodell-Entitäten

Mit der Fertigstellung der Domain-Level-Matrix sind Sie Ihrem individuellen Metamodell bereits einen großen Schritt nähergekommen. Fachlich haben Sie nun einen guten Überblick, welche Fragen Ihr Modell in Zukunft beantworten soll und welche Informationen dazu erforderlich sind. Jetzt geht es darum, die fachlichen Anforderungen in ein passendes Metamodell zu überführen, das innerhalb eines Werkzeugs abgebildet werden kann. Zunächst behalten wir die werkzeugneutrale Perspektive aber noch bei. Der Grund dafür liegt in zwei grundsätzlich unterschiedlichen Metamodellkonzepten auf Seiten der Werkzeughersteller.

Die eine Gruppe der Werkzeuge bietet ein offenes, was bedeutet: durch den Anwender vollständig frei konfigurier- und veränderbares Metamodell. Die andere verfügt über ein geschlossenes Metamodell, das keine oder nur sehr geringe Anpassungen erlaubt.

Generell kann man nicht sagen, welches Konzept besser ist. Beide haben für den Anwender Vor- und Nachteile, deren wichtigste wir in Tabelle 3.5 darstellen.

Tabelle 3.5 Vor- und Nachteile von Werkzeugen mit geschlossenem und offenem Metamodell

Metamodell-Konzept	Vorteil	Nachteil
Offenes Metamodell	Anpassbar an die individuellen Informationsbedürfnisse einer Organisation	Erfordert mehr Know-how bei der Einführung Einführungsphase ist mit zusätzlichem Aufwand zur Metamodellanpassung verbunden.
Geschlossenes Metamodell	Schnelle Einsetzbarkeit Rückgriff auf Know-how des Herstellers ohne zusätzliches Consulting	Je nach Einsatzszenario ist mit Einschränkungen bei der Informationsabbildung zu rechnen. Aufbau einer vollständig eigenen (Hersteller-unabhängigen) Modellierungsmethodik nur sehr eingeschränkt möglich.

Um zu verhindern, dass Ihr Metamodellentwurf bereits durch die Einschränkungen eines Werkzeuges beeinflusst wird, behalten wir die werkzeugneutrale Betrachtung zunächst bei. So stellen Sie sicher, dass Sie bei dem Entwurf Ihres Metamodells die bestmögliche Beantwortung Ihrer essenziellen Fragestellungen im Auge behalten.[3]

Betrachten Sie zunächst die Domain-Level-Matrix, und fassen Sie in jeder Architektursicht Objekttypen gleicher Gattung zu einer Entität zusammen. Objekttypen gleicher Gattung erkennen Sie daran, dass unabhängig von ihrer jeweiligen Detaillierung alle zugehörigen Objekttypen mit Hilfe eines gemeinsamen Satzes an Attributen eindeutig beschrieben werden können.

Beispielsweise gehören die Objekttypen der Prozessarchitektur häufig zu derselben Gattung. Es handelt sich in der Regel um Beschreibungen von Arbeitsabläufen, die sich lediglich in ihrer Detaillierung voneinander unterscheiden.

Anders verhält es sich bei den Objekten der statischen Architektursicht. Diese unterscheiden sich meistens deutlich voneinander.

Aus Erfahrung kann man sagen, dass für ca. zwei Drittel der Objekte einer Domain-Level-Matrix eine eigene Entität im Metamodell anzulegen ist. Achten Sie dabei auf eine möglichst allgemeine Beschreibung der Entitäten, insbesondere dann, wenn Sie mehrere Objekttypen zu einer Entität zusammenfassen. Abbildung 3.7 zeigt die Gruppierung der Objekttypen unseres Beispiels zur Ableitung der Entitäten des Metamodells.

---

[3] Für unser Buch hat dieses neutrale Vorgehen eine weitere Bedeutung. Da wir im Folgenden die Beispielumsetzung der EA, BPM- und fachlichen SOA-Modellierung anhand der Oracle BPA Suite zeigen, die ein geschlossenes Metamodell besitzt, ist es wichtig zu zeigen, wie Sie mit eventuell auftretenden Konflikten bei der Überführung eines neutralen Metamodells in ein Werkzeug mit geschlossenem Metamodell vorgehen können.

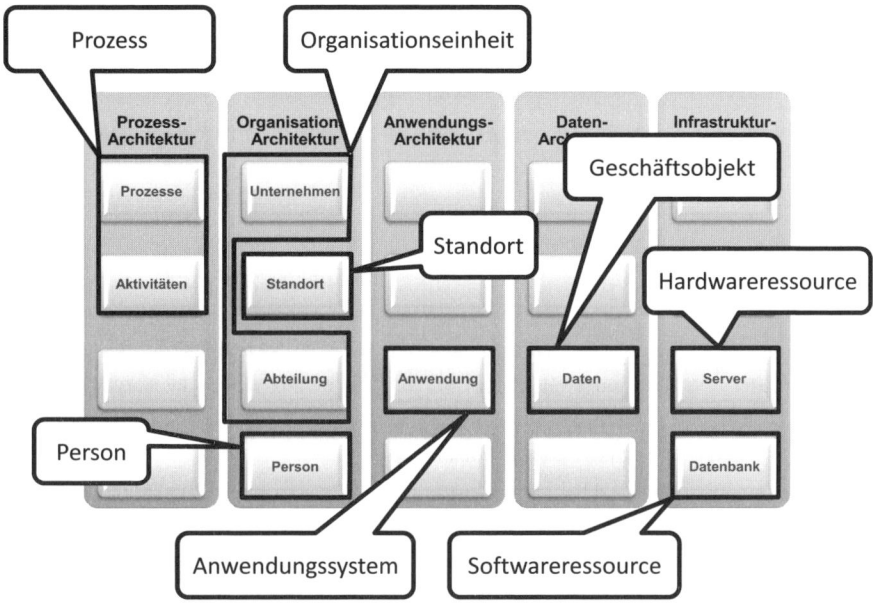

Abbildung 3.7 Identifizierte Entitäten auf Basis einer vorhandenen Domain-Level-Matrix (Beispiel)

- Die Objekttypen *Prozesse* und *Aktivitäten* werden zu einer Entität *Prozess* und die Objekttypen *Unternehmen* und *Abteilung* zu einer Entität Organisationseinheit zusammengefasst, da sie Inhalte gleicher Gattung abbilden.
- Die Objekttypen *Anwendung*, *Daten*, *Server* und *Datenbank* werden allgemeiner formuliert in jeweils eine eigene Entität übertragen. Durch die allgemeinere Form der Beschreibung dieser Entitäten wird unser Metamodell flexibler. Beispielsweise kann eine Entität *Hardwareressource* ein breiteres Spektrum an Inhalten aufnehmen, als eine Entität *Server* es könnte.
- Die Objekttypen Person und Standort übernehmen wir unverändert.

An dieser Stelle müssen wir besonders darauf hinweisen, dass die vorgenommene Umsetzung der Objekttypen in Entitäten des Metamodells nur exemplarisch ist. In Ihrer individuellen Domain-Level-Matrix kann es durchaus erforderlich sein, andere Entitäten zu bilden. Beispielsweise könnten Sie argumentieren, dass die Entität Hardwareressource, die in unserem Fall neben Servern auch Inhalte zu Routern, Massenspeichern und so weiter enthält, nicht ausreichend auf serverspezifische Inhalte eingehen kann, ohne in Konflikt mit anderen dort abgelegten Inhalten zu geraten.

> Je allgemeiner Sie die Entitäten des Metamodells beschreiben bzw. zusammenfassen, desto allgemeiner werden zwangsläufig auch die möglichen Attributierungen der Entitäten. Dadurch verringert sich die Komplexität Ihres Metamodells, doch nimmt gleichzeitig auch die Detailgenauigkeit der Inhalte ab. Wichtig ist, dass Sie ein ausgewogenes Verhältnis zwischen Detailtiefe und Modellierungsaufwand erzielen. Entscheiden Sie sich im Zweifel immer für die geringere Komplexität.

Sie erkennen, dass es unmöglich ist, für alle individuellen Fälle eine allgemeine Lösung zur Umsetzung der Domain-Level-Matrix in ein Metamodell vorzugeben. Hier müssen Sie als Business-Analyst die vorliegenden Gegebenheiten bewerten.

Nachdem Sie die Entitäten definiert haben, erstellen Sie das Metamodell inklusive Beziehungen. Dabei unterscheiden Sie Beziehungen zwischen zusammengefassten und nicht zusammengefassten Objekttypen.

■ Beziehungen zwischen zusammengefassten Objekttypen führen zu einer Selbstreferenz der betroffenen Entität. Zum Beispiel wird die Beziehung zwischen den Objekttypen *Unternehmen* und *Abteilung* der Domain-Level-Matrix in der Entität *Organisationseinheit* im Metamodell mit der Selbstreferenz des Typs „ist zusammengesetzt aus" dargestellt. In diesen Fällen handelt es sich in der Regel um eine 1-n-Beziehung. Das bedeutet: es kann jeweils ein übergeordnetes Objekt mit mehreren untergeordneten Objekten verbunden werden, um eine hierarchische Struktur auszudrücken.

■ Beziehungen zwischen nicht zusammengefassten Objekttypen der Domain-Level-Matrix werden in das Metamodell als 1-n- oder m-n-Beziehung zwischen den betroffenen Entitäten übertragen. Zum Beispiel führt die Beziehung „läuft auf" zwischen *Server* und *Anwendung* aus der Domain-Level-Matrix zu einer Beziehung „läuft auf" zwischen den Entitäten *Anwendungssystem* und *Hardwareressource*.

> Zentrale Objekttypen der Domain-Level-Matrix, die in einer Entität im Metamodell zusammengefasst werden, führen immer zu einer Selbstreferenz bei der betroffenen Entität. Beziehungen zwischen nicht zusammengefassten Objekttypen der Domain-Level-Matrix werden im Metamodell als 1-n- oder m-n-Beziehung abgebildet.

Abbildung 3.8 zeigt den Metamodellentwurf, der auf Basis der Domain-Level-Matrix erstellt wurde. Aus Gründen der vereinfachten Darstellung empfehlen wir Ihnen, nur die Aktivbezeichnung, zum Beispiel „Anwendungssystem unterstützt Prozess" in das Metamodell aufzunehmen. Die Leserichtung können Sie durch einen Pfeil über dem Beziehungstyp anzeigen. Auf die Darstellung der Passivbezeichnungen, zum Beispiel „Prozess wird unterstützt durch Anwendungssystem" für die Entitäten *Prozess* und *Anwendungssystem*, wird aus Gründen einer übersichtlichen Darstellung verzichtet.

Diejenigen unter Ihnen, die sich auch mit klassischer Daten- und ER-Modellierung befassen, werden unseren Ansatz als stark vereinfacht empfinden. Unser Ziel ist es aber nicht, eine nach den Anforderungen der Datenmodellierung exakte Beschreibung zu erstellen. Vielmehr möchten wir mit unserem Vorgehen dem Business-Analysten ein einfaches Verfahren an die Hand geben, um Metamodelle zu entwerfen.[4]

---

[4] Da es nicht Ziel ist, das Metamodell automatisiert in ein Werkzeug zu überführen, ist der vereinfachte Ansatz an dieser Stelle zulässig. Dennoch weisen wir darauf hin, dass zur Umsetzung eines Metamodells in einem Modellierungswerkzeug mit offenem Metamodell weitergehende Kenntnisse in der Datenmodellierung durchaus hilfreich sind.

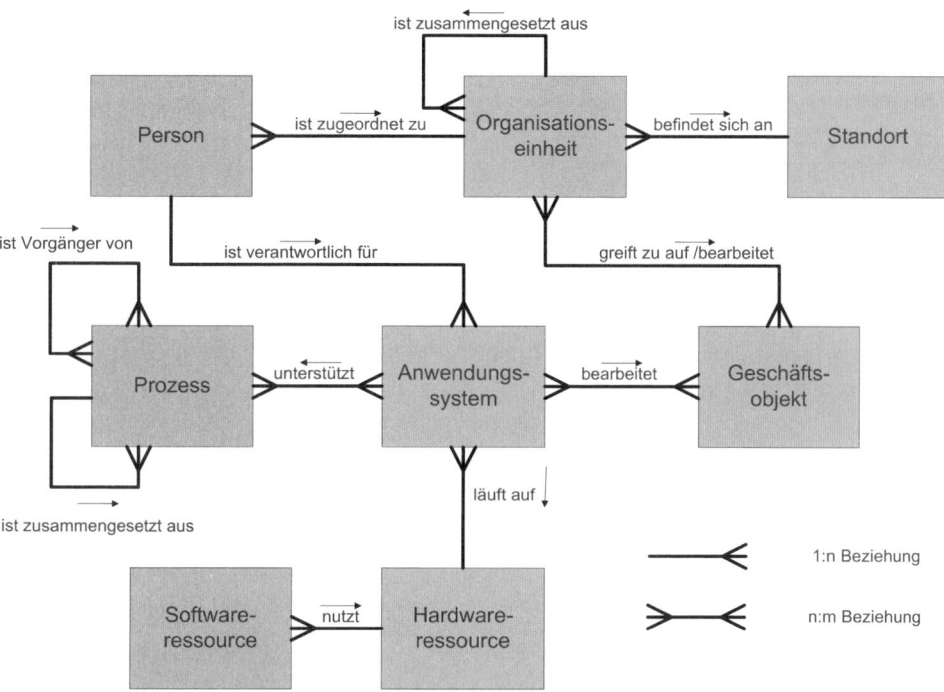

Abbildung 3.8 Entitäten und Beziehungen, zusammengefasst im Metamodell (Beispiel)

Tabelle 3.6 Beziehungen der Entitäten im Metamodell

Zentrale Objekttypen	Entität im EA Metamodell	Prozess	Standort	Organisations-einheit	Person	Anwen-dungs-system	Geschäfts-objekt	Software-ressource	Hardware-ressource
Prozesse Aktivitäten	**Prozess**	ist zusam-mengesetzt aus							
Standort	**Standort**								
Unternehmen Abteilung	**Organisa-tionseinheit**		befindet sich an	ist zusam-mengesetzt aus			greift zu/bearbeitet		
Person	**Person**			ist zugeordnet zu		ist verant-wortlich für			
Anwendungen/ Applikationen	**Anwendungs-system/ Service**	unterstützt					bearbeitet		läuft auf
Daten	**Geschäfts-objekte**								
Datenbank	**Software-ressourcen**								nutzt
Server	**Hardware-ressourcen**								

Wir empfehlen Ihnen, zusätzlich eine tabellarische Beschreibung der Beziehungen zwischen den Entitäten des Metamodells anzulegen (siehe Tabelle 3.6). Wir haben die Erfahrung gemacht, dass die Zusammenhänge des Metamodells sich auf diesem Weg besser kommunizieren lassen.

3.2.4.2 Festlegung der Attribute zu den Metamodell-Entitäten

Nachdem Sie die Beziehungen zwischen den Entitäten das EA-Metamodell festgelegt haben, fehlt noch die Möglichkeit, weiterführende Informationen zu den Instanzen einer Entität hinzuzufügen. Das vorliegende Metamodell stellt bisher nur Objekte und deren Beziehung untereinander dar. Wir haben noch nicht festgelegt, welche weitergehenden Informationen hinterlegt werden können.

Versehen Sie deshalb jede Entität mit Attributen zur detaillierteren Beschreibung. Berücksichtigen Sie dabei die essenziellen Fragestellungen, und leiten Sie daraus die für Ihr Metamodell erforderlichen Detailinhalte zu jeder Entität ab. Häufig geben Ihnen diese bereits Hinweise auf erforderliche Attribute.

Die Attribute Name und Beschreibung werden für jede Entität erfasst. Die weiteren Attribute wechseln stark von Entität zu Entität. Grundsätzlich lassen sich folgende Arten von Attributen unterscheiden:

- **Textattribute** (Freitext): dienen zur freien Erfassung von Informationen und bieten Ihnen den größten Spielraum bei der Formulierung von Inhalten zu einem Objekt, beispielsweise zur ausführlichen Beschreibung eines Prozesses.
- **Wertattribute** (Wertelisten): um einem Attribut vordefinierte Werte zuzuweisen. Dabei handelt es sich um Wertelisten, aus denen ein einzelner Wert einem Attribut zugeordnet werden kann.
- **Nummerische Attribute** (Ganzzahl und Fließkommazahl): um zu einem Objekt quantitative Spezifikationen anzulegen, beispielsweise zur Beschreibung der Speicherkapazität einer Hardwareressource.
- **Wahrheitsattribute**: um richtige oder falsche Aussagen zu einem Objekt zu hinterlegen, beispielsweise zur Beschreibung des Status aktiviert/deaktiviert einer Hardwareressource.
- **Datums- und Zeitattribute**: um Informationen über das zeitliche Verhalten eines Objektes zu hinterlegen, beispielsweise das Aktivierungs- und Deaktivierungsdatum einer Hardwareressource.
- **Verweisattribute** (Links): um Inhalte im integrierten Modell und darüber hinaus miteinander zu verbinden. Beispielsweise bilden Sie auf diese Weise einen Hyperlink ab.

Achten Sie bei der Attributierung darauf, alle Attribute so zu wählen, dass diese sich eindeutig und ausschließlich nur auf die betrachtete Entität beziehen. Sie müssen vermeiden, dass Attribute einer Entität Ihres Metamodells zugeordnet werden, die eigentlich zu einer anderen Entität des Modells gehören. Es wäre zum Beispiel falsch, die Entität *Anwendungssystem* mit einem Attribut „Verantwortlicher Betreuer" zu versehen, da diese Information bereits über die Entität *Person* und die Beziehung „ist verantwortlich für" zur Entität *Anwendungssystem* abgebildet ist.

Bei der Überlegung, wie Sie die Attributierung einer Entität des Metamodells vornehmen können, unterstützen Sie die in Abbildung 3.9 dargestellten Fragen. Betrachten wir das Beispiel einer Attributierung der Entität Hardwareressource hinsichtlich der für die Instanzen der Hardwareressourcen verantwortlichen Personen.

Die Frage, ob es sich bei dem Attribut um ein nur die betrachtete Entität beschreibendes Attribut handelt, dessen Information im Metamodell an keiner anderen Stelle vorkommt, muss mit nein beantwortet werden. Die Beschreibung einer Person ist im Metamodell bereits als eigene Entität vorhanden.

Jetzt müssen Sie prüfen, ob die geforderte Information mittels einer zusätzlichen Beziehung im Metamodell zwischen den Entitäten Hardwareressource und Person erzeugt werden kann oder erzeugt werden soll.

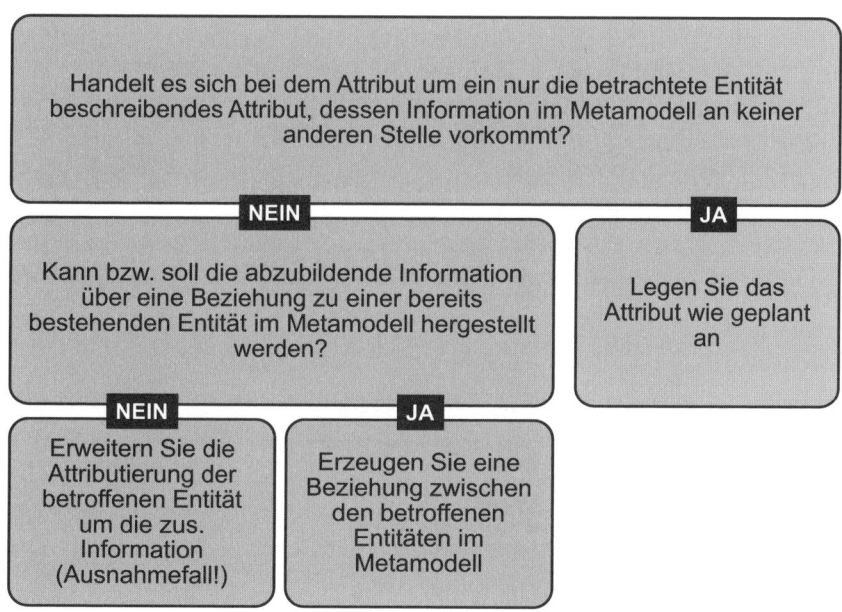

Abbildung 3.9 Vorgehensweise zur Auswahl der Entitätsattributierung im Metamodell

Im vorliegenden Beispiel könnten Sie sich sowohl für als auch gegen die Abbildung einer neuen Beziehung entscheiden. Sie erkennen an diesem Beispiel, dass Sie bei der Attributierung der Entitäten des Metamodells immer das gesamte Metamodell im Blick haben müssen.

Die in Abbildung 3.9 aufgeführten Fragen weisen Ihnen bei der Attributierung des Metamodells den Weg. Tabelle 3.7 zeigt die Argumente für oder gegen eine Modellierung mittels eines neuen Beziehungs- oder Attributtyps.

Tabelle 3.7 Bewertung Beziehungs- oder Attributtypmodellierung

	Vorteil	**Nachteil**
Erstellung eines neuen Beziehungstyps	Inhaltliche Redundanzen bei Entitäten und Attributen werden vermieden	Die Modellierung erfordert mehrere zusätzliche Arbeitsschritte zur Verbindung der betroffenen Entitäten
Anlage eines eigenen Attributtyps	Einfach Pflege direkt bei der betroffenen Entität möglich, wodurch die Modellierung vereinfacht wird	Die Informationen des betroffenen Attributes müssen ggf. an mehreren Stellen redundant gepflegt werden. Auswertungen, die sich auf den Inhalt des betroffenen Attributes beziehen, sind unter Umständen nicht vollständig.

> Es ist nicht möglich, für jede individuelle Modellierung allgemeingültige Regeln zur Abbildung der Attributierung anzugeben. Vielmehr müssen Sie als Business Analyst von der Ermittlung der Prinzipien bis zur Attributierung des Metamodells jeden einzelnen Arbeitsschritt der Modellerstellung kritisch hinterfragen und gegebenenfalls iterativ überarbeiten.

Für die Entitäten unseres Metamodellbeispiels legen wir die in Tabelle 3.8 aufgelisteten Attribute fest. Sie können diese als Startpunkt für eigene Attributierungen eines EA-Metamodells verwenden. Bitte beachten Sie aber, dass es sich um eine beispielhafte Definition von Attributen handelt, die keinen Anspruch auf Vollständigkeit erhebt.

Tabelle 3.8 Mögliche Attribute für Metamodell-Entitäten (Bespiel)

Entität im Metamodell	**Attribute**	**Attributtyp**
Anwendungssystem	Name	Text
	Langbezeichnung	Text
	Beschreibung	Text
	Hersteller	Text
	Version	Text
	Betriebsphase (Start)	Datum
	Betriebsphase (Ende)	Datum
	Systemstatus	Wahrheitswert
	Verfügbarkeit	Wert
	Dokumentation	Verweis
Geschäftsobjekt	Name	Text
	Beschreibung	Text

Entität im Metamodell	Attribute	Attributtyp
Geschäftsobjekt *(Forts.)*	Gültig ab	Datum
	Gültig bis	Datum
Hardwareressource	Name	Text
	Beschreibung	Text
	Hersteller	Text
	Gewährleistung bis	Datum
	Betriebsphase (Start)	Datum
	Betriebsphase (Ende)	Datum
Organisationseinheit	Name	Text
	Beschreibung	Text
Person	Name	Text
Prozess	Name	Text
	Beschreibung	Text
Softwareressource	Name	Text
	Langbezeichnung	Text
	Beschreibung	Text
	Hersteller	Text
	Version	Text
	Betriebsphase (Start)	Datum
	Betriebsphase (Ende)	Datum
	Systemstatus	Wahrheitswert
	Verfügbarkeit	Wert
	Dokumentation	Verweis
Standort	Name	Text

3.2.5 Abschätzung des Modellumfangs und Erstellungsaufwands

Nachdem das Metamodell inklusive der erforderlichen Attribute definiert ist, stellt sich meistens die Frage, welchen Aufwand die „Füllung" des Modells mit Inhalten wohl erzeugen wird. Auch wenn meist eine genaue Aussage hinsichtlich der erforderlichen Personentage für die Erstellung des Modells nur mit größerem Aufwand zu ermitteln ist, so kann man dennoch mit Hilfe einer Näherung gut abschätzen, welche Größenordnung zur initialen Erstellung voraussichtlich zu erwarten ist.

Dazu müssen Sie zunächst bestimmen, welches Volumen Ihr Modell annehmen wird. Ermitteln Sie dazu für jede Entität und jede Beziehung zwischen den Entitäten die Anzahl der zu modellierenden Instanzen. Dafür schätzen Sie beispielsweise für die Entität Softwareressource ab, wie viele Instanzen Sie in Ihrer Organisation erfassen müssen und wie viele Beziehungen diese zu Instanzen der Entität Hardwareressourcen besitzen.

Anschließend legen Sie fest, welcher durchschnittliche Aufwand zur Ermittlung der Inhalte je Entität bzw. Beziehung erforderlich ist. In der Regel ist bei den meisten Instanzen einer Entität mit einem annähernd gleichen Ermittlungs- und Pflegeaufwand zu rechnen, weshalb von einer kleinen Varianz bei den Zeiten zur Informationsbeschaffung ausgegangen werden kann. Geben Sie den Aufwand zur Ermittlung der Inhalte zu einer Instanz in Stunden an. Dabei ist es wichtig zu beachten, dass die angegebenen Stunden den Aufwand zur Ermittlung und Abstimmung der Inhalte in Ihrer Organisation einschließen. Dies umfasst unter anderem erforderliche Recherchen und Abstimmungsarbeiten zur Verifizierung und Validierung der Inhalte, die sich im Rahmen des Aufbaus eines Modells als sehr umfangreiche Tätigkeiten herausgestellt haben. Die Praxis zeigt, dass die Abbildung im Werkzeug gegenüber der Suche nach den richtigen Informationen im Unternehmen verschwindend gering ist und deshalb nicht zwingend berücksichtigt werden muss.

> Lassen Sie die Schätzung zu jeder Entität und Beziehung einzeln durch die Mitarbeiter in Ihrer Organisation durchführen, die auch für die Bereitstellung der Inhalte verantwortlich sind. So erhalten Sie für jede Entität und Beziehung möglichst realistische Werte.

Diese Vorgehensweise zur Abschätzung des Modellumfangs ist unter folgenden Voraussetzungen zulässig:

- Der betrachtete Modellteil beschränkt sich auf abstrakte, überblicksartige Beschreibungen.
- Die benötigten Informationen zu den Instanzen der Entitäten können jeweils an einer zentralen Stelle beschafft werden.
- Um Unsicherheiten in der Schätzung zu berücksichtigen, definieren Sie für jede Entität des Metamodells einen Faktor zwischen 1 und 3.
- Wählen Sie den Faktor 1, wenn beide oben aufgeführten Punkte bei einer Entität zutreffen.
- Wählen Sie den Faktor 2, wenn einer der oben aufgeführten Punkte bei der betrachteten Entität nicht zutrifft.
- Wählen Sie den Faktor 3, wenn beide oben aufgeführten Punkte bei der betrachteten Entität nicht zutreffen.

Berechnen Sie anschließend den erforderlichen Erstellungsaufwand je Entität und Beziehung als Produkt aus:

> Erstellungsaufwand je Entität = Anzahl × Aufwand zur Ermittlung je Entität o. Beziehung × Faktor

Der initiale Erstellungsaufwand Ihres Modells ergibt sich dann als Summe aus:

> Erstellungsaufwand Modell = $\sum$ Erstellungsaufwand je Entität

Tabelle 3.9 zeigt eine mögliche Darstellungsform und Berechnung für das exemplarische Metamodell. Starten Sie beim Aufbau der Tabelle mit den Entitätstypen, und erfassen Sie erst nach deren vollständiger Ermittlung die Beziehungen.

Tabelle 3.9 Schätzung des Modellumfangs und Modellerstellungsberechnung (Beispiel)

Entität/Beziehung	Anzahl	Aufwand zur Ermittlung je Entität oder Beziehung	Faktor zur Berücksichtigung der Ungenauigkeit	Erstellungs- aufwand je Entität oder Beziehung
Anwendungssystem	10	0,2	1	2,0
Hardwareressource	30	0,2	1	6,0
Geschäftsobjekt	300	0,1	2	60
Organisationseinheit	31	0,1	1	3,1
Person	40	0,1	1	4
Prozess	150	0,1	3	45
Softwareressource	50	0,25	1	12,5
Standort	2	(annähernd) 0	1	0
Anwendungssystem unterstützt Prozess	30	0,2	2	12
Anwendungssystem bearbeitet Geschäfts- objekt	250	0,05	2	25
Anwendungssystem läuft auf Hardware	10	0,25	1	2,5
Organisationseinheit ist zusammengesetzt aus Organisations- einheit	30	0,1	1	3
Organisationseinheit greift zu auf/bearbeitet Geschäftsobjekt	600	0,05	2	30
Organisationseinheit befindet sich an Standort	2	0,1	1	0,2
Person ist zugeordnet Organisationseinheit	40	0,1	1	4
Person ist verantwort- lich für Anwendungs- system	10	0,1	1	1

Entität/Beziehung	Anzahl	Aufwand zur Ermittlung je Entität oder Beziehung	Faktor zur Berücksichtigung der Ungenauig- keit	Erstellungs- aufwand je Entität oder Beziehung
Prozess ist zusam- mengesetzt aus Prozess	50	0,25	3	37,5
Prozess ist Vorgänger von Prozess	400	0,05	3	60
Softwareressource nutzt Hardware- ressource	50	0,1	1	5
Geschätzter zeitlicher Aufwand zur Erstellung des EA-Modells [Stunden]				312,8

In unserem Beispiel ergibt die Schätzung zum Aufbau und zur inhaltlichen „Füllung" des vorliegenden Metamodells einen geschätzten Umfang von ca. 40 Personentagen (312,8 h/8h pro Tag = 39,1 Tage).

Verwenden Sie diese Berechnung nur als Näherung. Sie kann eine detaillierte Aufwands- schätzung, zum Beispiel für vertragliche Zwecke, nicht ersetzen, bietet aber eine gute Ba- sis zur Abschätzung, was bei Ihrem Modellierungsprojekt auf Sie zukommt.

Sie können mit diesem Vorgehen sehr schnell und einfach den voraussichtlichen Aufwand zur initialen Erstellung eines Modells ermitteln.

Beachten Sie, dass Sie mit der Ermittlung der oben genannten Inhalte die Struk- tur für Ihr gesamtes Modell festlegen. Dies bedeutet: Sie betrachten bei dem Metamodellentwurf bereits alle relevanten Ebenen der Modellierung (Prozess-, Organisations-, Daten-, Anwendungs- und Infrastruktur-Architektur). Damit legen Sie das Fundament für die weitere Konkretisierung des Modells in den Bereichen EA, BPM und fachliche SOA.

Insbesondere die zeitlich umfangreiche Modellierung von Inhalten zu Prozessen und Geschäftsobjekten liefert für die Modellierung der Geschäftsprozesse und der fachlichen SOA-Teilmodelle wesentliche Ausgangsdaten.

4 Die Umsetzung des Metamodells

4.1 Fragen, die dieses Kapitel beantwortet

■ Wie bilden Sie ein werkzeugneutrales Metamodell in der Oracle BPA Suite ab?

■ Welche methodischen Einschränkungen liegen bei der Oracle BPA Suite vor?

■ Wie identifizieren Sie die methodischen Einschränkungen und passen Ihr individuelles Metamodell an?

■ Wie werten Sie die Modellierungsmethode der Oracle BPA Suite aus?

■ Wie bewerten Sie den Abdeckungsgrad der Metamodellumsetzung innerhalb der Oracle BPA Suite?

4.2 Die Oracle BPA Suite als Modellierungswerkzeug

In der ersten Augustwoche des Jahres 2006 gab die Oracle Corporation bekannt, die Fusion Middleware Plattform um das Prozessmanagementwerkzeug ARIS zu erweitern. Oracle beabsichtigte damit, die bis zu diesem Zeitpunkt bestehende Lücke im Portfolio fachlicher Modellierungswerkzeuge zu schließen.

Gartner positioniert die ARIS Process Platform seit vielen Jahren regelmäßig im „Leaders Quadrant" als ein führendes Werkzeug zur Modellierung und Verwaltung von Prozessmodellen. Der Schwerpunkt liegt auf der betriebswirtschaftlichen Modellierung, auch wenn der Name ARIS, der für „Architektur integrierter Informationssysteme" steht, einen starken IT-Bezug vermuten lässt.

Oracle verfügt mit der Fusion Middleware, insbesondere mit dem integrierten BPEL Process Manager, über leistungsfähige Werkzeuge zur Orchestrierung und Ausführung von Web-Services und automatisierten Prozessen im SOA-Umfeld.

> Die ARIS-Werkzeuge sind primär im fachlichen Business Process Management angesiedelt, die BPM-Werkzeuge der Oracle Fusion Middleware primär im technischen BPM. Beide Hersteller decken mit den genannten Werkzeugen für die Modellierung komplementäre Bereiche ab.

Bisher haben wir den Metamodellentwurf komplett werkzeugneutral erstellt, damit er möglichst genau die fachlichen Anforderungen Ihrer Organisation abdeckt.

Das zugehörige Modell selber erstellen und pflegen Sie aber nicht mit Papier und Bleistift. Auch wenn dies grundsätzlich möglich wäre, so werden Sie zustimmen, dass eine effiziente und kostengünstige Modellierung und Auswertung des Modells dann nur schwer zu realisieren ist.

Spätestens jetzt kommt in jedem Modellierungsprojekt die Frage nach einem Werkzeug auf. Ein wesentliches Kriterium bei der Auswahl eines Werkzeugs ist die Manipulierbarkeit des zugrundeliegenden Metamodells. In Kapitel 3.2.4.1 haben wir die Vor- und Nachteile von offenen und geschlossenen Metamodellen erläutert. Das geschlossene Metamodell der Oracle BPA Suite[1] bringt methodische Einschränkungen mit sich, denen wir bei der Umsetzung des werkzeugneutralen Metamodells gerecht werden müssen.

4.3   Methodische Einschränkungen der Oracle BPA Suite

Eine Methode beschreibt eine Vorgehensweise zur Lösung einer Fragestellung oder eines Problems. Die BPA-Suite-Methode legt fest, wie die Struktur eines Modells erstellt und mit Inhalt gefüllt werden kann. Vereinfacht gesagt, handelt es sich bei der eingebauten Methode um graphische Beschreibungsartefakte inklusive einer Anleitung, wie diese eingesetzt werden, um Teile der realen Welt im Modell zu beschreiben. Der vorgegebene Methodeninhalt der Oracle BPA Suite ist sehr umfangreich, weshalb genau festgelegt werden muss, wie Sie Ihr individuelles integriertes EA-, BPM- und SOA-Modell erstellen wollen. Ihnen stehen die folgenden Beschreibungsartefakte zur Verfügung:

■ Modelltypen[2]

---

[1]   Zur Abbildung unseres Beispiels nutzen wir die Oracle BPA Suite. Diese ist bis auf wenige methodische Unterschiede identisch mit dem IDS Scheer ARIS Business Architect, der im Rahmen einer OEM-Vereinbarung als Grundlage für das Oracle-Produkt dient. Beide Werkzeuge verfügen über ein geschlossenes Metamodell. Oracle hat bei der Anpassung der BPA Suite methodische Veränderungen im Vergleich zum Standard ARIS Business Architect vorgenommen. Auf Seiten der implementierten ARIS-Methodik wurden von Oracle die im IDS-Scheer-Produkt vorhandenen SAP-Inhalte weitgehend entfernt und durch spezifische Oracle-Methodeninhalte ergänzt.

[2]   Der Begriff Modelltyp ist von der IDS Scheer AG falsch gewählt, hat sich aber im Verlauf der Zeit etabliert. Korrekt wäre die Bezeichnung Diagrammtyp. Bei einem Diagramm handelt es sich um die graphische Darstellung eines Sachverhaltes oder einer Information. Je nach Zielsetzung nutzt ein Diagramm unterschiedliche graphische Darstellungen. Ein Modell ist hingegen eine abstrakte Repräsentation von Struktur, Funktion oder Verhalten eines Systems. Im vorliegenden Fall der Modellierung mit der Oracle BPA Suite ist demnach eine gesamte BPA-Datenbank als Modell zu betrachten. Wir werden im

- Objekttypen
- Symbole
- Kantentypen
- Attributtypen
- Attributsymbole

Modelltypen (Diagrammtypen)

Modelltypen, besser Diagrammtypen, definieren das Fundament der Modellierung. Sie werden genutzt, um Aspekte des Gesamtmodells innerhalb der Oracle BPA Suite zu beschreiben. Die Methode legt fest, welche Artefakte (Symbol- und Beziehungstypen) auf einem Diagrammtyp angezeigt werden können. Stellen Sie sich einen Diagrammtyp vereinfacht als ein Blatt Papier vor, auf dem Sie fest vorgegebene Symbol- und Beziehungstypen darstellen und miteinander verbinden können.

Beispielsweise können Sie auf einem Diagrammtyp Netzwerkstrukturen abbilden und auf einem anderen Prozessabläufe. Die freie Kombination von Inhalten ist wegen des geschlossenen Metamodells nicht möglich. Als Anwender müssen Sie mit den Darstellungsmöglichkeiten der Methode leben, so wie sie vom Hersteller festgelegt wurden.

Die Oracle BPA Suite bietet in der Version 11g 117 Diagrammtypen[3] (z.B. ereignisgesteuerte Prozesskette (EPK) und Business Process Diagram (BPMN)). Sie können bestehende Diagrammtypen duplizieren, diesen eigene Namen geben und die ausprägbaren Symbol- und Beziehungstypen des „neuen" Diagrammtyps, basierend auf den vom Ursprungsmodelltyp maximal erlaubten, einschränken. Eine individuelle Erweiterungsmöglichkeit durch die Erzeugung vollständig neuer Diagrammtypen ist nicht möglich, auch wenn dies durch die Benennung der Funktionalität im Werkzeug suggeriert wird. Aus diesem Grund kann man bei der Oracle BPA Suite auch nicht ernsthaft von einer Erweiterbarkeit der Diagrammtypen oder gar der Methode sprechen.

Wir empfehlen grundsätzlich, nur in begründeten Einzelfällen von der Standardmethode abgeleitete Modelltypen zu erzeugen.

Objekttypen

Objekttypen legen fest, welche Inhalte mit der Oracle BPA Suite modellierbar sind. Sie sind das Herz der Modellierungsmethodik und bestimmen die grundsätzliche Semantik, die mit dem Werkzeug ausgedrückt werden kann. Objekttypen erscheinen auf keinem Diagramm, sondern werden in der Methode genutzt, um Inhaltstypen zu definieren.

In der Version 11g der Oracle BPA Suite stehen 228 Objekttypen zur Verfügung (z.B. Hardwarekomponente und Informationsträger). Es können keine neuen Objekttypen er-

---

weiteren Verlauf bevorzugt den Begriff Diagrammtyp verwenden. Ausnahmen ergeben sich jedoch immer dort, wo auf Bezeichnungen im Werkzeug Bezug genommen wird.

[3] Die angegebene Anzahl der Methodeninhalte orientiert sich an der Oracle BPA Suite Version 11g. Es bestehen an dieser Stelle Abweichungen zum ARIS Business Architect der IDS Scheer AG. Dies gilt analog für die Bereiche Objekttypen, Symbole, Kantentypen, Attributtypen und Attributsymbole.

zeugt, sondern lediglich bestehende umbenannt werden. Wir raten von einer Umbenennung der Objekttypen ab, da sie sich stark auf den methodischen Gesamtzusammenhang in der Oracle BPA Suite auswirken.

Symbole

Die Bezeichnung Symbole ist, analog zu den Modelltypen, vom Hersteller des Werkzeuges nicht korrekt gewählt. Die richtige Bezeichnung für diesen Bereich der Methode wäre Symboltypen, da es sich auch hier um typisierte Inhalte handelt. Symboltypen repräsentieren graphisch die Objekttypen der Methode. Als Modellierer verwenden Sie Symbole, um Inhalte auf Diagrammen darzustellen.

Die Version 11g der Oracle BPA Suite bietet 696 Symboltypen zur graphischen Darstellung (zum Beispiel Wertschöpfungskette und CD-ROM). Symboltypen können ähnlich wie Modelltypen kopiert werden. Auf diese Weise lassen sich zusätzliche Symboltypen anlegen, die aber wie Modelltypen die Eigenschaften des Ausgangssymbols erben. So erstellte Symboltypen unterliegen denselben methodischen Bedingungen wie ihre Quellsymboltypen. Es ist lediglich möglich, kopierten Symbolen eine eigene graphische Ausprägung zu geben. Auch hier kann man deshalb nicht von einer Erweiterung der Methode sprechen.

Wie bereits bei den Diagrammtypen empfehlen wir die Nutzung dieser Funktionalität nur in begründeten Ausnahmefällen.

Kantentypen

Kantentypen bestimmen, welche Beziehungen zwischen Symboltypen auf Diagrammen modelliert werden können.

Die Version 11g der Oracle BPA Suite bietet 465 Kantentypen, die jedoch teilweise redundant sind. Wie Objekttypen können auch Kantentypen nur umbenannt werden. Es besteht keine Möglichkeit, neue Kantentypen zu erzeugen oder von bestehenden als Kopie abzuleiten.

Wir raten von einer Veränderung der Kantentypbezeichnungen ab, da sich Änderungen ebenfalls stark auf den methodischen Gesamtzusammenhang der Oracle BPA Suite auswirken.

Attributtypen

Attributtypen legen fest, welche zusätzlichen Informationen zu Diagramm-, Objekt- und Kantentypen hinzugefügt werden können. Das bestehende Metamodell der Oracle BPA Suite ordnet jedem Diagramm-, Objekt- und Kantentyp bereits individuell Attribute zu.

Die Version 11g der Oracle BPA Suite verfügt im Standard über 1268 Attributtypen. Ähnlich wie die Kantentypen sind diese teilweise redundant, und nicht jeder Attributtyp ist bei jedem Diagramm-, Objekt- bzw. Kantentyp verfügbar.

Attributtypen können umbenannt werden. Von der Nutzung dieser Möglichkeit raten wir aber aus denselben Gründen wie bei Kanten- und Objekttypen ab.

Im Unterschied zu Kanten- und Objekttypen ermöglicht die Oracle BPA Suite-Methode die Erzeugung neuer Attributtypen. An dieser Stelle finden Sie die einzige Funktionalität zur Erweiterung des Metamodells, die diesen Namen verdient. Sie können Attributtypen für Mehrzeiler (Text), Bool (Wahrheitswerte), Werte (Wertelisten), Ganzzahlen, Fließkommazahlen, Datum, Zeit, Zeitpunkt, Zeitdauer und Links (Verweise) individuell ohne Beschränkung erstellen.[4]

Attributsymbole (Attributsymboltypen)

Attributsymboltypen zeigen graphisch Werte von Attributen auf Diagrammen an. Die Version 11g der Oracle BPA Suite verfügt im Standard über 80 Attributsymboltypen, die Sie individuell Attributen zuordnen können.

Wir empfehlen die Nutzung dieser Funktionalität nur in begründeten Ausnahmefällen, obwohl durch ihren Einsatz keine gravierende Beeinflussung der methodischen Zusammenhänge entsteht.

Abbildung 4.1 zeigt die Zusammenhänge der Oracle BPA Suite-Methode (ohne Attributsymboltypen) und deren Verwendung in einer Modellinstanz.

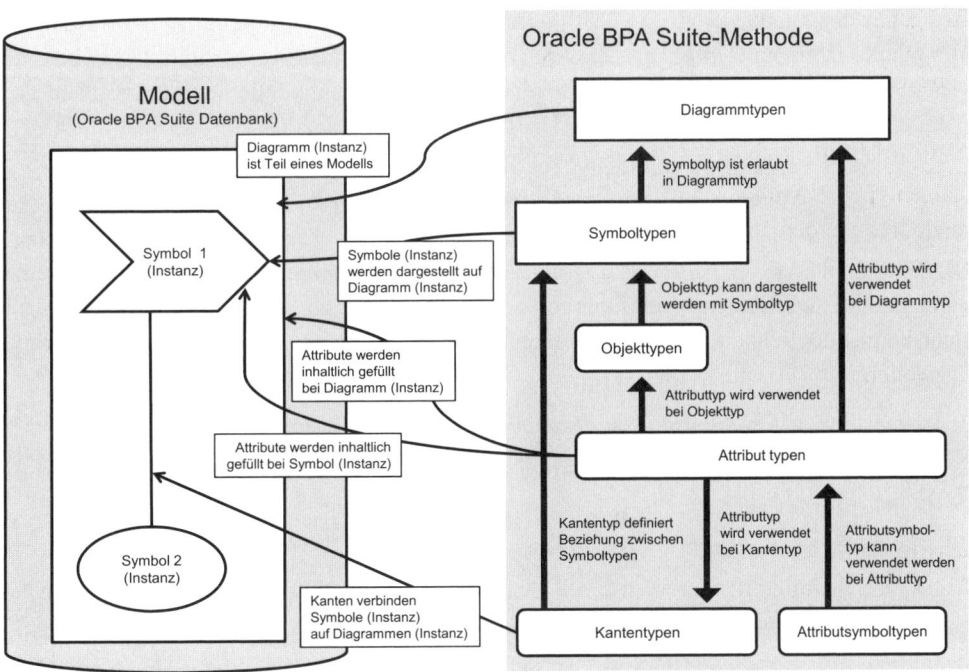

Abbildung 4.1 Bestandteile und Zusammenhänge der Oracle BPA Suite Methode

---

[4] Die individuelle Erweiterung der Attributtypen existiert erst ab der Oracle BPA Suite Version 11g bzw. ARIS 7.1. Frühere Versionen der Werkzeuge waren noch auf fest vorgegebene „Freie Attribute" beschränkt und konnten nicht in der beschriebenen Form erweitert werden.

Innerhalb der Oracle BPA Suite ist die Modellierungsmethode in einem geschlossenen Metamodell abgebildet. Als Benutzer des Werkzeugs können Sie nur sehr eingeschränkte individuelle Erweiterungen vornehmen. Die zur Verfügung gestellten Anpassungsmöglichkeiten stellen keine Erweiterung im eigentlichen Sinn dar, sondern sind (bis auf die Erweiterung von Attributtypen) ausschließlich Kopien bestehender Methodeninhalte. Diese Kopien erben alle Restriktionen der Quellen und können in ihrer Nutzung im Modell eingeschränkt, aber nicht erweitert werden. Aus diesem Grund empfehlen wir, Anpassungen nur in begrenztem Umfang und nach genauer Prüfung der methodischen Auswirkungen vorzunehmen.

4.4 Analyse der Oracle BPA Suite Methode

Während des Entwurfs des werkzeugneutralen Metamodells wurden die methodischen Beschränkungen von uns bewusst nicht berücksichtigt. In den meisten Fällen ist davon auszugehen, dass Sie Ihr individuelles Metamodell nicht direkt in die Oracle BPA Suite übertragen können.

Aus Sicht eines integrierten EA-, BPM- und fachlichen SOA-Modells ist es erforderlich, alle Inhalte in einem Repository abzubilden. Es gilt also, einen Kompromiss zwischen den werkzeugneutralen Anforderungen Ihres individuellen Metamodells und den vorhandenen Fähigkeiten des Metamodells der Oracle BPA Suite zu finden.

Damit Sie das vorhandene werkzeugneutrale Metamodell mit den Möglichkeiten der Oracle BPA Suite-Methode effizient abgleichen können, empfehlen wir die Nutzung einer Excel-basierten Methodenanalyse. Sie ermöglicht Ihnen, schnell und einfach passende Modellartefakte zu bestimmen, alternative Modellierungsmöglichkeiten zu finden und nicht lösbare Konflikte zu identifizieren.

Das erforderliche Excel-Sheet erstellen Sie mit Hilfe der Oracle BPA Suite selbst. Führen Sie dazu die folgenden Arbeitsschritte innerhalb der Oracle BPA Suite durch:

1. Wechseln Sie zum Modul *Administration*.
2. Öffnen Sie den Bereich *Konfiguration / Konventionen* und markieren dort den Unterordner *Filter*.
3. Markieren Sie im Reiter Inhalt die *Gesamtmethode*.
4. Öffnen Sie mit einem rechten Mausklick das zugehörige Kontextmenü, und wählen Sie *Auswerten / Report starten…*

Abbildung 4.2 zeigt die entsprechenden Schritte zur Erzeugung des Excel-Sheets innerhalb der Oracle BPA Suite.

Nachdem Sie *Report starten…* aktiviert haben, startet ein Assistent, der Sie zunächst auffordert, den gewünschten Report auszuwählen (Abbildung 4.3). Aktivieren Sie den Report *Filterinformationen ausgeben*, und drücken Sie *Weiter*.

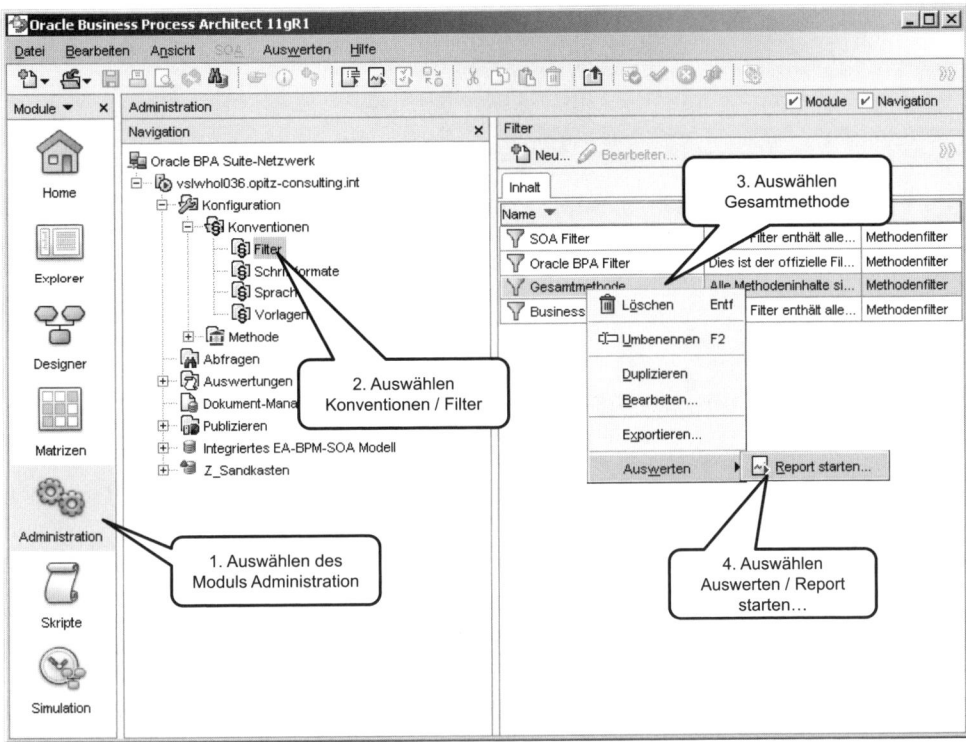

Abbildung 4.2 Erstellung einer Methodenanalysedatei in der Oracle BPA Suite

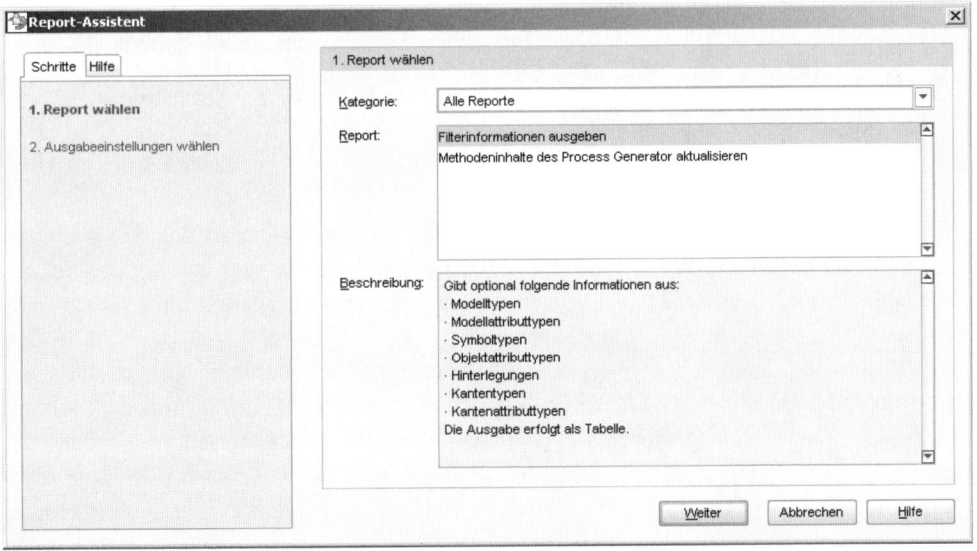

Abbildung 4.3 Auswahl des Reports *Filterinformationen ausgeben*

Der nächste Bildschirm des Assistenten fordert Sie unter anderem auf, das gewünschte Ausgabeformat anzugeben (Abbildung 4.4). Als Ausgabeformat für den Report wählen Sie

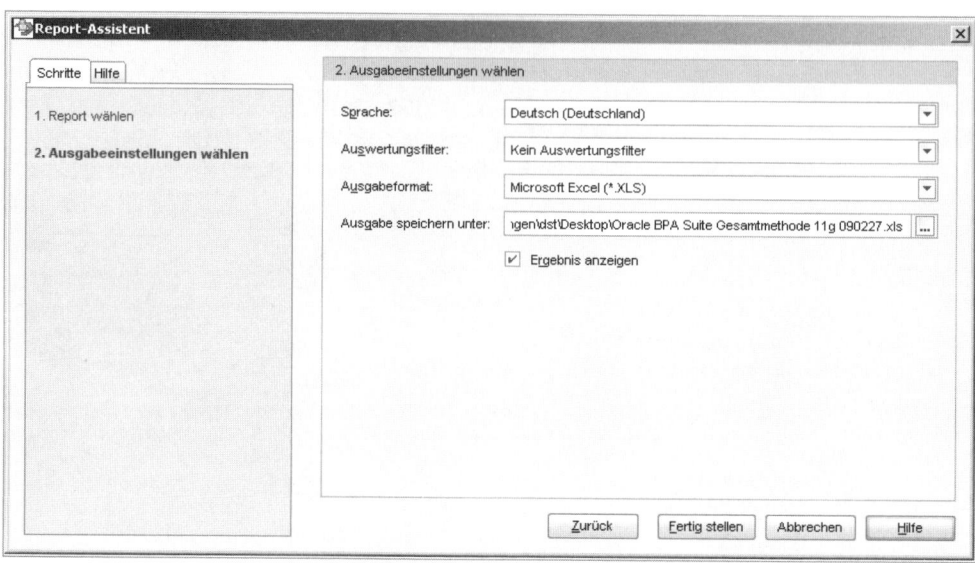

Abbildung 4.4 Auswahl des Auswertungsformats, Speicherpfads und Dateinamens

Microsoft Excel (*.XLS). Damit erzeugen Sie eine Excel-Datei, die eine schnelle und komfortable Analyse der Inhalte ermöglicht. Des Weiteren müssen Sie einen Ablageort für die zu erstellende Excel-Datei angeben. Alle anderen Einstellungen lassen Sie unverändert.

> Legen Sie einen separaten Ordner ausschließlich für die Konfiguration und Analyse der Oracle BPA Suite-Methode an, und speichern Sie dort alle Auswertungen zur Methode der Oracle BPA Suite. Achten Sie darauf, innerhalb des Dateinamens bei jeder Analyse einen Zeitstempel anzulegen. Auf diese Wiese können Sie Änderungen der Methode jederzeit nachvollziehen. Der Zeitstempel der Excel-Datei ist dafür nicht ausreichend, da er sich bei jedem Öffnen der Datei leicht durch unbeabsichtigtes Speichern verändern kann.

Durch Drücken von *Fertig stellen* starten Sie den Report. Während des Reportablaufs werden Sie aufgefordert, die auszugebenden Methodeninhalte genauer zu spezifizieren. Sie können die Ausgaben auf die Modelltypen (Diagrammtypen), Modellattribute (Diagramm-attribute), Symboltypen, Objektattribute, Hinterlegungen, Beziehungstypen und Beziehungsattribute beschränken. Aktivieren Sie für die Excel-Methodenkonfigurationsdatei alle Optionen (Abbildung 4.5). Sollte die Ausgabe der Gesamtmethode bei Ihnen mit einem Fehler abbrechen, so deaktivieren Sie nacheinander die Optionen Beziehungsattribute und Beziehungstypen, Objektattribute und zuletzt Modellattribute. Gelegentlich kommt es aufgrund des großen Methodenumfangs bei der Reportausführung zu einer Fehlermeldung. Durch das schrittweise Deaktivieren der auszugebenden Methodeninhalte schränken Sie den Umfang der Auswertung zunehmend ein, bis Sie sicher ein Ergebnis erhalten.

Je nach Rechenleistung Ihres Computers kann die Auswertung einige Zeit in Anspruch nehmen.

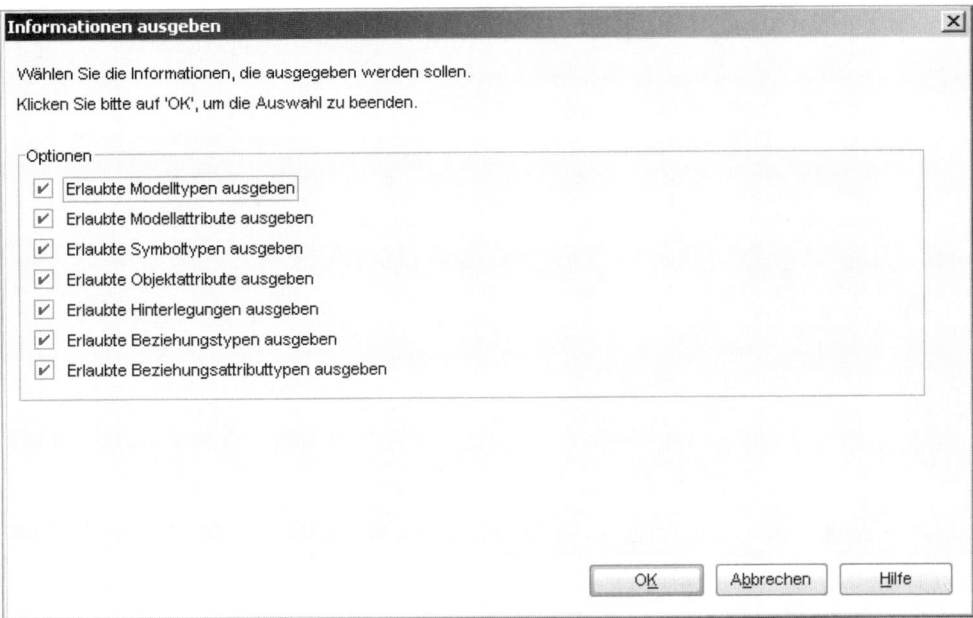

Abbildung 4.5 Auswahl der auszuwertenden Methodeninhalte

Nachdem die Report-Erstellung abgeschlossen ist, öffnen Sie die erstellte Excel-Datei (Abbildung 4.6). Der Report hat jeweils eigene Arbeitsblätter erzeugt für:

- **Modelltypen** beschreiben die vorhandenen Diagrammtypen in der Oracle BPA Suite sowie die Sichten des zugrunde liegenden ARIS-Konzepts[5].
- **Modellattributtypen** beschreiben die Standardattribute zu jedem Diagrammtyp.
- **Symboltypen** zeigen, welche Symboltypen auf welchen Diagrammtypen verwendet werden können, sowie den zugehörigen Objekttyp (vgl. Abbildung 4.1). Dieses Excel-Arbeitsblatt ist der Ausgangspunkt für die Anpassung der Oracle BPA Suite-Methode an Ihre individuellen Anforderungen. Es beschreibt mit den Symboltypen einen wesentlichen Teil der semantischen Ausdruckmöglichkeit des Werkzeugs.
- **Objektattributtypen** beschreiben die Standardattribute zu jedem Objekttyp.
- **Hinterlegungen** geben an, welche Diagrammtypen welchen Objekttypen hinterlegt werden können.
- **Beziehungstypen** legen fest, welche Beziehungen zwischen Symboltypen auf welchen Diagrammtypen zulässig sind.
- **Beziehungsattributtypen** beschreiben, welche Standardattribute zu Beziehungstypen vorhanden sind.

Diese Excel Liste dient als Ausgangspunkt für den Entwurf Ihrer individuellen Oracle BPA Suite-Methodik innerhalb eines integrierten Modells. Aktivieren Sie zur einfachen Ver-

---

[5] Weiterführende Informationen über die Sichten des ARIS-Konzepts finden Sie im Methodenhandbuch der Oracle BPA Suite.

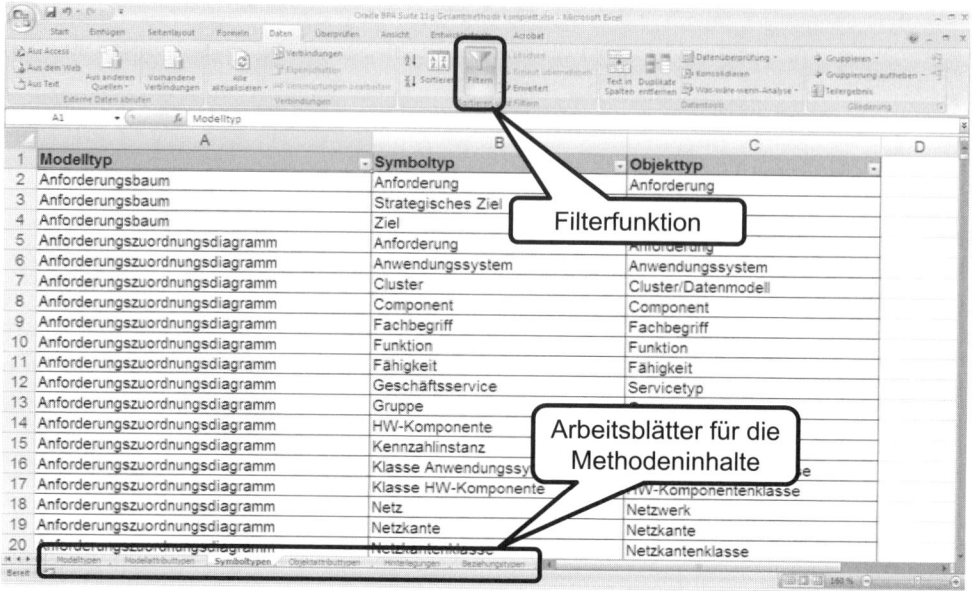

Abbildung 4.6 Excel-Analysedatei mit ausgewählten Arbeitsblatt-Symboltypen

Mit Hilfe des Filteranalysereports können Sie detaillierte Auswertungen der Oracle BPA Suite-Methode und daraus abgeleiteter Teilmengen ausgeben. Wir empfehlen die Darstellung als Excel-Datei. Das Excel-Format erlaubt die individuelle Filterung und Darstellung der Methodeninhalte. Sie haben sich mit der durchgeführten Methodenanalyse ein einfaches, aber wirkungsvolles Werkzeug erstellt, das neben dem Metamodellentwurf auch für weitere Fragestellungen im Umfeld des Einsatzes der Oracle BPA Suite verwendet werden kann.

4.5 Vorgehensweise zur Ermittlung Ihrer individuellen Oracle BPA Suite-Methode

Um ein individuell entworfenes Metamodell in die Oracle BPA Suite zu übertragen, müssen Sie möglichst genau die passenden Methodeninhalte ermitteln.

Wir empfehlen, dass Sie die folgenden Kriterien zur Erstellung eines transparenten und leicht zu pflegenden Metamodells unbedingt beachten:

■ Verwenden Sie so wenig Diagrammtypen wie möglich.

■ Nutzen Sie die verfügbaren Diagrammtypen, Symboltypen und Beziehungstypen so genau wie möglich, entsprechend ihrer methodisch festgelegten Semantik.

■ Passen Sie nur in begründeten Einzelfällen die Methode der Oracle BPA Suite an. Im Zweifelsfall verzichten Sie auf die Abbildung eines methodisch nicht abbildbaren Teils des Metamodells.

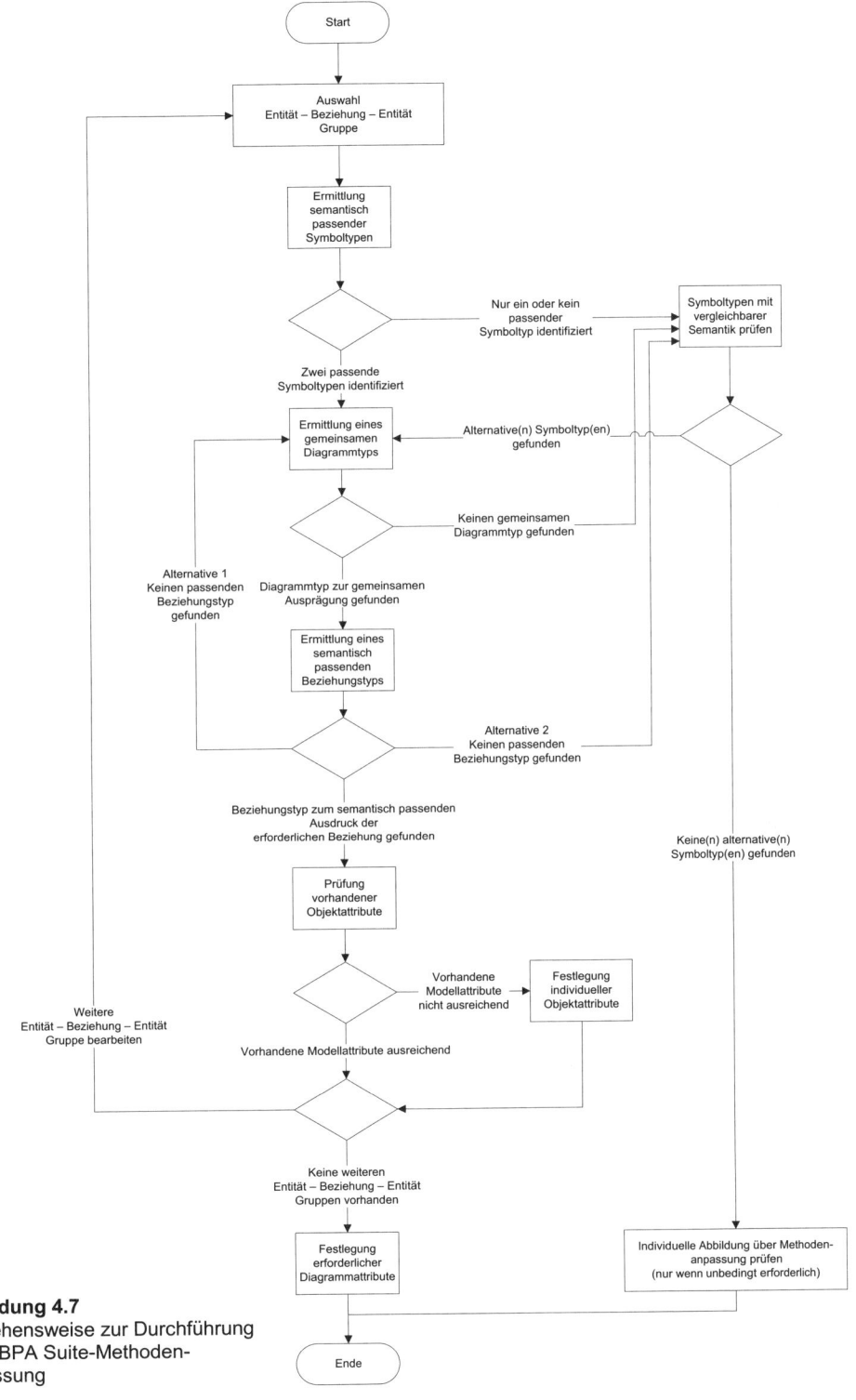

Abbildung 4.7
Vorgehensweise zur Durchführung
einer BPA Suite-Methoden-
anpassung

Der in Abbildung 4.7 dargestellte Ablauf hat sich als pragmatisches Vorgehen für den Abgleich zwischen einem individuellen und dem geschlossenen Metamodell der Oracle BPA Suite bewährt.

Auswahl der „Entität-Beziehung-Entität"-Gruppe

Zunächst legen Sie einen Ausgangspunkt innerhalb Ihres individuellen Metamodells fest. Dazu wählen Sie die umzusetzende „Entität-Beziehung-Entität"-Gruppe. Abbildung 4.8 zeigt das erstellte individuelle Metamodell und die exemplarisch ausgewählte Gruppe „Softwareressource-nutzt-Hardwareressource".

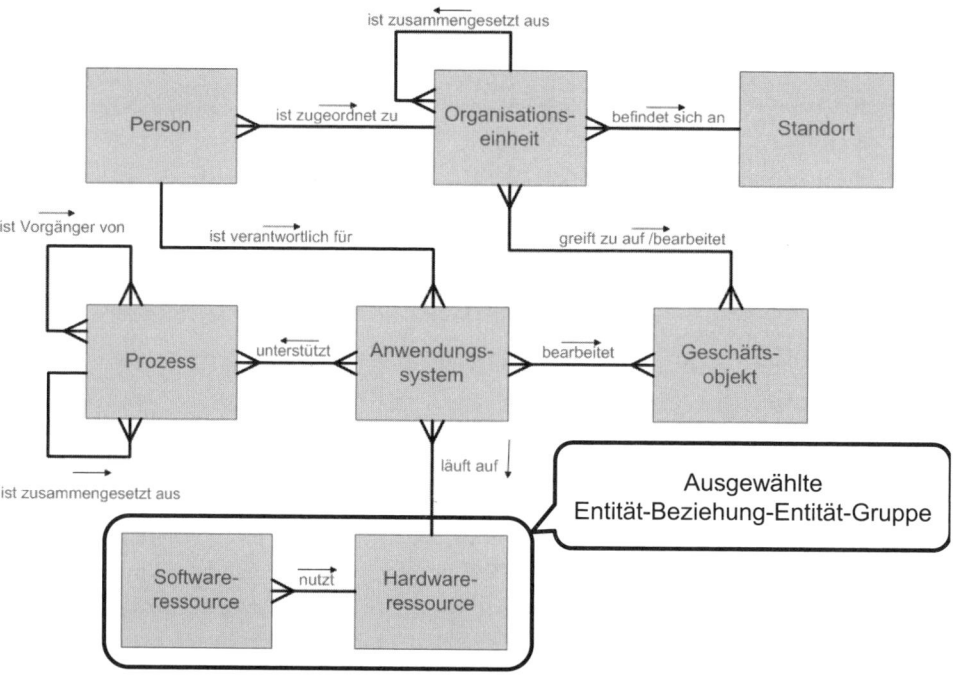

Abbildung 4.8 Individuelles Metamodell mit ausgewählter „Entität-Beziehung-Entität"-Gruppe

Ermitteln Sie einen semantisch passenden Objekttypen mit Hilfe der erstellten Excel-Analysedatei. Aktivieren Sie dazu das Tabellenblatt *Symboltypen*, öffnen den Filter der Spalte *Symboltyp* und wählen einen semantisch passenden Symboltyp für die umzusetzende Metamodell-Entität aus. In unserem Beispiel wählen wir *Typ HW-Komponente* für die Entität *Hardwareressource* (Abbildung 4.9).

Anschließend suchen Sie einen passenden Symboltyp für die zweite Entität der ausgewählten Entität-Beziehung-Entität-Gruppe des Metamodells. In unserem Fall ist die Suche nach einer Softwareressource nicht erfolgreich. Diesen Symboltyp stellt das Oracle BPA Suite-Modell nicht zur Verfügung. Deshalb müssen wir prüfen, ob ein Symboltyp mit vergleichbarer Semantik im Oracle BPA-Metamodell existiert. Im vorliegenden Fall möchten wir mit

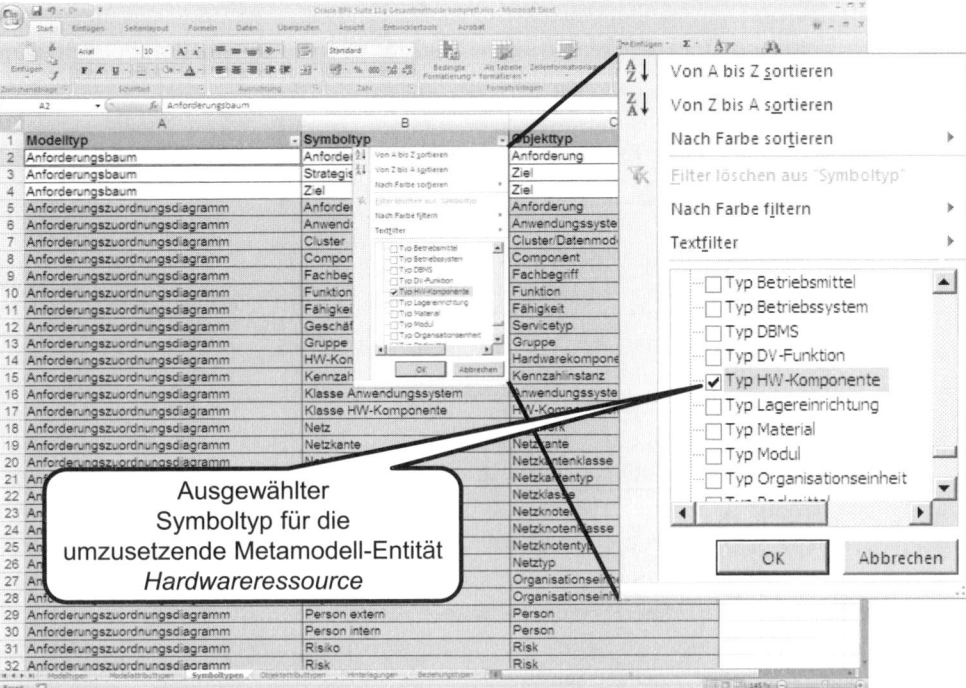

Abbildung 4.9 Einschränkung der angezeigten Methodeninhalte mittels Excel Filer

der Entität Softwareressource primär Software beschreiben, die nicht direkt an der operativen Prozessausführung beteiligt ist, sondern unterstützend im Hintergrund genutzt wird. Dies können zum Beispiel Betriebssysteme, Datenbanken, Servicebus und Webserver sein. Für die Betriebssysteme und Datenbanken (DBMS) finden wir in der Methode passende Symboltypen. Servicebus und Webserver können nicht mit bestehenden Symboltypen abgebildet werden. Welche Auswirkungen sich dadurch ergeben, sehen wir bei der Bewertung der methodischen Abdeckung.

Sie erkennen an diesem Beispiel aber bereits sehr gut, dass Sie bei der Umsetzung eines individuellen Metamodells in die Oracle BPA Suite Kompromisse bzgl. der eingesetzten Symboltypen eingehen müssen.

> Die Oracle BPA Suite-Methode ermöglich in der Regel keine Eins-zu-eins-Umsetzung eines individuellen Metamodells. Durch das geschlossene Metamodell der Oracle BPA Suite müssen Sie Kompromisse in der Abbildung von Inhalten eingehen. Mitunter lassen sich dabei nicht alle geforderten Inhalte des individuellen Metamodells abbilden.

In unserem Beispiel wählen wir die in Abbildung 4.10 markierten Symboltypen „Typ Betriebssystem" und „Typ DBMS".

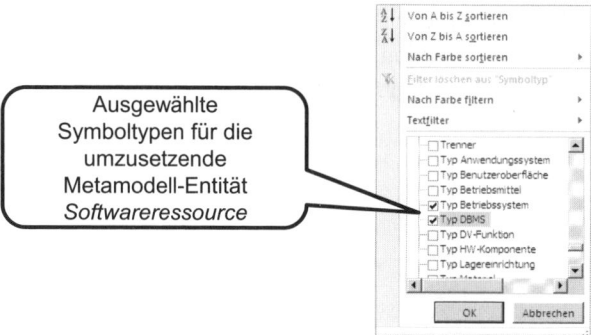

Abbildung 4.10
Selektion passender Methodeninhalte im Excel-Filter

Ermittlung eines gemeinsamen Diagrammtyps

Nachdem Sie für die Entitäten des Metamodells passende Symboltypen ausgewählt haben, schließen Sie das Filterauswahlmenü. Sie erhalten dann eine selektierte Liste der Diagrammtypen, auf denen Sie die gewählten Symboltypen graphisch ausprägen können. Für unsere Bewertung sind nur jene Diagrammtypen relevant, die alle selektierten Symboltypen gemeinsam enthalten. Dies ist eine notwendige Bedingung, damit Beziehungen zwischen diesen Objekten hergestellt werden können. Hinreichend ist sie aber noch nicht, weshalb zur Ermittlung eines passenden Beziehungstypen (Kantentypen) weitere Prüfungen der Methode erforderlich sind.

In dem gewählten Beispiel enthalten die Diagrammtypen *Matrixmodell*, *Netztopologie*, *Programmablaufdiagramm* und *Zugriffsdiagramm* alle Symboltypen gemeinsam, die restlichen nicht.

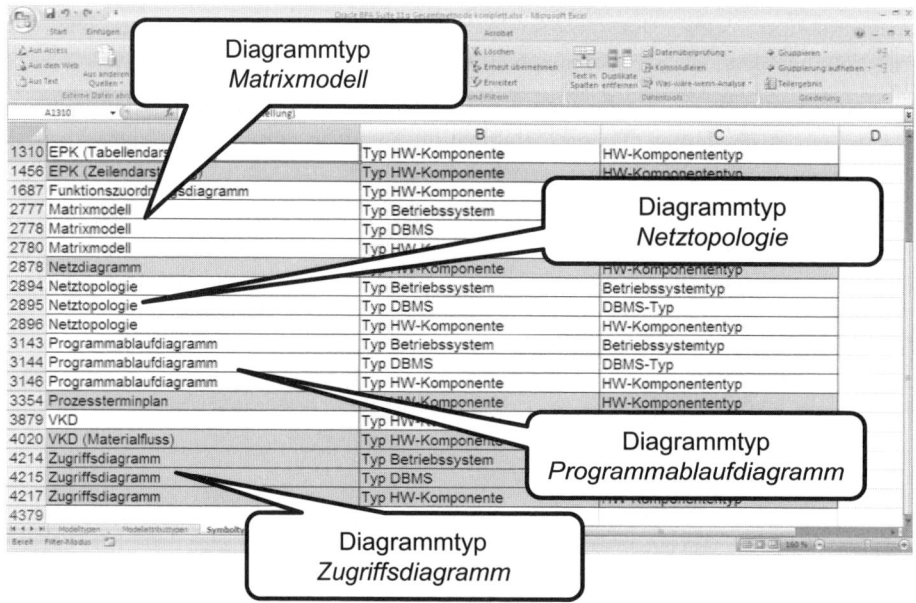

Abbildung 4.11 Reduzierte Darstellung der Methodeninhalte in der Excel-Analysedatei

Wenn mehr als ein Diagrammtyp alle erforderlichen Symboltypen enthält, wählen Sie einen Diagrammtyp aus, der semantisch die Intention der Modellierung am besten ausdrückt. Im vorliegenden Beispiel wählen wir den Diagrammtyp *Zugriffsdiagramm*. Abbildung 4.11 zeigt die Selektion der Symboltypen innerhalb der Excel-Analysedatei.

Damit haben wir einen Kandidaten für die Modellierung der ausgewählten „Entität-Beziehung-Entität"-Gruppe festgelegt. Ob er wirklich geeignet ist, wird erst die Betrachtung der möglichen Beziehungstypen zeigen.

Ermittlung eines semantisch passenden Beziehungstyps

Innerhalb der Oracle BPA Suite existieren zwei Arten von Beziehungen. Je nach gewählter Modellierungsvorgehensweise erstellen Sie im Werkzeug:

- direkte Beziehungen zwischen Objekten graphisch auf einem Diagramm oder

- indirekte Beziehungen zwischen Objekten über eine Hinterlegung eines anderen Diagramms (implizite Beziehung).

In der Regel verwenden Sie direkte Beziehungen durch graphische Verknüpfung von Objekten auf einem Diagramm. Dazu müssen ausprägbare Beziehungstypen vorhanden sein, mit deren Hilfe Symboltypen graphisch auf dem gewählten Diagrammtyp verbunden werden können.

Zur Ermittlung graphisch ausprägbarer Beziehungstypen wechseln Sie auf das Arbeitsblatt *Beziehungstypen* in der Excel-Analysedatei. Schränken Sie dort die Inhalte mit der Filterfunktion auf den gewählten Modelltyp und die gewählten Quell- und Zielsymboltypen ein. Mit Hilfe der Pfeile zur Symbolisierung der Leserichtung einer Beziehung innerhalb Ihres individuellen Metamodells können Sie die Quell- und Zielsymboltypen einfach ermitteln. Nachdem Sie das Selektionsfenster geschlossen haben, zeigt Ihnen Excel eine Liste möglicher Beziehungstypen zwischen den gewählten Symboltypen an.

Abbildung 4.12 zeigt die zugehörigen Beziehungstypen der selektierten Diagramm- und Symboltypen der gewählten Beispielkombination *Zugriffsdiagramm Typ Betriebssystem / Typ DBMS Typ HW-Komponente*.

Untersuchen Sie anschließend, ob die verfügbaren Beziehungstypen die gewünschte Semantik der Beziehung aus dem Metamodell ausdrücken. Im vorliegenden Beispiel muss die Beziehung *Softwareressource nutzt Hardwareressource* abgebildet werden. Die Oracle

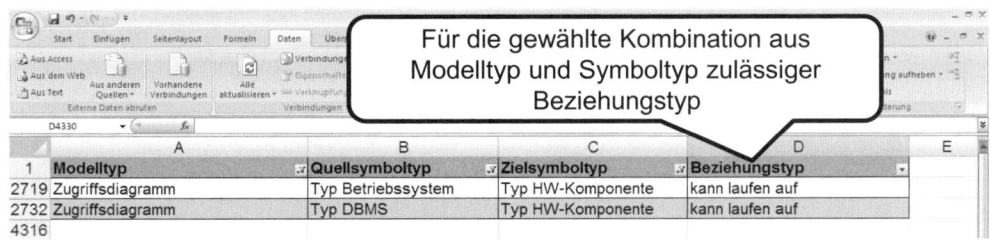

Abbildung 4.12 Identifizierung passender Beziehungstypen in der Excel-Analysedatei

BPA Suite ermöglicht für die gewählte Diagrammtyp-Symboltyp-Kombination die Beziehung *Typ DBMS - kann laufen auf - Typ Hardwarekomponente* bzw. *Typ Betriebssystem - kann laufen auf - Typ Hardwarekomponente*. Beide entsprechen semantisch der gewünschten Aussage und können verwendet werden.

Sollten Sie keinen passenden Beziehungstyp finden, so untersuchen Sie zunächst die anderen Diagrammtypen, in denen die betrachten Symboltypen gemeinsam auftreten, auf semantisch passende Beziehungstypen (Alternative 1 in Abbildung 4.7). Sollten auch dort keine passenden Beziehungstypen enthalten sein, so müssen Sie in der Oracle BPA Suite-Methode nach anderen Objekttypen mit vergleichbarer Semantik suchen und die Methodenanalyse wiederholen (Alternative 2 in Abbildung 4.7).[6]

Prüfung vorhandener Objektattribute

Abschließend prüfen Sie zu den gewählten Symboltypen die im Standard vorhandenen Attributtypen. Dazu nutzen Sie wieder die Excel-Analysedatei. Wie Sie in Abbildung 4.1 erkennen, sind Attributtypen der Oracle BPA Suite nicht direkt den Symboltypen, sondern den Objekttypen zugeordnet. Aus diesem Grund müssen Sie zunächst herausfinden, welche Objekttypen sich hinter den gewählten Symboltypen verbergen.

Betrachten Sie dazu auf dem Arbeitsblatt *Symboltypen* der Excel-Analysedatei die letzte Spalte (vgl. Abbildung 4.6). Dort wird Ihnen der zugehörige Objekttyp zu jedem Symboltyp angezeigt.

Wählen Sie anschließend den Reiter *Objektattributtypen*, und selektieren Sie die ermittelten Objekttypen.

In unserem Beispiel können die in Kapitel 3.2.4.2 für die Metamodell-Entität Hardwareressource festgelegten Attribute Name, Beschreibung und Hersteller direkt mit Standardattributen abgebildet werden. Die Attribute Gewährleistung bis, Betriebsphase (Start) und Betriebsphase (Ende) müssen individuell erzeugt werden, weshalb eine Erweiterung des Oracle BPA Suite-Metamodells um diese Attribute vorzunehmen ist[7]. Abbildung 4.13 zeigt die Liste der verfügbaren Attributtypen zum Objekttyp *Hardwarekomponente*, welcher dem Symboltyp *Typ Hardwareressource* zugrunde liegt.

---

[6] Die zweite Möglichkeit, Beziehungen zwischen Objekten der Oracle BPA Suite aufzubauen, basiert auf indirekten Verknüpfungen durch Hinterlegung eines Diagramms zu einem Objekttyp. Dadurch wird immer eine Beziehung *übergeordnete Objekte* und *übergeordnete Modelle* im hinterlegten Diagramm erstellt. Sie können diese Beziehung im Eigenschaftsfenster der Oracle BPA Suite anzeigen. Zusätzlich erstellt die Oracle BPA Suite bei einigen Objekt- und Diagrammtypen automatisch eine typisierte Beziehung zwischen dem Ausgangsobjekt und den im untergeordneten Diagramm ausgeprägten Objekten. Beispielsweise erzeugt die Hinterlegung einer EPK zu einem Wertschöpfungskettenobjekt implizite Beziehungen zwischen dem Wertschöpfungskettenobjekt und den Funktionen der EPK. Dieses Verhalten ist aber nicht bei jeder Hinterlegung vorhanden, sondern existiert nur bei einigen Hinterlegungen. Weitergehende Informationen zu automatisch angelegten impliziten Beziehungstypen finden Sie im Oracle BPA Suite-Methodenhandbuch bzw. der Online-Hilfe.

[7] Die zur Erzeugung individueller Attribute erforderlichen Schritte entnehmen Sie bitte dem Handbuch oder der Online-Hilfe des Werkzeugs.

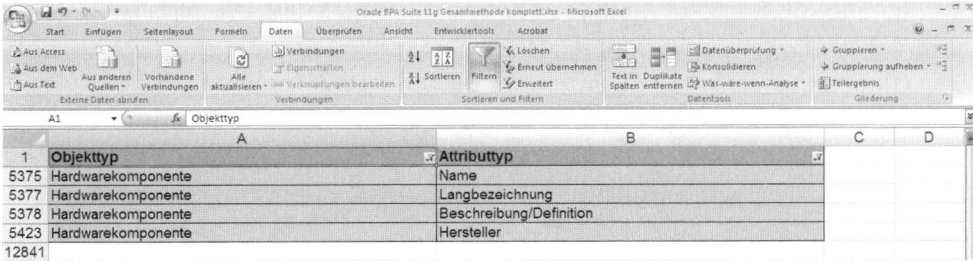

Abbildung 4.13 Identifizierung passender Objekt-Attributtypen mit der Excel-Analysedatei

Wiederholen Sie diesen Vorgang so lange, bis alle möglichen „Entität-Beziehung-Entität"-Gruppen des Metamodells bearbeitet wurden.

Festlegung erforderlicher Diagrammattribute

Im letzten Schritt legen Sie zu jedem gewählten Diagrammtyp die benötigten Attribute fest. Dazu wählen Sie den Reiter *Modellattributtypen* der Excel-Analysedatei und selektieren mit der Filterfunktion die ausgewählten Diagrammtypen. Sie erhalten alle verfügbaren Attribute zu den ausgewählten Diagrammtypen angezeigt (vgl. Abbildung 4.14).

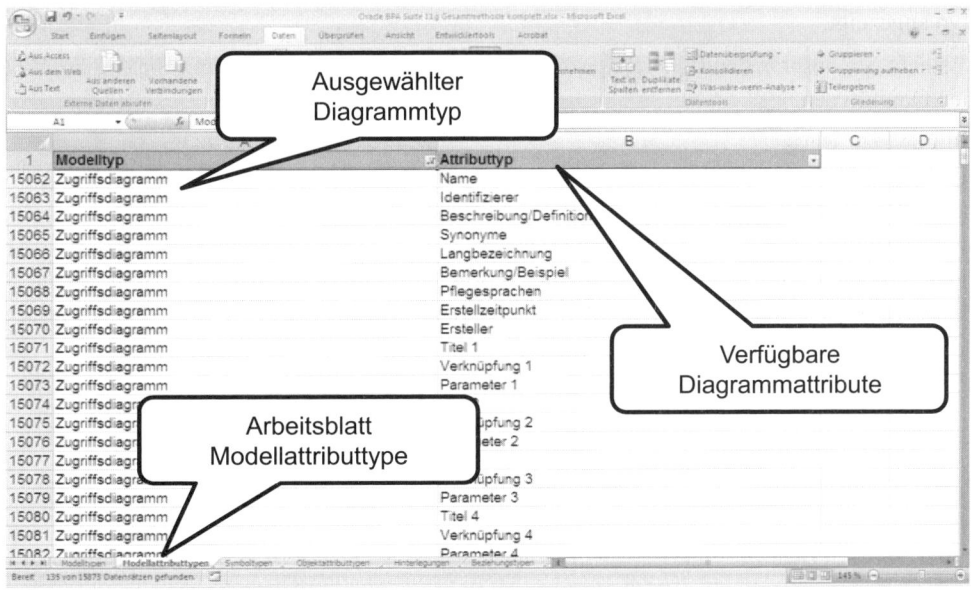

Abbildung 4.14 Identifizierung passender Diagramm-Attributtypen in der Excel-Analysedatei

Dokumentation der individuellen Oracle BPA Suite Methode

Wir empfehlen, die ausgewählten Methodeninhalte in Form einer Tabelle zu dokumentieren. Auf diese Weise stellen Sie alle wesentlichen methodischen Zusammenhänge Ihrer individuellen Oracle BPA Suite-Anpassung zusammengefasst dar.

> Verwenden Sie zur Dokumentation ein Tabellenkalkulationsprogramm, wie zum Beispiel Microsoft Excel, und schreiben Sie die individuell genutzte Methode innerhalb dieser Datei kontinuierlich fort. Zusätzlich zu den bereits erwähnten Excel-Analyse-dateien verfügen Sie damit jederzeit über eine aktuelle Darstellung Ihrer individuellen Oracle BPA Suite-Methode.

Die Excel-Analysedateien zeigen den Zustand der Gesamtmethode innerhalb der Oracle BPA Suite-Datenbank, die individuell gepflegte Methodentabelle den davon genutzten Ausschnitt. Selbstverständlich können Sie nach erfolgter Filteranpassung[8] Ihre individuelle Methode ebenfalls mit Hilfe des Filteranalysereports ausgeben lassen.

Für das Beispiel aus Kapitel 3.2 ergibt sich das in den Tabellen 4.1 und 4.2 dargestellte angepasste Oracle BPA Suite-Metamodell. Aus Gründen der Übersichtlichkeit haben wir auf die Darstellung der Attributtypen verzichtet.

Nutzen Sie Tabelle 4.1 und 4.2 als Startpunkt für die Ausgestaltung Ihrer individuellen EA-BPM-SOA-Methode.

Tabelle 4.1 Darstellung der individuellen Oracle BPA Suite-Methode (direkte Beziehungstypen)

Entität-Beziehung-Entität-Gruppe	Diagramm-typ	Quell_symbol	Ziel-symbol	Beziehung	Semantische Abdeckung
Softwareressource nutzt Hardware-ressource	Zugriffs-diagramm	Typ Betriebssystem	Typ HW-Komponente	kann laufen auf	50%
	Zugriffs-diagramm	Typ DBMS	Typ HW-Komponente	kann laufen auf	
Anwendungssystem läuft auf Hardware-ressource	Zugriffs-diagramm	Typ Anwendungs-system	Typ HW-Komponente	kann laufen auf	100%
Anwendungssystem unterstützt Prozess	EPK	Typ Anwendungs-system	Funktion	unterstützt	100%
Prozess ist Vorgänger von Prozess	EPK	Funktion	Funktion	ist Vorgänger von	100%

---

[8] Innerhalb der Oracle BPA Suite wird die individuell genutzte Methode in einem Methodenfilter eingestellt. Die beschriebene Vorgehensweise der Filteranalyse kann natürlich auch auf einen individuell erstellten Methodenfilter angewendet werden. Weitergehende Informationen zur Erstellung individueller Methodenfilter finden Sie im Handbuch und der Online-Hilfe zum Werkzeug.

Entität-Beziehung-Entität-Gruppe	Diagramm-typ	Quellsymbol	Zielsymbol	Beziehung	Semantische Abdeckung
Anwendungssystem bearbeitet Geschäfts-objekt	Zugriffs-diagramm	Typ Anwen-dungssystem	Fachbegriff	verwendet	100%
Person ist verantwort-lich für Anwendungs-system	Aufgaben-zuordnungs-diagramm	Person (intern)	Typ Anwendungssystem	ist für Entwicklung verantwortlich für	100%
Person ist zugeordnet zu Organisationseinheit	Organigramm	Person (intern)	Stelle	besetzt	100%
Organisationseinheit ist zusammengesetzt aus Organisationseinheit	Organigramm	Organisations-einheit	Organisationseinheit	ist übergeordnet	100%
	Organigramm	Organisations-einheit	Stelle	wird gebildet durch	
Organisationseinheit befindet sich an Stand-ort	Organigramm	Organisations-einheit	Standort	befindet sich an	100%

Tabelle 4.2 Darstellung der individuellen Oracle BPA Suite-Methode (indirekte Beziehungstypen)

Entität-Beziehung-Entität-Gruppe	Quellsymbol	Hinterlegter Diagrammtyp	Implizite Beziehung	Semantische Abdeckung
Prozess ist zusammen-gesetzt aus Prozess	Wertschöpfungskette	WKD	keine	50%
	Wertschöpfungskette	EPK	ist prozessorientiert übergeordnet	

Tabelle 4.1 und 4.2 beschreiben die Ausgangsstruktur unseres integrierten EA-BPM-SOA-Modells. Damit könnte bereits das individuelle Metamodell aus Kapitel 3.2 vollständig modelliert werden. Ziel ist es aber, ein integriertes EA-BPM-SOA-Modell zu erstellen, das weitere Modellierungsanforderungen berücksichtigt.

Im weiteren Verlauf des Buches wird die vorliegende Ausgangsstruktur sukzessive ergänzt. Sie können natürlich, in Abhängigkeit von Ihren individuellen Modellierungszielen, eigene Erweiterungen mit der beschriebenen Systematik vornehmen.

Die Erweiterungen der von uns eingesetzten Oracle BPA Suite Methode erläutern wir in den folgenden Kapiteln.

4.6 Analyse und Bewertung der semantischen Abdeckung

Aufgrund des geschlossenen Metamodells der Oracle BPA Suite werden Sie bei der Über-führung Ihres individuellen Metamodells meistens gezwungen sein, Kompromisse in der semantischen Abbildung einzugehen. Wie groß diese sind, hängt ausschließlich davon ab, wie genau Ihre individuellen Informationsanforderungen in Symbol- und Beziehungstypen abgebildet werden können. Methodische Restriktionen durch vorgegebene Diagramm-oder Attributtypen spielen bei der Bewertung der semantischen Abdeckung keine Rolle.

Diagrammtypen können individuell erweitert werden, wenn die Auswirkungen auf die ur-sprüngliche Oracle BPA Suite-Methodik beachtet werden. Individuelle Attributtypen las-sen sich ohne jede Beeinträchtigung ergänzen.

> Die semantische Qualität der Umsetzung eines individuellen Metamodells in die Oracle BPA Suite kann man ausschließlich durch die Abdeckung passender Symbol- und Beziehungstypen bewerten.

Zur Beurteilung der Qualität der semantischen Überführung des Metamodells in die Oracle BPA Suite bewerten Sie jede abzubildende „Entität-Beziehung-Entität"-Gruppe. Ermitteln Sie den Abdeckungsgrad zwischen den tatsächlich abbildbaren und den geplanten Informa-tionstypen.

War zum Beispiel geplant, innerhalb der Metamodell-Entität *Softwareressource* die fol-genden Softwarekomponenten DBMS, Betriebssystem, Servicebus und Webserver zu be-schreiben, so erlaubt die ausgewählte Oracle BPA Suite-Methode nur die Modellierung der ersten beiden *Softwareressourcen*.

Der Beziehungstyp *kann laufen auf* entspricht vollständig der gewünschten Semantik *nutzt*.

Die semantische Abdeckung graphisch ausgeprägter (GA) „Entität-Beziehung-Entität"-Gruppen berechnet sich dann aus den Symboltypen (ST) und den verfügbaren Beziehungs-typen (BT):

$$Semantische\ Abdeckung\ (GA)[\%] = \frac{\sum semantisch\ passende\ ST}{\sum semantisch\ erforderliche\ ST} \times \frac{\sum semantisch\ passende\ BT}{\sum semantisch\ erforderliche\ BT} \times 100\%$$

Die semantische Abdeckung implizit modellierter (IM) „Entität-Beziehung-Entität"-Gruppen berechnet sich aus den ermittelten Hinterlegungen (HL) und den abbildbaren impliziten Beziehungstypen (IBT):

$$Semantische\ Abdeckung\ (IM)[\%] = \frac{\sum semantisch\ passender\ HL}{\sum semantisch\ erforderlicher\ HL} \times \frac{\sum semantisch\ abbildbarer\ IBT}{\sum semantisch\ erforderlicher\ IBT} \times 100\%$$

Basierend auf der semantischen Abdeckung der graphisch ausgeprägten (GA) und implizit modellierten (IM) „Entität-Beziehung-Entität"-Gruppen errechnet sich die gesamte seman-tische Abdeckung (GSA):

$$Gesamte\ semantische\ Abdeckung\ (GSA)\ [\%] = \frac{\sum semantische\ Abdeckung\ (GA)[\%] + \sum semantische\ Abdeckung\ (IM)[\%]}{Anzahl\ der\ einzelnen\ semantischen\ Abdeckungen}$$

Im aufgeführten Beispiel ergibt sich eine gesamte semantische Abdeckung von 90%.

Mit Hilfe der in Tabelle 4.3 dargestellten Bewertung können Sie einschätzen, wie gut das individuelle Metamodell in die Oracle BPA Suite umgesetzt wurde und welche Verwendung die erreichte semantische Abdeckung ermöglicht.

Tabelle 4.3 Bewertung der semantischen Qualität des umgesetzten Metamodells

Semantische Abdeckung	Bewertung	mögliche Verwendung
90 % ≤ GSA ≤ 100 %	gut bis sehr gut	Metamodell kann als Basis für eine integrierte EA-BPM-SOA-Modellierung verwendet werden.
75 % ≤ GSA < 90 %	durchschnittlich	Metamodell kann als Basis genutzt werden, wenn nach einer ausführlichen Analyse der semantisch unzureichend abgedeckten Bereiche durch alle an den Ergebnissen der Modellierung interessierten Gruppen die Einschränkungen akzeptiert werden.
50 % ≤ GSA < 75 %	mangelhaft	Metamodell in der vorliegenden Form nicht nutzbar. Eine Überarbeitung kann ggf. eine Verbesserung bringen.
0 % ≤ GSA < 50 %	ungenügend	Metamodell grundsätzlich nicht nutzbar. Die Oracle BPA Suite ist mit hoher Wahrscheinlichkeit nicht geeignet, die Modellierungsfragestellungen abzubilden.

5 Das Grundmodell

5.1 Fragen, die dieses Kapitel beantwortet

- Welche Inhalte werden im Grundmodell erfasst?
- Wie erfolgt die vertikale und horizontale Strukturierung im Modell?
- Wie unterteilt man die fachliche Prozesshierarchie im Modell?
- Wie gliedert man die Organisationsmodellierung?
- Welche Struktur ist zur Modellierung von Geschäftsobjekten sinnvoll?
- Wie modelliert man die Basis zur Applikationsbeschreibung?
- Welchen Umfang sollte eine Infrastrukturbeschreibung im integrierten Modell erhalten?
- Wie organisiert man die Ablage der Modellinhalte in der Oracle BPA Suite?

5.2 Aufbau des Grundmodells

Nachdem Sie das Metamodell erstellt, den zu erwartenden Aufwand zu dessen Füllung bestimmt und Ihre Oracle BPA Suite-Methodik eingerichtet haben, beginnen Sie mit dem Aufbau der Grundmodellstruktur. Beispielsweise haben wir zur Abbildung der Prozessarchitektur des Metamodells in der Oracle BPA Suite die Diagrammtypen *Wertschöpfungskette* und *Ereignisgesteuerte Prozesskette* festgelegt (siehe Tabelle 4.1 und 4.2). Für ein integriertes Prozessmodell müssen Sie über die Form der Notation hinaus festlegen, wie Sie Inhalte nach ihrer Semantik gegliedert ablegen. Im Bereich der Prozessarchitektur müssen für die IT-neutrale Modellierung beispielsweise Kernprozesse, Hauptprozesse, Unterprozesse und fachliche Detailprozesse als weitere Unterteilung der Entität *Prozess* berücksichtigt werden. Gleiches gilt für die anderen Architekturebenen und Entitäten des Meta-Modells.

Diese Struktur aufzubauen, ist vor Beginn der inhaltlichen Modellierung zwingend erforderlich. In Kapitel 2 wurden zur Strukturierung eines integrierten Modells die folgenden Kriterien definiert:

- die semantische Einordnung
- die dynamische oder statische Einordnung
- die Artefakttypen
- die horizontale und vertikale Einordnung.

Wie in Kapitel 2.3.1 erläutert, ist die eindeutige und semantisch überschneidungsfreie Zuordnung von Artefakttypen nur schwer möglich. Um aber die Ordnung im Repository zu gewährleisten, müssen Sie festlegen, wo welche Inhalte abgelegt werden. Wir ordnen deshalb jeden Artefakttyp des integrierten Modells als Vorschlag einem der drei Bereiche fachliche, fachliche IT- und informationstechnische Inhalte zu. Es ist uns bewusst, dass zu einigen Artefakttypen auch Argumente für eine andere Zuordnung vorliegen. Betrachten Sie unsere Einteilung deshalb als Vorschlag, den Sie innerhalb Ihres Modells durchaus variieren können.

5.2.1 Ermittlung der Übersichtsartefakte der Prozessarchitektur

5.2.1.1 Die Instanzgranularität als Kriterium zur vertikalen Dekomposition

Haben Sie schon einmal versucht, Prozessinhalte hierarchisch zu strukturieren? Wenn ja, ist Ihnen sicher aufgefallen, dass es sich dabei um keine leichte Aufgabe handelt. Grund dafür ist, dass die Prozessbeschreibung stark von der Semantik abhängt und daher verschiedene Personen Prozessgranularität schnell unterschiedlich interpretieren. Um die eindeutige und weitgehend unmissverständliche Zuordnung von Prozessen und Aktivitäten in einer hierarchischen Struktur zu ermöglichen, benötigen wir ein Unterscheidungsmerkmal, welches neben der Über- und Unterordnung die Identifizierung gleichartig detaillierter Inhalte ermöglicht. Dabei sollen so weit wie möglich individuelle Interpretationen ausgeschlossen werden.

Dieses Unterscheidungsmerkmal ist die Instanzgranularität. Unter der Instanzgranularität verstehen wir ein Maß für den Detaillierungsgrad eines Prozesses oder einer Aktivität. Es handelt sich dabei aber nicht um eine eindeutig quantifizierbare Messgröße, sondern um ein qualitatives Maß zur Orientierung.

> Die Prozessinstanz betrachtet den eindeutig durch einen Start- und Endpunkt gekennzeichneten Durchlauf eines Prozesses. Dabei umfasst sie alle Aktivitäten, die zur vollständigen Bearbeitung einer Instanz des Prozesses erforderlich sind. Eine Prozessinstanz ist in der Regel eindeutig durch die Bearbeitung eines Eingangsobjektes zu einem Ausgangsobjekt gekennzeichnet.

Ausgangspunkt der Ermittlung gleichartig detaillierter Inhalte ist immer der den betrachteten Prozessen oder Aktivitäten übergeordnete Prozess.

Die ersten drei Ebenen bilden die Übersicht der dynamischen Modellierung. Diese sind die

1. Unternehmensinstanz-Ebene

2. Kernprozessinstanz-Ebene

3. Hauptprozessinstanz-Ebene

Die ersten drei Ebenen werden erstellt, um dem Nutzer eine einfache Navigation innerhalb des Modells zu ermöglichen. Ausgangspunkt ist die zentrale Unternehmensinstanz, vielfach auch Prozesslandkarte genannt. Auf ihr sind die Kernprozesse des Unternehmens modelliert, und sämtliche Verzweigungen in detailliertere Modellierungsstrukturen nehmen auf der Prozesslandkarte ihren Anfang.

Daran schließt sich die Kernprozessinstanz-Ebene an. Sie dient zur Detaillierung der ermittelten Kernprozesse der Prozesslandkarte. Abschließend zählt man noch die Hauptprozess-Ebene zur Übersicht der dynamischen Modellierung. Letztere dient zur Detaillierung der Hauptprozesse. Darauf basierend, können Richtgrößen zur Strukturierung der dynamischen Modellstruktur angegeben werden:

- 1. Instanzgranularität „Unternehmensinstanz" (Prozesslandkarte): 6–12 Kernprozesse

- 2. Instanzgranularität Kernprozessinstanz: 5–6 Hauptprozesse

- 3. Instanzgranularität Hauptprozessinstanz: 3–5 Unterprozesse

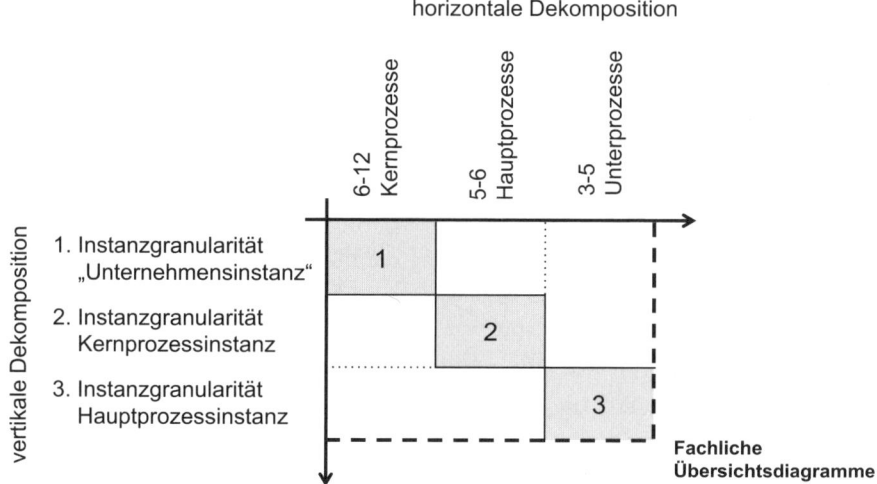

Abbildung 5.1 Horizontale und vertikale Dekomposition der 1. bis 3 Instanzgranularität

Abbildung 5.1 zeigt die empfohlene Vorgabe zum Aufbau der dynamischen Struktur der Ebenen 1 bis 3. Auf der x-Achse sehen Sie die empfohlene Aufteilung der horizontalen Struktur eines Prozessmodells, angegeben ist die empfohlene Anzahl an Prozessen jeder Modellierungsebene.

Auf der y-Achse sind die empfohlenen Modellierungsebenen dargestellt. Auf jeder Modellierungsebene müssen die Inhalte eine einheitliche Instanzgranularität aufweisen. Das heißt, jeder Modellinhalt, der auf einer dieser Ebenen erzeugt wird, muss zu allen anderen Inhalten auf derselben Ebene ein möglichst gleiches Instanzverhalten zeigen.

Innerhalb der Übersichtsmodelle betrachten wir in der Prozessarchitektur Kern-, Haupt- und Unterprozesse. Bei allen drei Prozesstypen handelt es sich um rein fachliche Modellierungen ohne IT-Bezug.

5.2.1.2 Geschäftsobjektbasierte horizontale Segmentierung

Zur Abgrenzung der horizontalen Modellinhalte eignen sich geschäftsobjektbasierte Ansätze. Dazu werden die horizontalen Bereiche nach den von ihnen bearbeiteten zentralen Geschäftsobjekten unterteilt. Für jedes horizontale Segment identifizieren Sie maximal 3 oder 4 zentrale Geschäftsobjekte je nach Ebene (s. Abschnitt 5.2.5.2). Bei einem zentralen Geschäftsobjekt handelt es sich um ein Objekt der realen Welt, welches für die Durchführung des betrachteten Prozesses zwingend erforderlich ist. In einem Wareneingangsprozess kann dies zum Beispiel die „Materiallieferung" sein. Zentrale Geschäftsobjekte werden durch folgende Kriterien eindeutig bestimmt:

- Wesentliche Bearbeitung des Geschäftsobjektes durch den betrachteten Bereich. Das Geschäftsobjekt kann in anderen Prozesssegmenten eine weitere Verwendung finden, erfüllt dort aber nicht die beiden folgenden Kriterien.

- Das Geschäftsobjekt ermöglicht die Messung der Leistung des betrachteten Bereiches. Anhand der Anzahl der bearbeiteten Geschäftsobjekte ist es möglich, zu bestimmen, wie effektiv und effizient das betrachtete Prozesssegment arbeitet.

- Das zentrale Geschäftsobjekt ist nicht das Prozessergebnis des betrachteten Prozesssegmentes. Geschäftsobjekte, die durch Aktivitäten im betrachteten Segment entstehen, können nur in nachfolgenden Bereichen zentrale Prozessobjekte darstellen.

Gehen Sie zur horizontalen Segmentierung in den folgenden Schritten vor:

1. Ermitteln Sie die Geschäftsprozesse der betrachteten Modellierungsebene (siehe auch vertikale Dekomposition).

2. Ermitteln Sie für jeden Geschäftsprozess das/die zentrale(n) Geschäftsobjekt(e) (maximal 4).

3. Überprüfen Sie, ob die festgelegten Geschäftsobjekte nur im zugeordneten Geschäftsprozess als zentrale Objekte Verwendung finden. Sollte diese Eindeutigkeit nicht gegeben sein, müssen die Geschäftsprozesse anders geschnitten werden.

4. Wiederholen Sie die Schritte 1 bis 3 so oft, bis alle Geschäftsprozesse einer horizontalen Ebene ermittelt sind.

Die horizontale Grenze zwischen zwei Prozessen ist genau an der Stelle zu ziehen, an der eine Veränderung des oder der zentralen Prozessobjekte erfolgt.

5.2.2 Modellierung dynamischer Inhalte in der Oracle BPA Suite

5.2.2.1 Die 1. Instanzgranularität – Die Unternehmensinstanzebene

Jedes hierarchisch aufgebaute Prozessmodell benötigt einen Ausgangspunkt. Dieser Ausgangspunkt ist die 1. Instanzgranularität des dynamischen Teils Ihres Modells und wird meistens durch ein zentrales Diagramm als „Wurzel" der gesamten dynamischen Modellierung ausgeprägt. Bevor Sie mit der Erstellung einer Prozesslandkarte für Ihr Unternehmen beginnen, sollten Sie die folgenden Fragen klären:

- Welche Kernprozesse besitzt Ihr Unternehmen?
- Welches sind die primären Geschäftsobjekte, die von diesen Kernprozessen bearbeitet werden?

Im Rahmen der Festlegung der Kernprozesse Ihres Unternehmens sollten Sie nicht mehr als 12 Prozesse definieren. Diese Vorgabe gilt für die Summe der primären und sekundären Kernprozesse. Es hat sich gezeigt, dass auch in größeren Modellierungsprojekten eine Beschränkung der Unternehmenskernprozesse zu einer deutlich besseren prozessorientierten Darstellung des Unternehmens führt.

Um die Kernprozesses eines Unternehmens zu ermitteln, ist es hilfreich, sich von der herkömmlichen funktional-orientierten Betrachtung eines Unternehmens zu lösen. Moderne Organisationsstrukturen setzen nicht mehr auf funktionale Silos, sondern betrachten Prozesse durchgehend von einem Initiator bis zum Abnehmer der Leistung des Prozesses. Dies gilt auch für interne Prozesse, die keinen direkten Bezug zum Endkunden eines Unternehmens haben, d.h., auch interne Stellen, die an der gesamten Prozessleistung beteiligt sind, sollten immer als (Prozess-)Kunden betrachtet werden [Schm07].

Zur Orientierung, welche Kernprozesse in Ihrem Unternehmen vorhanden sind, bietet es sich an, Referenzprozesse als Hilfestellung zu nutzen. In der Regel beschreiben solche Sammlungen die Prozessstruktur jedoch nur sehr grob. Detaillierte Inhalte bis hin zu einer Beschreibung der einzelnen Abläufe und Aktivitäten werden Sie nur in wenigen Einzelfällen finden und müssen meistens käuflich erworben werden. Frei verfügbare Referenzmodelle sind meistens sehr generisch und werden in Ihrem speziellen Anwendungsfall in der Regel keine ausreichende Tiefe bieten. Als Ausgangspunkt für ein Brainstorming zu den Kernprozessen des Unternehmens sind sie aber sehr zu empfehlen.

Aber auch mit Referenzmodellen werden Sie nicht um die individuelle Identifizierung und Abstimmung der Kernprozesse in Ihrem Unternehmen herumkommen. Die folgenden Fragen sind bei der Ermittlung der Kernprozesse hilfreich:

- Welche externen Berührungspunkte hat das Unternehmen mit Lieferanten und Kunden? Diese Frage liefert Antworten bezüglich der Schnittstellen Ihres Unternehmens zu Marktpartnern.
- Welche Leistungen bietet das Unternehmen in den Bereichen Innovation, Produktion und Kundenbeziehungsmanagement? Diese Frage liefert Antworten, welche Geschäftsobjekte Ihr Unternehmen mit seinen Marktpartnern austauscht.

■ Durch welche besonderen Leistungen grenzt sich das Unternehmen von seinen Wettbewerbern ab?

Diese Frage gibt Auskunft über Alleinstellungsmerkmale Ihres Unternehmens und identifiziert besonders wichtige primäre Prozesse.

Grundsätzlich können Sie davon ausgehen, dass die primären Kernprozesse Ihres Unternehmens immer bei einem externen Kunden beginnen oder enden. Nur in wenigen Ausnahmen treten Kernprozesse auf, die in keiner direkten Beziehung zu einem externen Kunden stehen. Sollte eine größere Anzahl vermeintlicher Kerngeschäftsprozesse Ihres Unternehmens diese Regel nicht erfüllen, ist es sehr wahrscheinlich, dass entweder eine funktionale Gruppierung oder bereits eine zu feine Prozessdetaillierung vorliegt.

Demgegenüber sind die sekundären Kernprozesse eines Unternehmens in der Regel nicht direkt mit den Kundenprozessen verbunden. Sie dienen vielmehr zur internen Steuerung des Unternehmens oder zur Bereitstellung von Leistungen, die nicht direkt im wertschöpfenden Ablauf des Unternehmens benötigt werden, dessen Funktionsfähigkeit aber sicherstellen. Ob Sie Ihre Prozesslandkarte hinsichtlich der primären und sekundären Kernprozesse ausgewogen erstellt haben, können Sie mit folgendem Verhältnis bewerten:

> ■ **Primäre Kernprozesse 4:1**
> Kernprozesse mit direktem Bezug zum externen Kunden zu Kernprozessen ohne direkten Bezug zum externen Kunden.
>
> ■ **Sekundäre Kernprozesse 1:4**
> Kernprozesse mit direktem Bezug zum externen Kunden zu Kernprozessen ohne direkten Bezug zum externen Kunden.

Neben den Kernprozessen sind zur vollständigen Erstellung einer Prozesslandkarte noch die Geschäftsobjekte zu identifizieren, die zwischen den Kernprozessen ausgetauscht werden.

Jeder Geschäftsprozess erstellt, bearbeitet oder verändert Geschäftsobjekte. Der Begriff „Objekt" ist im Rahmen der Modellierung der Ebenen 1 bis 3 sehr weit zu fassen, d.h., nicht nur auf Daten, die zwischen den Kernprozessen ausgetauscht werden, zu beschränken. Es handelt sich also um alle Objekte, die in einem Prozess erzeugt, genutzt, bearbeitet und verbraucht werden oder anderweitig beteiligt sind, um eine bestimmte Zielsetzung zu erreichen oder eine Leistung zu erstellen.

Unter der Annahme, dass die Prozesslandkarte die erforderlichen Kernaktivitäten zur Erfüllung des Unternehmenszweckes beinhaltet, beschreiben die durch Kernprozesse erstellten bzw. zwischen den Kernprozessen ausgetauschten und bearbeiteten Objekte die im Rahmen der wertschöpfenden Tätigkeiten bearbeiteten Objekte der realen Welt.

Aus diesem Grund ist für jeden identifizierten Kernprozess mindestens ein Geschäftsobjekt zu bestimmen, das durch den zugehörigen Kernprozess komplett bearbeitet wird. Mit Hilfe dieser Geschäftsobjekte können Sie beispielsweise die Prozessleistung der einzelnen Kerngeschäftsprozesse ermitteln.

Zur Identifizierung der primären Geschäftsobjekte stellen Sie sich die folgenden Fragen:

- Welche Geschäftsobjekte werden in den identifizierten Kernprozessen erstellt oder bearbeitet?

- Anhand welcher Kriterien kann die Leistung der identifizierten Kernprozesse gemessen werden?

- Mit welchen Geschäftsobjekten stehen diese Kriterien in Beziehung?

Die Erstellung einer Prozesslandkarte kann einen nicht zu unterschätzenden Aufwand verursachen. Auf den ersten Blick scheint es, als sei diese Arbeit einfach und in kurzer Zeit zu erledigen. Da es sich bei der Prozesslandkarte aber um die zentrale Stelle zur Navigation innerhalb des gesamten dynamischen Teils des Modells handelt und durch die Unterteilung des Unternehmens in Prozessbereiche entscheidende Vorgaben für die nachfolgende Modellierung gemacht werden, sollte man an dieser Stelle nicht zu schnell eine „endgültige" Version verabschieden. Aufgrund von Erfahrungen empfehlen wir, den Wert einer guten und stabilen Prozesslandkarte nicht zu unterschätzen. Sie ist Ausgangspunkt diverser Detaillierungen des Modells, insbesondere für die Prozessautomatisierung oder IT-Systemkonzeption. Mit Hilfe einer gut durchdachten und stabilisierten Prozesslandkarte werden bereits in dieser frühen Phase viele Probleme der Modellierung in späteren Phasen vermieden oder bei schlechter Umsetzung erst geschaffen.

Abbildung 5.2 zeigt eine vereinfachte Prozesslandkarte, die mit Hilfe dieses Vorgehens erstellt wurde inklusive der Unterteilung in primäre und sekundäre Geschäftsprozesse.[1]

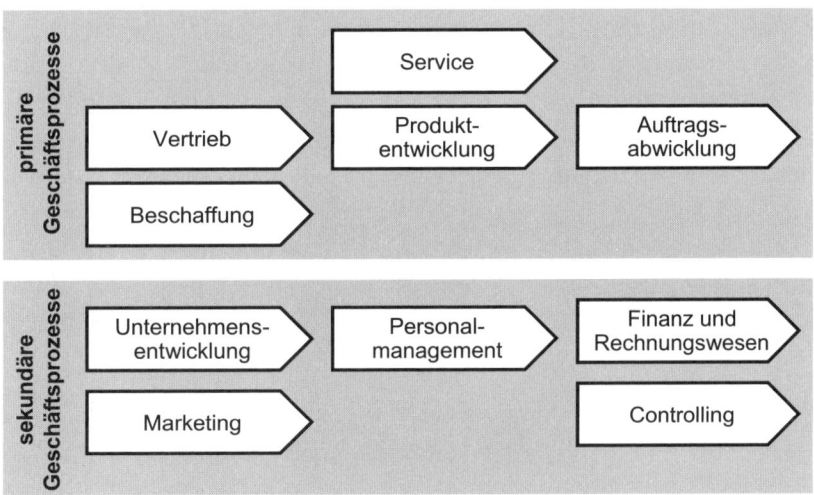

Abbildung 5.2 Abbildung einer exemplarischen Prozesslandkarte

---

[1] Primäre Geschäftsprozesse dienen der originären Wertschöpfung im Unternehmen. Sekundäre Geschäftsprozesse stellen Unterstützungsleistungen für primäre Geschäftsprozesse bereit und sind damit nur indirekt an der Wertschöpfung beteiligt.

Wichtig ist, dass Sie bereits auf der Prozesslandkarte auf eine möglichst gleiche Granularität der beschriebenen Prozesse achten. Bestimmen Sie für jeden Prozess der Prozesslandkarte die zugehörige Instanz, und überprüfen Sie, ob alle ermittelten Instanzen der Prozesslandkarte in einem ausgewogenen Verhältnis zueinander stehen.

Die betrachteten Geschäftsprozesse Ihrer Prozesslandkarte sollten

- sich auf eine abgegrenzte fachliche Domäne beziehen;
- in ihrer Größe und Komplexität ausgewogen zueinander sein;
- die Bereiche der primären und sekundären Leistungserbringung des Unternehmens abdecken.

Es hat sich als hilfreich herausgestellt, zum Vergleich der Granularität der Prozesse und Aktivitäten einer Ebene aus der Menge der identifizierten Prozesse einen Referenzprozess zu bestimmen, der als Bewertungsgrundlage für alle anderen Prozesse der betrachteten Ebene herangezogen wird.

Wir empfehlen, für die zu modellierenden Prozessebene 1 bis 3 eine Auflistung analog der Tabelle 5.1 zu erstellen. Beschreiben Sie darin klar jeden Prozess und wie Sie die zugehörigen Prozessinstanzen definieren. Wichtig ist, dass Sie eindeutig festlegen, wann eine Instanz beginnt und endet.

Sie erkennen, dass es schwerer ist, eindeutige Prozessinstanzen für sekundäre als für primäre Kernprozesse zu definieren. Das liegt in der Natur der Sache, da es sich bei sekundären Kernprozessen in der Regel um kreative oder nur eingeschränkt formalisierte Prozesse handelt, vom *Finanz- und Rechnungswesen* einmal abgesehen. Besonders deutlich wird dieser Effekt beim Kernprozess *Unternehmensentwicklung* und *Controlling*.

Außerdem können zu einem Kernprozess auch mehrere unterschiedliche Prozessinstanztypen vorhanden sein. Wählen Sie in einem solchen Fall immer den Prozessinstanztyp mit der größten Häufigkeit.

Bewerten Sie anschließend die ermittelten Kernprozesse hinsichtlich ihrer Instanzgranularität. Stellen Sie dabei die folgenden Fragen:

- Haben alle ermittelten Prozesse einen annähernd gleichen Umfang?
- Sind alle relevanten Bereiche der Leistungserbringung in Ihrem Unternehmen berücksichtigt?
- Liegt eine durchgängige und lückenlose Dokumentation der Leistungserbringung in Ihrem Unternehmen vor?
- Bestehen zwischen den beschriebenen Bereichen der Leistungserbringung keine Überdeckungen?
- Haben Sie alle sekundären Kernprozesse, die zur Leistungserbringung in Ihrem Unternehmen erforderlich sind, beschrieben?

Wenn Sie alle Fragen für die ermittelte Prozesslandkarte mit ja beantworten, können Sie davon ausgehen, einen tragfähigen Entwurf erstellt zu haben.

Tabelle 5.1 Tabelle zur Ermittlung und Strukturierung von Prozessinstanzen (Beispiel 1. Instanzgranularität)

Prozess/Aktivität	Prozessinstanz	Beschreibung der Prozessinstanz	Beginn	Ende
Beschaffung	ein Beschaffungs-vorgang	Beschaffungsvorgang für ein konkretes Gut (bzw. zusam-mengefasst mehrere Güter) innerhalb einer Bestellung	Eingang einer Bestellanfrage	Einlagerung des bestellten Gutes
Vertrieb	ein Vertriebs-vorgang	Vertriebsvorgang für eine konkrete Kundenanfrage zu einer oder mehreren zusam-mengefassten Leistungen des Unternehmens	Eingang der Kundenanfrage	Juristisch verbindlicher Abschluss oder Beendi-gung der Verkaufs-verhandlungen
Service	eine Service-anfrage	Erbringung einer konkreten Serviceleistung für ein durch das Unternehmen hergestelltes Gut oder eine Gruppe von Gütern innerhalb einer Service-anfrage	Eingang einer Serviceanfrage	Abschluss der Service-leistung durch Lösung des Kundenproblems
Produkt-entwicklung	eine Produkt-entwicklung	Durchführung einer konkreten Produktentwicklung für ein Gut, welches durch das Unterneh-men hergestellt werden soll	Eingang eines Produktentwicklungs-auftrags	Bereitstellung aller für die Produktion erforderlichen Produktspezifikationen
Auftrags-abwicklung	ein Auftrags-abwicklungs-vorgang	Durchführung eines konkreten Produktionsauftrages zu einer Bestellung	Eingang eines Produktionsauftrages	Versand des produzierten Gutes an den Kunden
Marketing	ein Marketing-projekt	Durchführung eines Marketing-projektes für eine klar abgrenz-bare Werbeaktion	Erteilung eines internen Vermarktungsauftrages für ein neues oder modifiziertes Produkt oder eine Dienstleistung	Platzierung der zum Vermarktungsauftrag gehörenden Marketing-leistungen außerhalb des Unternehmens
Finanz- und Rechnungswesen	eine Rechnungs-erstellung	Erstellung einer Rechnung zu einem Kundenauftrag	Benachrichtigung über den Warenversand (Rechnungsdaten)	Versand der Rechnung an den Kunden
Personal-management	ein Einstellungs-vorgang	Durchführung der Einstellung für eine benötigte Personal-ressource	Eingang einer Perso-nalbedarfsanfrage	Einstellung eines neuen Mitarbeiters
Unternehmens-entwicklung	ein Strategie-planungszyklus	Durchführung einer Strategie-planung für einen definierten Zeitraum	Zeitlich- oder ereignis-induzierter Start eines Strategieplanungs-zyklus	Vorlage einer Strategie-planung zum betroffenen Planungszyklus
Controlling	Für das Controlling ist die Angabe einer sinnvollen Instanz auf der Ebene der Kernprozesse nahezu unmöglich.			

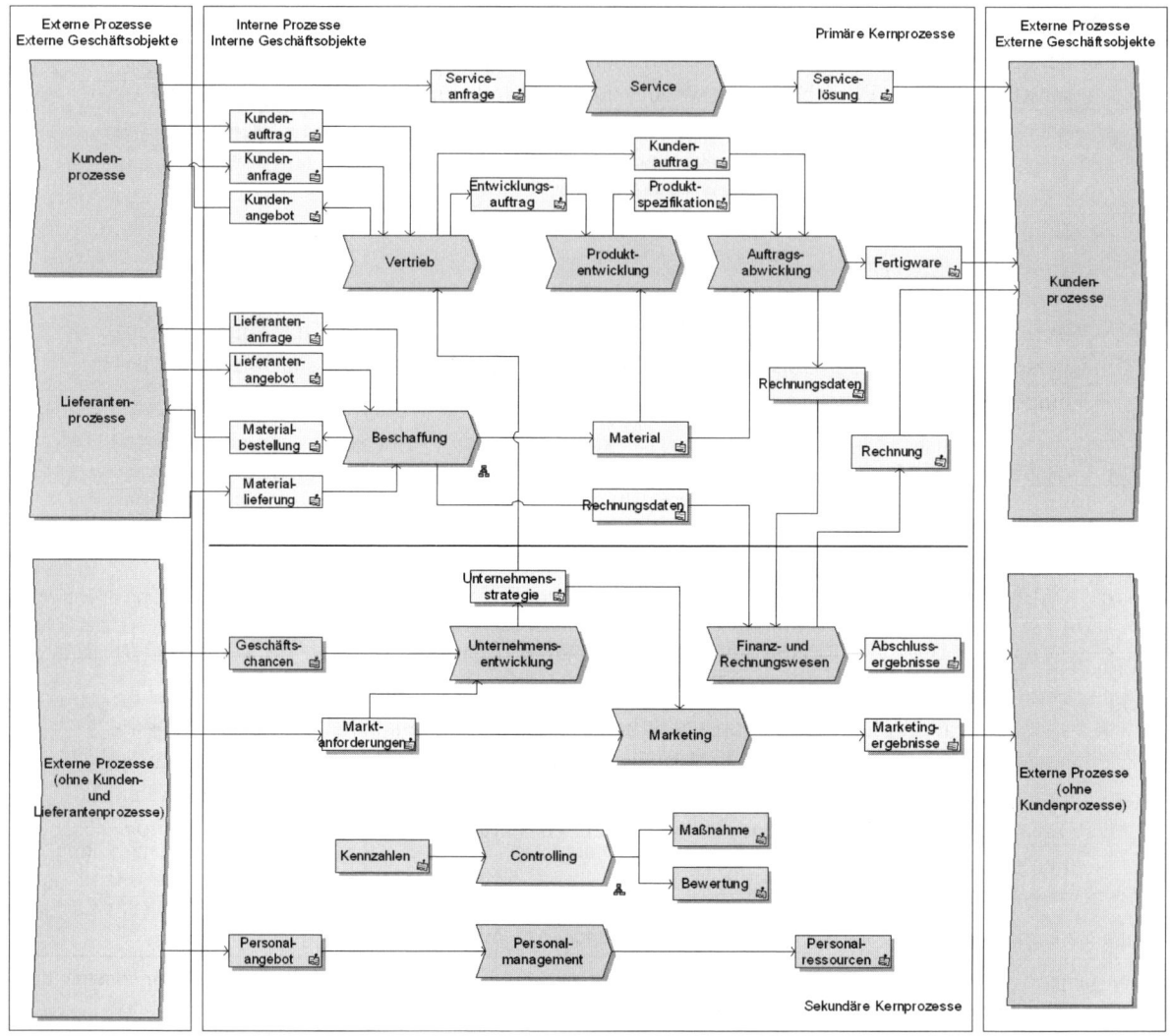

Abbildung 5.3 Exemplarische Darstellung einer Prozesslandkarte in der Oracle BPA Suite (Wertschöpfungskettendiagramm)

Betrachtet man die in Abbildung 5.3 dargestellte Prozesslandkarte, so erkennt man für den Kernprozess „Beschaffung" die Geschäftsobjekte „Lieferantenangebot" und „Materialbestellung" als Input- und „Lieferantenanfrage" sowie „Materialbestellung" als Output-Objekte. Das „Lieferantenangebot" und die „Materiallieferung" ist ein Output eines externen Kundenprozesses. Eine weitere Detaillierung des externen Prozesses ist für die Erstellung des Gesamtmodells nicht erforderlich. Die Schnittstellen zu externen Prozessen werden deshalb als Schnittstellen zu einem Blackbox-Prozess betrachtet. Das von einem externen Kundenprozess generierte Geschäftsobjekt „Lieferantenangebot" und „Materiallieferung" wird an den Kernprozess „Beschaffung" übergeben. Der Output des Beschaffungsprozesses wird dann an nachfolgende interne oder externe Prozesse übergeben.

Sekundäre Kernprozesse stehen mit der Umwelt außerhalb der betrachteten Organisation deutlich seltener in Beziehung. Zum Beispiel kann man für den Marketingprozess nur sehr schwer eine feste Vorgabe machen, wann und wie Marktanforderungen von externen Parteien zu erheben sind. Ein weiteres Beispiel ist die Unternehmensentwicklung, welche fast nicht mit einer prozessorientierten Beschreibung erfasst werden kann. Ausnahmen bilden meistens nur kleine Bereiche der sekundären Kernprozesse wie zum Beispiel detaillierte Bilanzierungsabläufe in der Finanzbuchhaltung oder ITIL-basierte Wartungsprozesse in Rechenzentren. Genauso verhält es sich mit Geschäftsobjekten, die durch sekundäre Kernprozesse erstellt oder bearbeitet werden. Ein Beispiel dafür sehen wir bei der Modellierung der *Personalressourcen*. Selbstverständlich nehmen alle Kernprozesse des Unternehmens Personalressourcen ab. Ob die Modellierung dieser Beziehung jedoch sinnvoll ist, sei dahingestellt.

> Sekundäre Kernprozesse folgen nur zu einem kleinen Teil einer festen prozessorientierten Struktur. Vielmehr handelt es sich bei ihnen häufig um individuelle Abläufe. Welche Geschäftsobjekte und Beziehungen Sie innerhalb Ihres Modells den sekundären Kernprozessen zuordnen müssen Sie individuell festlegen. Beachten Sie dabei unbedingt den Modellierungskontext Ihres Gesamtmodells. Im Zweifel gilt hier: weniger ist mehr.

Bitte betrachten Sie die von uns vorgestellte Prozesslandkarte nur als Beispiel für die Gestaltung in Ihrem Unternehmen. Es gibt keine allgemein verbindliche Vorgabe die an dieser Stelle auf jedes Unternehmen passt. Vielmehr ist es wichtig, dass Sie bei der Erstellung Ihres Prozessmodells eine für Ihre Fragestellung angemessene Lösung finden. Die in den Tabellen 5.2, 5.4 und 5.5 genannten strukturellen Vorgaben sollten Sie so weit wie möglich einhalten.

Tabelle 5.2 Inhalt und Abgrenzung der Unternehmensinstanzebene (1. Instanzgranularität)

Benennung der 1. Instanzgranularität	In der Regel erhält die Unternehmensinstanz-Ebene als Bezeichnung die Unternehmens- oder Unternehmensbereichsbezeichnung	
Inhalt	Zentrales Diagramm zur Beschreibung der dynamischen Inhalte des Modells.	
Genutzte Objekttypen	Prozess- oder Aktivitätsobjekt	Das Prozess- oder Aktivitätsobjekt beschreibt dynamische Vorgänge.
	Geschäftsobjekt	Das Geschäftsobjekt beschreibt die im Rahmen der Prozessdurchführung (Dynamik) bearbeiteten statischen Objekte.
	Beziehungsobjekt	Das Beziehungsobjekt beschreibt die Beziehung zwischen Prozess- oder Aktivitätsobjekten und Geschäftsobjekten. Die Beziehungen können entweder Input- oder Output-Beziehungen sein.
Abgrenzung/Granularität der auf den Diagrammen ausgeprägten Objekte	▪ Jeder einzelne Kernprozess bearbeitet vollständig ein Geschäftsobjekt. ▪ Die Geschäftsobjekte werden zwischen den einzelnen Kernprozessen ausgetauscht. ▪ Die Kernprozesse gliedern ein Unternehmen in Prozessdomänen. ▪ Maximal 4 Geschäftsobjekte pro Kernprozess	

5.2.2.2 Die 2. Instanzgranularität – Die Kernprozessebene

Die 2. Instanzgranularität (Kernprozessebene) detailliert die Kernprozesse der Prozesslandkarte. Auf ihr werden zu jedem ermittelten Kernprozess die untergeordneten Hauptprozesse dargestellt.

Welche Kernprozesse weiter detailliert werden, hängt immer von der individuellen Fragestellung ab, die Ihr Modell beantworten soll. Es gibt keine Vorgaben, die festlegen, welche Kernprozesse der Prozesslandkarte zwingend weiter zu beschreiben sind. Sollten Sie im vorliegenden Beispiel detailliertere Informationen über alle primären Kernprozesse benötigen, so entstehen 10 Diagramme auf der Kernprozessebene, die zu jedem Kernprozess die jeweils untergeordneten Hauptprozesse beschreiben.

Welche weitergehende Detaillierung Sie für Ihr Projekt benötigen, können Sie also frei festlegen.

Zur Identifikation der Hauptprozesse ermitteln Sie für jeden Kernprozess die Aktivitäten, die erforderlich sind, um den Prozess vollständig auszuführen. Diese Verfeinerung führt in der Regel zu dem Ergebnis, dass viele einzelne Aktivitäten beschrieben werden, die nicht alle derselben Granularität entsprechen. Deshalb sollten Sie in einem weiteren Schritt die ermittelten Aktivitäten hierarchisch gliedern. Ziel ist es, abzugrenzen, welche der ermittelten Aktivitäten sinnvoll die Hauptprozesse unterhalb des Kernprozesses bilden.

Bei der Durchführung der Abgrenzung kann man zunächst von den Geschäftsobjekten des übergeordneten Kernprozesses ausgehen. Diese markieren als Input und Output des Kernprozesses die an der Schnittstelle des zu detaillierenden Kernprozesses liegenden Hauptprozesse.

Im Regelfall sind zusätzlich noch weitere Aktivitäten bekannt. Diese müssen Sie in einem nachfolgenden Schritt daraufhin untersuchen, ob sich unter ihnen Aktivitäten der gleichen Granularität wie die bereits identifizierten Hauptprozesse befinden. Ist dies der Fall, so hat man weitere Hauptprozesse gefunden. Dieser Prozess wird so lange wiederholt, bis keine weiteren Hauptprozesse mehr identifiziert werden können.

Betrachten wir zur Verdeutlichung die dem Kernprozess *Beschaffung* untergeordneten Prozesse. Einer dieser untergeordneten Prozesse ist der *Wareneingang*. Eine Instanz dieses Prozesses wäre zum Beispiel die Bearbeitung einer Sendung eines Spediteurs. Nach der Vorgabe, dass alle Aktivitäten des Prozesses eine annähernd gleiche Instanzgranularität aufweisen sollen, müssen Sie in diesem Schritt untersuchen, ob die im Rahmen der horizontalen Strukturierung gefundenen Prozesse der gleichen Modellierungsebene dieser Vorgabe entsprechen.

Wenn wir uns die identifizierten Hauptprozesse der horizontalen Strukturierung des *Beschaffungsprozesses* anschauen, so kommen wir zu dem in Tabelle 5.3 dargestellten Ergebnis.

Wenn man sich die unterschiedlichen Granularitäten der einzelnen Aktivitäten des Beschaffungsprozesses ansieht, erkennt man folgende Besonderheiten:

- Die Lieferantenauswahl passt nicht in die gewählte Instanzgranularität der anderen Aktivitäten. Eine Lieferantenauswahl erfolgt in der Regel nur einmal, wohingegen Lie-

Tabelle 5.3 Ermittelte Hauptprozesse zum Kernprozess „Beschaffung"

Übergeordneter Prozess	Beschaffung	
Identifizierte Prozesse	**Beschreibung der Prozessinstanz**	**Abweichung der Instanzgranularitäten voneinander**
Wareneingangs-prozess	Eine Instanz beinhaltet einen kompletten Wareneingang oder eine Teil-lieferung unter einer Bestellnummer.	gering
Materialbestellung	Eine Instanz beinhaltet einen kompletten Bestellvorgang für ein oder mehre-re Artikel bei einem Lieferanten unter einer Bestellnummer.	gering
Lieferantenauswahl	Eine Instanz beinhaltet die Auswahl, Bewertung und Anlage eines neuen Lieferanten für zukünftige Bestellungen.	hoch
Rechnungsprüfung	Eine Instanz beinhaltet die Prüfung einer eingegangenen Rechnung mit einer Rechnungsnummer zu einem Bestellvorgang mit einer Bestellnummer.	gering
Materiallogistik	Eine Instanz beinhaltet die logistischen Aktivitäten zur Einlagerung bzw. Weiterverteilung eines Wareneingangs innerhalb des Unternehmens.	gering, jedoch Benen-nung missverständlich

ferungen eines Lieferanten die Aktivitäten Wareneingang oder Rechnungsprüfung bei jeder Sendung durchlaufen. Aus diesem Grund ist zu prüfen, ob die Aktivität „Liefe-rantenauswahl" nicht grundsätzlich anders im Prozessmodell einzuordnen ist.

■ Bei der Aktivität Materiallogistik ist mit Hilfe der Beschreibung erkennbar, dass es sich um einen Vorgang handelt der zur gewählten Instanzgranularität passt. Betrachtet wer-den zum Beispiel immer die logistischen Aktivitäten eines einzelnen Wareneingangs. Die gewählte Benennung der Aktivität deutet aber auf einen generelleren Prozess hin. In diesem Fall sollte über eine Umbenennung der Aktivität nachgedacht werden.

Anschließend bestimmen Sie zu jedem definierten Hauptprozess die zugehörigen Ge-schäftsobjekte. Dabei gelten die gleichen Kriterien wie bei Geschäftsobjekten der Prozess-landkarte. Jedem Hauptprozess muss mindestens ein zentrales Geschäftsobjekt zugeordnet werden. Jeder Hauptprozess erzeugt wenigstens ein Geschäftsobjekt als Ergebnis. Alle Geschäftsobjekte sollten dabei eine annähernd gleiche Granularität besitzen.

Abschließend wird überprüft, ob alle wertschöpfenden Hauptprozesse wirklich zum über-geordneten Kernprozess gehören und alle beteiligten Geschäftsobjekte identifiziert worden sind.

Abbildung 5.4 zeigt exemplarisch die Kernprozessinstanzebene für den Beschaffungspro-zess. Neben den Hauptprozessen und den bearbeiteten Geschäftsobjekten sind weiterhin die Geschäftsobjekte (Rechnungsdaten und Material) erkennbar, die mit den anderen Kernprozessen (Finanz- und Rechnungswesen und Auftragsabwicklung) korrespondieren.

Verwenden Sie bei der Modellierung der 2. Instanzgranularität die Vorgaben aus Tabelle 5.4.

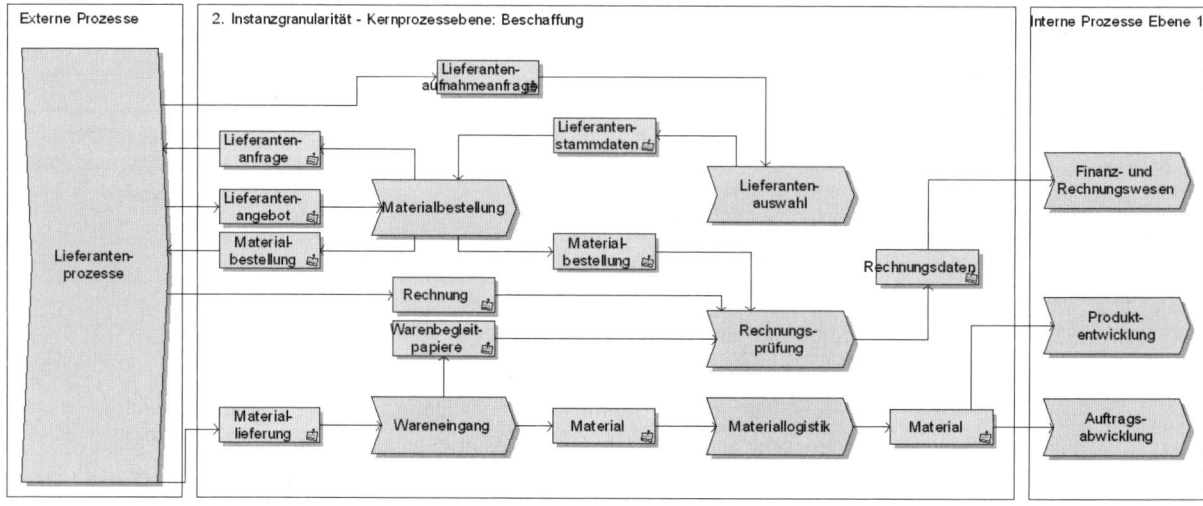

Abbildung 5.4 Exemplarische Darstellung einer Kernprozessinstanzebene (Wertschöpfungsketten-diagramm)

Tabelle 5.4 Inhalte und Abgrenzung der Kernprozessebene (2. Instanzgranularität)

Benennung der 2. Instanzgranularität	Name des übergeordneten Kernprozesses. Die Benennung sollte als substantiviertes Verb erfolgen	
Inhalt	Beschreibung der Hauptprozesse eines Kernprozesses.	
Genutzte Objekttypen	Prozess- oder Aktivitätsobjekt	Das Prozess- oder Aktivitätsobjekt beschreibt dynamischen Vorgänge
	Geschäftsobjekt	Das Geschäftsobjekt beschreibt die im Rahmen der Prozessdurchführung (Dynamik) bearbeiteten statischen Objekt
	Beziehungsobjekt zwischen Prozess- oder Aktivitätsobjekt und Geschäfts-objekten	Das Beziehungsobjekt beschreibt die Beziehung zwischen Prozess- oder Aktivitätsobjekten und Geschäftsobjekten. Die Beziehungen können entweder Input- oder Output-Beziehungen sein.
Abgrenzung/Granularität der auf den Diagrammen ausgeprägten Objekte	• Alle Hauptprozesse auf den erstellten Diagrammen müssen zur Bearbeitung der Geschäftsobjekte des übergeordneten Kernprozesses erforderlich sein. • Untereinander tauschen sie Geschäftsobjekte aus. Ein Geschäftsobjekt wird immer nur von einem Hauptprozess vollständig bearbeitet. • Die Geschäftsobjekte, die dem übergeordneten Kernprozess zugeordnet sind, müssen jeweils eindeutig als Input oder Output durch die Hauptprozesse an den Schnittstellen der Kernprozessebene erstellt bzw. bearbeitet werden. • Maximal 4 Geschäftsobjekte pro Hauptprozess	

5.2.2.3 Die 3. Instanzgranularität – Die Hauptprozessebene

Die 3. Instanzgranularität (Hauptprozessinstanzebene) detailliert die Hauptprozesse der Kernprozessebene. Dabei werden zu jedem ermittelten Hauptprozess die zugehörigen Unterprozesse dargestellt.

Zur Identifikation der Unterprozesse verfahren Sie genau wie bei den Kern- und Hauptprozessen. Es sind alle Unterprozesse zu ermitteln, die zur vollständigen Ausführung des betrachteten Hauptprozesses benötigt werden.

Auch in diesem Schritt müssen Sie wieder alle ermittelten Aktivitäten darauf hin untersuchen, ob es sich tatsächlich um Unterprozesse handelt oder ob bereits zu detaillierte Aktivitäten beschrieben wurden.

Starten Sie dazu ebenfalls wieder an den Schnittstellen des Hauptprozesses. Sehen Sie sich zunächst die eingehenden und ausgehenden Geschäftsobjekte an. Auch in diesem Fall markieren die Geschäftsobjekte die Unterprozesse an der Schnittstelle des zu detaillierenden Hauptprozesses. Bestimmen Sie auf diese Weise die erforderliche Granularität der Unterprozesse.

Wie bereits auf den übergeordneten Ebenen werden auch hier weitere Aktivitäten der Unterprozessebene ermittelt. Diese müssen Sie daraufhin untersuchen, ob sich unter ihnen Aktivitäten der gleichen Granularität wie die bereits identifizierten Unterprozesse an den Schnittstellen befinden. Ist dies der Fall, so hat man weitere Unterprozesse gefunden. Wiederholen Sie diesen Vorgang so lange, bis keine neuen Unterprozesse mehr ermittelt werden können.

Für den Wareneingangsprozess wurden beispielsweise im Rahmen eines Brainstormings die untergeordneten Aktivitäten Warenreklamation, Wareneingangskontrolle und Warenverbuchung identifiziert.

Anschließend bestimmen Sie zu jedem definierten Unterprozess die zugehörigen Geschäftsobjekte. Auch dabei gelten die gleichen Kriterien wie bei den vorhergehenden Schritten. Jedem Unterprozess muss mindestens ein zentrales Geschäftsobjekt zugeordnet werden. Jeder Unterprozess erzeugt wenigstens ein Geschäftsobjekt als Ergebnis. Die Geschäftsobjekte eines detaillierten Kernprozesses sollen dabei eine annähernd gleiche Granularität besitzen.

Abschließend wird überprüft, ob alle wertschöpfenden Unterprozesse wirklich zum übergeordneten Hauptprozess gehören und alle beteiligten Geschäftsobjekte identifiziert worden sind.

Abbildung 5.5 zeigt exemplarisch die Hauptprozessinstanzebene des Wareneingangsprozesses. Neben den Unterprozessen und den bearbeiteten Geschäftsobjekten sind weiterhin die Geschäftsobjekte (Warenbegleitpapiere und Material) erkennbar, die mit anderen Hauptprozessen korrespondieren (Rechnungsprüfung und Materiallogistik).

Verwenden Sie bei der Modellierung der 3. Instanzgranularität die Vorgaben aus Tabelle 5.5 .

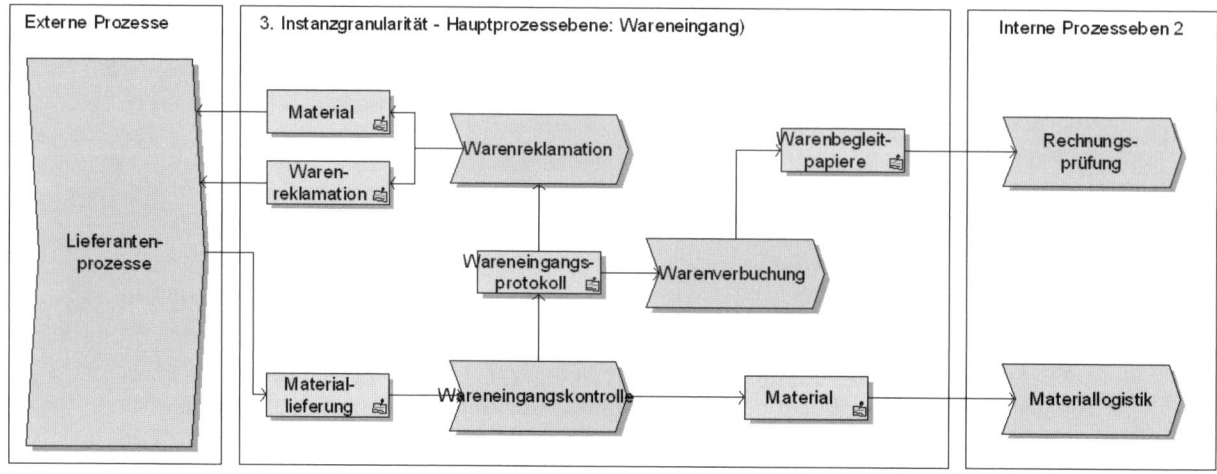

Abbildung 5.5 Exemplarische Darstellung einer Hauptprozessinstanzebene (Wertschöpfungsketten-diagramm)

Tabelle 5.5 Inhalt und Abgrenzung der Hauptprozessebene (3. Instanzgranularität)

Benennung der 3. Instanzgranularität	Name des übergeordneten Hauptprozesses. Die Benennung sollte als substantiviertes Verb erfolgen.	
Inhalt	Beschreibung der Unterprozesse eine Hauptprozesses.	
Genutzte Objekttypen	Prozess- oder Aktivitätsobjekt	Das Prozess- oder Aktivitätsobjekt beschreibt dynamische Vorgänge
	Geschäftsobjekt	Das Geschäftsobjekt beschreibt die im Rahmen der Prozessdurchführung (Dynamik) bearbeiteten statischen Objekte
	Beziehungsobjekt zwischen Prozess- oder Aktivitätsobjekt und Geschäfts-objekten	Das Beziehungsobjekt beschreibt die Beziehung zwischen Prozess- oder Aktivitätsobjekten und Geschäftsobjekten. Die Beziehungen können entweder Input- oder Output-Beziehungen sein.
Abgrenzung/Granularität der auf den Diagrammen ausgeprägten Objekte	<ul><li>Alle Unterprozesse auf den erstellten Diagrammen müssen zur Bearbeitung der Geschäftsobjekte (Input und Output) des übergeordneten Hauptprozesses erforderlich sein.</li><li>Untereinander tauschen sie Geschäftsobjekte aus. Ein Geschäftsobjekt wird immer nur von einem Unterprozess vollständig bearbeitet.</li><li>Die dem übergeordneten Hauptprozess zugeordneten Geschäftsobjekte müssen als Input oder Output durch die Unterprozesse an der Schnittstelle der Hauptprozessinstanz-Ebene erstellt bzw. bearbeitet werden.</li><li>Maximal 4 Geschäftsobjekte pro Unterprozess</li></ul>	

5.2.3 Die Instanzgranularitäten 1 bis 3 im Zusammenhang

Alle Objekte der fachlichen Überblicksmodelle stehen in engem Zusammenhang. Abbildung 5.6 zeigt, welche Beziehungen zwischen den ersten drei Ebenen des dynamischen Teils bestehen. Bei der Erstellung dieses Modellteils sollten Sie die folgenden Punkte berücksichtigen:

1. Externe Prozesse (EP) werden als Black-Box betrachtet. Eine Detaillierung unterhalb der Prozesslandkarte erfolgt nicht. Sie werden lediglich als Kernprozesse (KP) einer externen Organisation als Objekt in der Prozesslandkarte aufgenommen, um zu zeigen, welche Geschäftsobjekte (GO) mit externen Parteien ausgetauscht werden.

2. Bei der Detaillierung eines Prozesses werden die Vor- und Nachfolgeprozesse des übergeordneten Prozessmodells als initiierende und nachfolgende Prozesse übernommen.

3. Geschäftsobjekte werden bei der Modellierung der fachlichen Übersichtsmodelle nicht hierarchisch gegliedert. Sie können auf jeder Ebene in Prozessmodellen verwendet werden. Achten Sie dabei auf eine zu den Prozessen und Aktivitäten passende Granularität.

4. Achten Sie darauf, die Geschäftsobjekte an den Schnittstellen einzelner Aktivitäten so zu wählen, dass die untergeordneten Prozesse zu diesen Aktivitäten eine abgegrenzte Domäne zur Beschreibung darstellt.

5. Die Beziehungen zwischen einzelnen Prozessen werden immer über ein Geschäftsobjekt hergestellt.

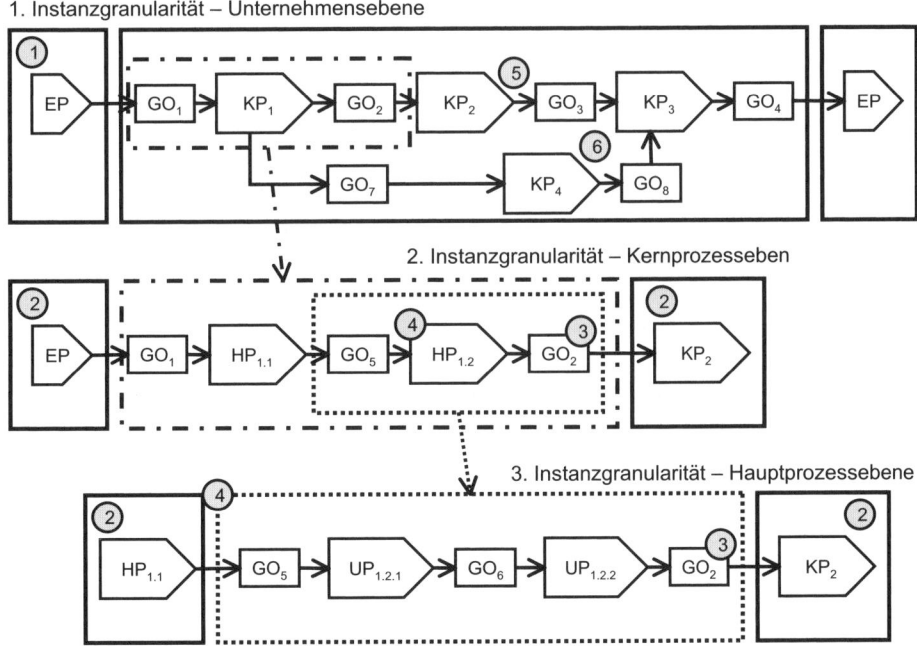

Abbildung 5.6 Schematische Darstellung der Zusammenhänge „Fachliche Übersichtsmodelle"

6. Sekundäre Kernprozesse haben in der Regel keinen direkten Bezug zu einem externen Kunden des Wertschöpfungsprozesses. Unabhängig davon können sie jedoch Geschäftsobjekte mit primären Geschäftsobjekten austauschen.

5.2.4 IT-neutrale Detaillierung der Prozesse und ihrer Aktivitäten

Nachdem Sie die Übersichtmodelle der ersten drei Instanzgranularitäten modelliert haben, folgt mit den Ebenen der Instanzgranularitäten 4 und 5 die IT-neutrale Detaillierung der Prozesse und ihrer Aktivitäten. Ziel dieses Modellbereiches ist es, die fachlichen Arbeitsabläufe der ermittelten Unterprozesse darzustellen. Wir verlassen an dieser Stelle die überblicksartige Modellierung und wenden uns der Detailmodellierung zu.

> Zur Orientierung können Sie eine Trennung des überblicksartigen und detaillierten dynamischen fachlichen Modellteils anhand der bearbeiteten Geschäftsobjekte und der beteiligten Organisationseinheiten vornehmen. Erfolgt zwischen den Kern-, Haupt- und Unterprozessen der fachlichen Übersichtsmodelle in der Regel eine Änderung der beteiligten Organisationseinheiten und der bearbeiteten zentralen Geschäftsobjekte, so bearbeiten die Prozessaktivitäten der Unterprozess- und Detailprozessinstanz in der Regel dasselbe zentrale Geschäftsobjekt und werden durch Mitglieder derselben Organisationseinheit ausgeführt.

Wurde die Modellierung auf den Ebenen 1 bis 3 zur grundsätzlichen Strukturierung der dynamischen Inhalte Ihres Modells verwendet, so dient die dynamische Modellierung auf den Ebenen 4 und 5 der fachlichen Detaillierung.

Abbildung 5.7 zeigt die Erweiterung des Modellteils um die Unterprozessinstanz- und Detailprozessinstanz-Ebene.

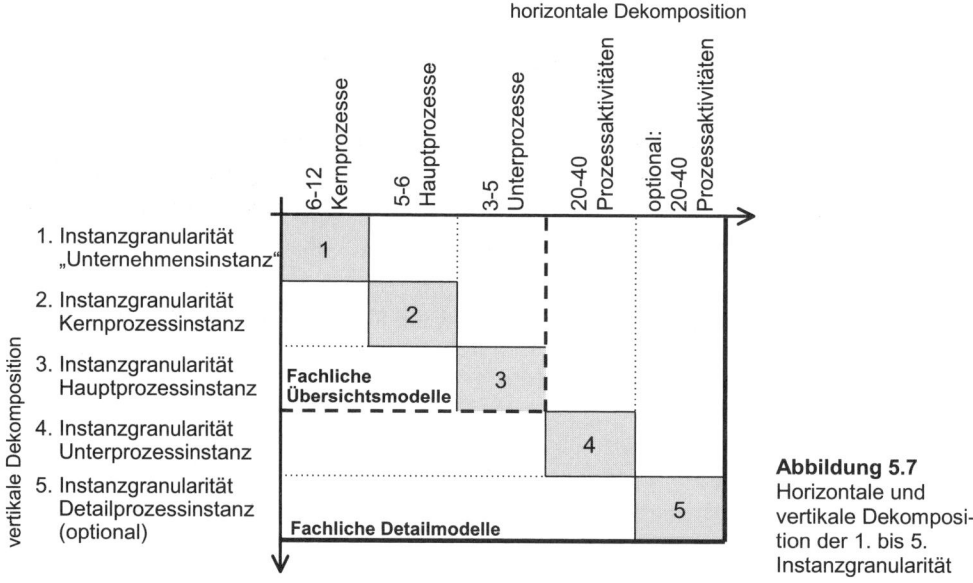

Abbildung 5.7
Horizontale und vertikale Dekomposition der 1. bis 5. Instanzgranularität

Für die fachlichen Detailmodelle beschreiben Sie die einzelnen Arbeitsschritte zur Bearbeitung des übergeordneten Unterprozesses. Dabei sollten Sie nicht mehr als 20 bis 40 Prozessaktivitäten verwenden. Ermitteln Sie zur Identifizierung der relevanten Prozessaktivitäten zunächst alle Arbeitsschritte zur Durchführung des Unterprozesses. Achten Sie dabei auf möglichst gleiche Granularität und eine IT-neutrale Beschreibung. Es bietet sich an, hierfür in einem Brainstorming zunächst die zum betrachteten Unterprozess zugehörigen Aktivitäten zu identifizieren. Sortieren Sie diese anschließend nach ihrem zeitlich logischen Zusammenhang. Bewerten Sie anschließend für jede ermittelte Aktivität, ob sie zu der zugehörigen Prozessinstanz der Hauptprozessebene die passende Granularität besitzt. Was bedeutet, dass jede Aktivität der beschriebenen Unterprozessinstanz direkt einen Teilarbeitsschritt zur Bearbeitung der übergeordneten Hauptprozessinstanz leistet. Darüber hinausgehende Detaillierungen der Aktivitäten sind nicht zulässig.

Betrachten wir exemplarisch den in Abbildung 5.8 dargestellten Prozess „Wareneingangskontrolle". Eine Instanz der Hauptprozessebene ist **ein** Wareneingang. Das bedeutet die Anlieferung von Ware unter einer Bestellung, meistens klar identifizierbar durch eine Bestell- oder Liefernummer. Die zur Bearbeitung einer solchen Prozessinstanz erforderlichen Aktivitäten „Lieferung prüfen", „Lieferungspositionen prüfen", „Wareneingang buchen" und „QS Prüfung durchführen" wurden im Rahmen eines Brainstormings ermittelt. Abbildung 5.8 zeigt den zeitlich logischen Zusammenhang der Aktivitäten der 4. und 5. Instanzgranularität.

Wichtig ist, darauf zu achten, dass sich jede beschriebene Aktivität immer auf die Instanz des übergeordneten Prozesses oder der übergeordneten Aktivität bezieht – im Fall unseres Beispiels: der *Wareneingangskontrolle* an der eingegangenen Gesamtlieferung.

An dieser Stelle dürfen Sie keine Beschreibungen in den Prozessfluss aufnehmen, die sich nur auf einzelne Bestandteile der übergeordneten Prozessinstanz beziehen. Es wäre demnach falsch, eine Aktivität „Lieferposition zurücksenden" bei einer nicht der Bestellung entsprechenden Lieferung in den Prozessfluss der betrachteten Ebene 4 aufzunehmen, da sich diese nur auf einen Teil der Wareneingangskontrolle einer Gesamtlieferung beziehen würde.

Diese feine Unterscheidung mag auf den ersten Blick akademisch wirken. Da bei der Modellierung von Prozessen aber die Semantik eines Ablaufes so genau wie möglich beschrieben werden muss, sind Sie an dieser Stelle gefragt, sehr präzise zu arbeiten und Ihre Modellierung immer wieder kritisch zu hinterfragen.

Bei der Modellierung der Detailprozessinstanz-Ebene verfahren Sie analog. Achten Sie darauf, diese Ebene nur optional zu verwenden, wenn Sie feststellen, dass Sie zur eindeutigen Beschreibung der fachlichen Hintergründe eine weitere Detaillierung benötigen.

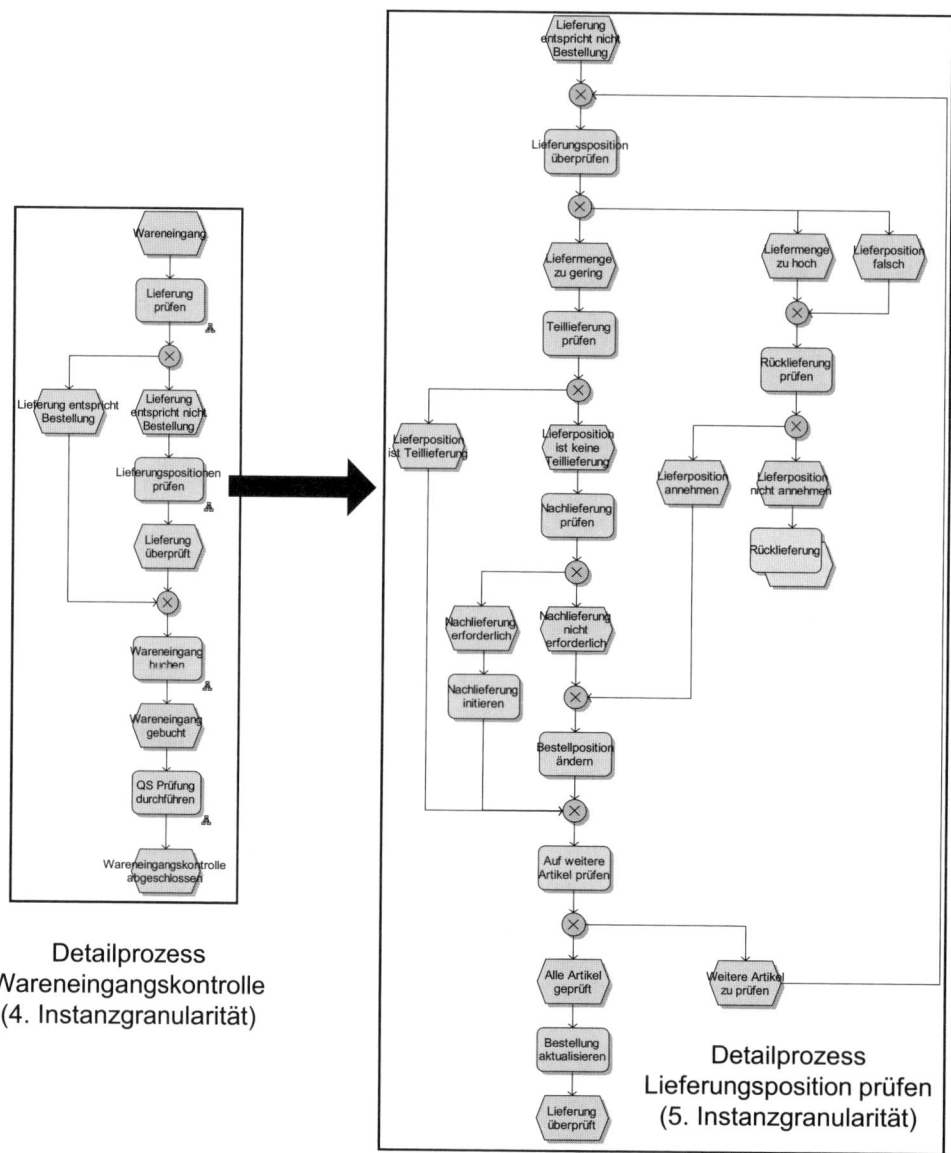

Detailprozess
Wareneingangskontrolle
(4. Instanzgranularität)

Detailprozess
Lieferungsposition prüfen
(5. Instanzgranularität)

Abbildung 5.8 Ereignisgesteuerte Prozesskette der 4. und 5 Instanzgranularität (ereignisgesteuerte Prozesskette)

Tabelle 5.6 Inhalt und Abgrenzung der Detailprozessebenen (4. und 5. Instanzgranularität)

Benennung der 4. und 5. Instanzgranularität	Name des übergeordneten Unterprozesses. Die Benennung sollte als substantiviertes Verb erfolgen.	
Inhalt	Beschreibung der fachlichen Aktivitäten, die innerhalb des Unterprozesses anfallen.	
Genutzte Objekttypen	Aktivitätsobjekt	Das Aktivitätsobjekt beschreibt dynamische Vorgänge im Detail.
	Beziehungsobjekt zwischen den Aktivitätsobjekten	Das Beziehungsobjekt beschreibt die Beziehung zwischen den Aktivitätsobjekten. Die Beziehungen stellen eine Vorgänger-Nachfolger-Beziehung dar.
Abgrenzung/Granularität der auf den Diagrammen ausgeprägten Objekte	<ul><li>Alle Aktivitäten auf den erstellten Diagrammen müssen zur vollständigen Bearbeitung des übergeordneten Unterprozesses erforderlich sein.</li><li>Die modellierten Aktivitäten beziehen sich direkt auf die ihnen übergeordnete Prozessinstanz.</li><li>Maximal 20–40 Aktivitäten pro Unterprozess</li></ul>	

5.2.5 Die statischen Objektbibliotheken des Grundmodells

5.2.5.1 Erstellung der Organisationsbibliothek

Ziel der Organisationsbibliothek ist es, alle für die Modellerstellung relevanten organisatorischen Objekte in strukturierter Form zu erfassen. Wir verstehen darunter das hierarchische Gerüst einer Organisation. Es beschreibt im Wesentlichen die Über- und Unterstellungsstrukturen innerhalb der betrachteten Organisation. Abbildung 5.9 zeigt die empfohlene Struktur zum Aufbau des Organisationsmodellbereichs.

Ausgangspunkt zur Modellierung der Aufbauorganisation ist ein zentrales Objekt, welches die betrachtete Organisation als Ganzes darstellt. In Abbildung 5.9 finden Sie diesen Ausgangspunkt in der linken oberen Matrixecke, bezeichnet als „Unternehmen/Geschäftsbereich". Betrachten Sie dieses zentrale Objekt als den Ausgangspunkt Ihres gesamten Organigramms, z.B. Ihr Unternehmen.

Auf der y-Achse wird die vertikale Dekomposition der Organisationsstruktur, ausgehend von dem zentralen Objekt, abgebildet. Sie orientiert sich an der bereits vorgestellten Aufteilung der ersten drei Instanzgranularitäten der Prozesssicht. Dies bedeutet: Zu jedem identifizierten Kernprozess bestimmen Sie eine Organisationseinheit. Sie erhalten dadurch immer genauso viele Organisationseinheiten auf der 1. Instanzgranularität, wie Kernprozesse identifiziert wurden. Analog verfahren Sie mit den Hauptprozessen der 2. Instanzgranularität.

Die Ebene der 3. Instanzgranularität wird bei der disziplinarischen Organisationsmodellierung optional betrachtet. Dies bedeutet, dass eine Detaillierung der Organisationsstruktur in dieser Ebene nicht zwingend erforderlich ist. Stellen Sie sich die Frage, ob die weitere Unterteilung der Organisationsstruktur auf der Ebene der Unterprozesse für Ihr Modellierungsziel sinnvoll und notwendig ist.

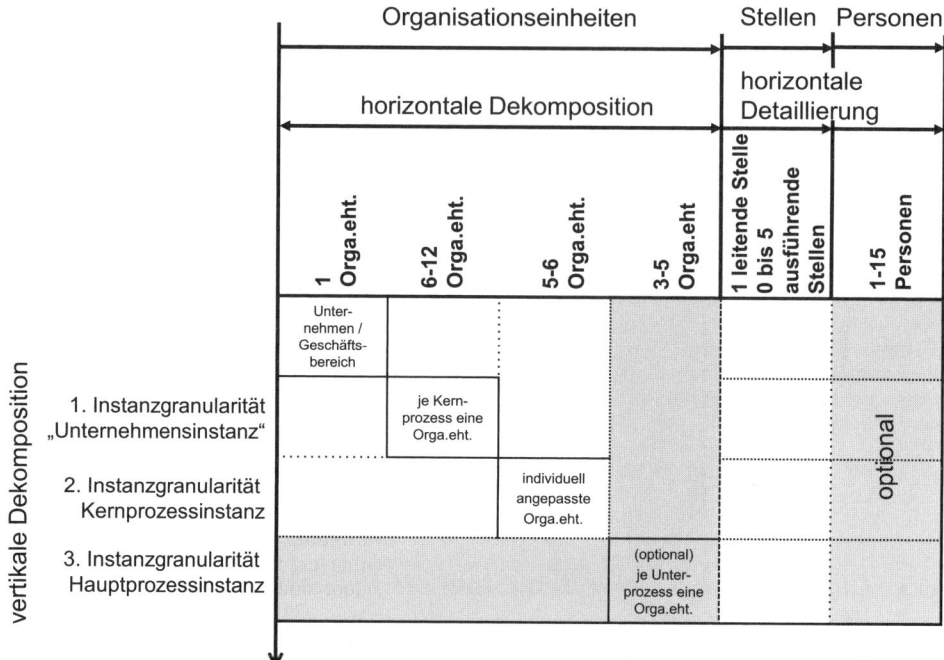

Abbildung 5.9 Horizontale und vertikale Gliederung eines Organisationsmodells

Auf der x-Achse haben wir, korrespondierend zu der empfohlenen Anzahl von Kern-, Haupt- und Unterprozessen, die mögliche Anzahl an Organisationseinheiten angegeben, die auf jeder Ebene definiert werden sollten.

Die Empfehlung zur Anzahl der Organisationseinheiten wird ergänzt durch einen Vorschlag zu den maximal zuzuordnenden Stellen und Personen je Organisationseinheit. Erfahrungen haben gezeigt, dass pro Organisationseinheit 1 bis 5 Stellen zugeordnet werden sollten, die jeweils mit maximal 15 Personen besetzt werden können. Organisationsmodelle, die diesem Mengengerüst folgen, haben sich als sehr stabil erwiesen.

Betrachten wir zur Verdeutlichung unser Beispielunternehmen, zu dem bereits die Kern-, Haupt- und Unterprozesse definiert wurden. Abbildung 5.10 zeigt die direkte Übertragung der Prozessstruktur auf die Organisationseinheiten der 1. bis 3. Instanzgranularität am Beispiel des Wareneingangsprozesses.

Zu jedem Kern-, Haupt- und Unterprozess wurde eine Organisationseinheit mit gleichem Namen definiert. Für die 1. Instanzgranularität entsteht auf diesem Weg eine sinnvolle und stimmige Struktur. Bei der zweiten Instanzgranularität, der Detaillierung der Organisationseinheit „Beschaffung", ist das Bild weniger einheitlich. Die Bereiche Materiallogistik und Wareneingang sind direkt als Organisationseinheiten zu erkennen. Schwieriger verhält es sich bei den Organisationseinheiten Rechnungsprüfung, Materialbestellung und Lieferantenauswahl. Hier bietet es sich an, diese drei Bereiche zusammenzufassen zu einer Organisationseinheit „Material- und Bestellverwaltung".

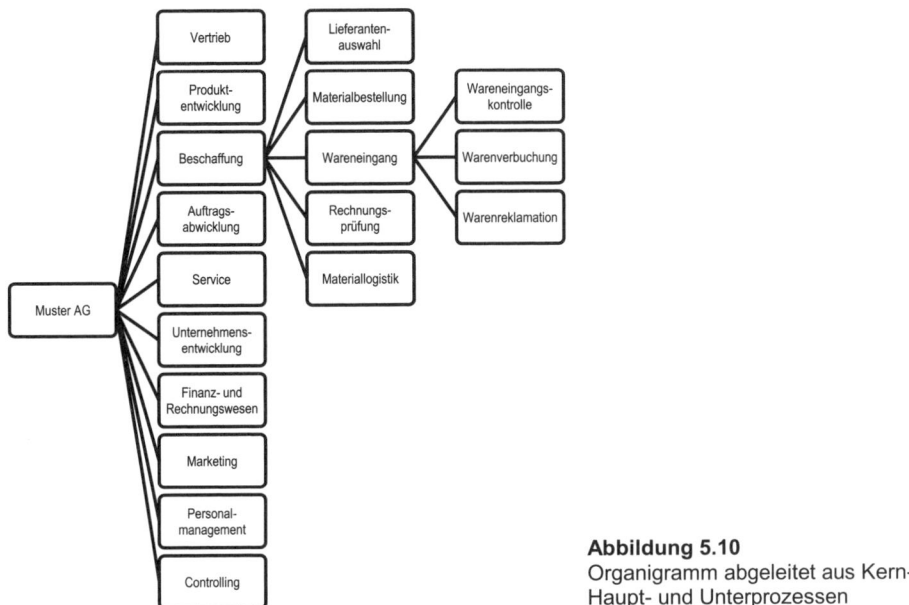

Abbildung 5.10
Organigramm abgeleitet aus Kern-,
Haupt- und Unterprozessen

Weiterhin ist die Unterteilung der Organisationseinheit „Wareneingang" in Warenein-gangskontrolle, Warenverbuchung und Warenreklamation nicht sinnvoll, da sie eine zu feine Strukturierung und unnötige Abteilungsbildung verursachen würde.

Eine Überarbeitung führt zu der in Abbildung 5.11 dargestellten angepassten Struktur der Organisationseinheiten unseres Musterunternehmens.

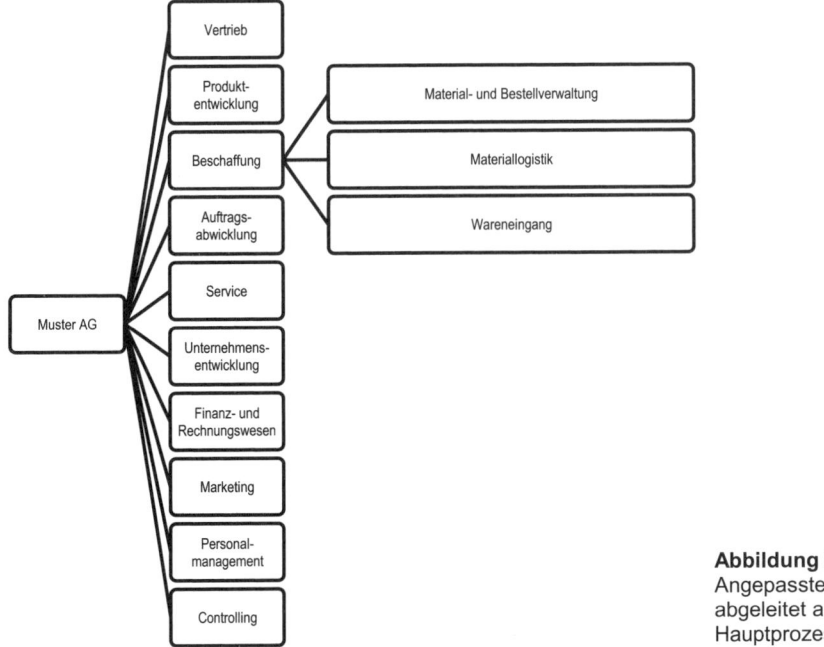

Abbildung 5.11
Angepasstes Organigramm,
abgeleitet aus Kern- und
Hauptprozessen

Nachdem Sie die Organisationseinheiten bestimmt haben, ist die Dekomposition der Organisationsbibliothek abgeschlossen. Sie können jetzt eine Ergänzung um Stellen und Personen hinzufügen, die jedoch keine weitere Dekomposition, sondern lediglich eine Detaillierung darstellt.

Ordnen Sie jeder Organisationseinheit eine leitende Stelle zu. Die Anzahl ausführender Stellen je Organisationseinheit kann, wie in Abbildung 5.9 gezeigt, zwischen 1 und 5 variieren. Jeder Stelle können Personen zugeordnet werden, welche diese besetzten. Dieser letzte Schritt ist nicht immer möglich, da es ggf. rechtliche Einschränkungen bei der Modellierung personenbezogener Daten innerhalb eines integrierten Gesamtmodells geben kann. Beachten Sie an diesem Punkt bitte die individuelle Situation in Ihrem Unternehmen.

Abbildung 5.12 zeigt für unser Beispiel „Wareneingang" ein erstelltes Organigramm.

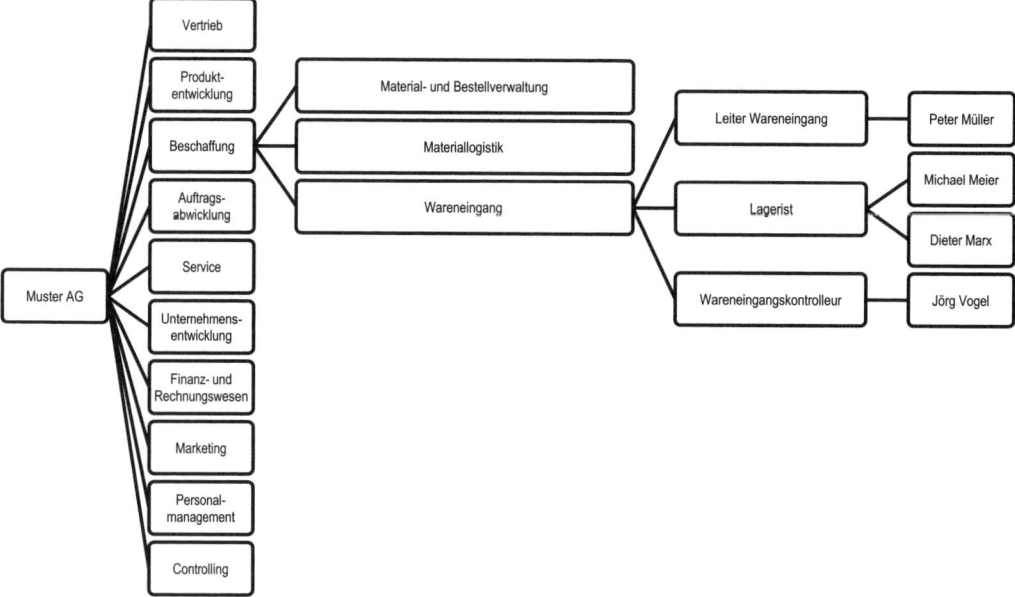

Abbildung 5.12 Angepasstes Organigramm inklusive Stellen und Personen

Sie erkennen an diesem Beispiel, dass eine prozessorientierte Darstellung sehr gut als Ausgangspunkt für die Gestaltung der Aufbauorganisation einer Organisation genutzt werden kann. Voraussetzung ist aber immer, dass die entstehende Organisationsstruktur kritisch hinterfragt und an praktischen Kriterien ausgerichtet wird.

Wie bei der Prozessstruktur existiert im Bereich der Organisationsmodellierung keine allgemeinverbindliche Vorgabe, die jedes bestehende Modellierungsproblem eindeutig löst. Die hier vorgestellte Vorgehensweise liefert eine einfache und praktische Vorgehensweise, um individuelle Projekte zu strukturieren.

Tabelle 5.7 Inhalt und Abgrenzung der Organisationsbibliothek

Benennung der Organisationsbibliothek	Name des Unternehmens inklusive der Rechtsform. Sollte ein Diagramm zur Abbildung der Organisationsbibliothek nicht ausreichen, so werden die benötigten Unterdiagramme nach der Organisationseinheit benannt, die als Ausgangspunkt des zusätzlichen Diagramms gewählt wurde.	
Inhalt	Beschreibung der Organisationsstruktur der betrachteten Organisation bzw. eines ausgewählten Teilbereiches. Die Bibliothek dient als zentraler Platz zur Dokumentation aller organisatorischen Inhalte.	
Genutzte Objekttypen	Organisationseinheit	Innerhalb einer Organisationseinheit werden fachlich zusammenhängende Stellen und Personen zusammengefasst. Eine Organisationseinheit folgt dabei bestimmten Ordnungskriterien. In unserem Fall orientiert sie sich an der vorgegebenen Prozessstruktur.
	Stelle	Eine Stelle ist die kleinste organisatorisch sinnvolle Einheit innerhalb einer Organisation.
	Personen	Real existierende Mitarbeiter, die einer Stelle zugeordnet sind.
	Beziehung zwischen Organisationseinheit, Stelle und Person	Eine Organisationseinheit wird durch die Zusammenfassung einer leitenden und einer variablen Anzahl ausführender Stellen gebildet. Jede Stelle wird mit mindestens einem Mitarbeiter besetzt.
Abgrenzung/Granularität der auf den Diagrammen ausgeprägten Objekte	Ordnen Sie jedem Kernprozess der Prozesslandkarte eine Organisationseinheit zu. Verfahren Sie analog mit den Hauptprozessen der 2. Instanzgranularität, und prüfen danach kritisch die entstehenden Organisationseinheiten. Fassen Sie die entstandenen Organisationseinheiten – wo sinnvoll – zusammen. Verfahren Sie analog mit den Unterprozessen der 3. Instanzgranularität. Prüfen Sie besonders, ob die ermittelten Organisationseinheiten benötigt werden. Im Zweifel verzichten Sie komplett auf die Bildung von Organisationseinheiten in dieser Granularität. Ordnen Sie jeder Organisationseinheit eine leitende Stelle und ggf. untergeordnete Stellen zu. Wenn Sie keine Organisationseinheiten auf der 3. Instanzgranularität erstellt haben, können die Unterprozesse dieser Ebene zur Identifizierung der erforderlichen Stellen dienen. Ordnen Sie bei Bedarf jeder Stelle einen oder mehrere Personen zu.	

Abbildung 5.13 zeigt die Modellierung des Organigramms innerhalb der Oracle BPA Suite. Wir empfehlen, für jede Hierarchieebene ein separates Diagramm zu erstellen. Die horizontale Detaillierung der Stellen und ggf. Personen erfolgt auf der letzten betrachteten Hierarchieebene. Außerdem können Sie erkennen, dass geographische Informationen ebenfalls in den Organigrammen der Oracle BPA Suite enthalten sein können.

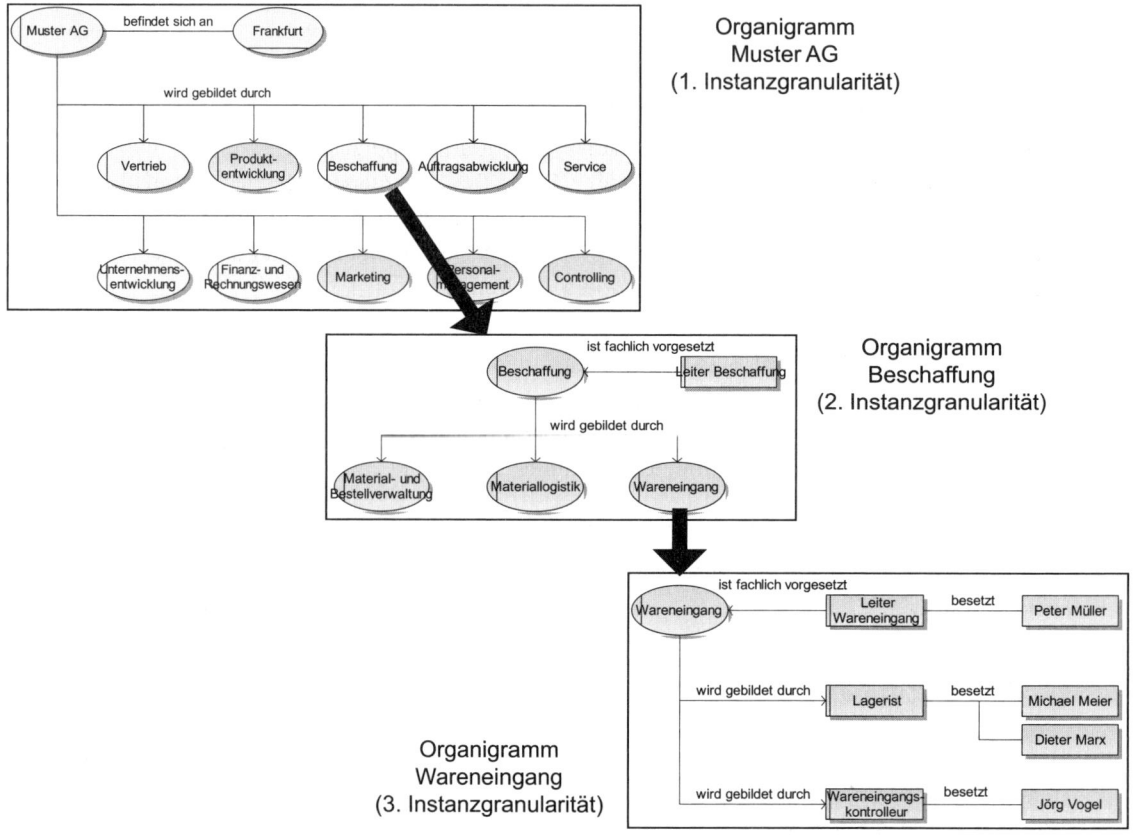

Abbildung 5.13 Organisationsmodellierung in der Oracle BPA Suite (Organigramm)

5.2.5.2 Erstellung der Geschäftsobjektbibliothek

Unter einem Geschäftsobjekt verstehen wir jede Form von Eingangs- und Ausgangsobjekten eines Prozessschritts. Geschäftsobjekte werden von wertschöpfenden Aktivitäten verbraucht, bearbeitet oder erzeugt. Ziel der Geschäftsobjektbibliothek ist es, alle Eingangs- und Ausgangsobjekte im Bereich der IT-neutralen Modellierung zentral zu erfassen. Dabei unterscheiden wir nicht zwischen physischen Objekten (wie zum Beispiel Material) oder nicht physischen Objekten (wie zum Beispiel Informationen).

Im Rahmen der Modellierung der ersten drei Ebenen wurden zu den Kern-, Haupt- und Unterprozessen die sie verbindenden Geschäftsobjekte identifiziert. Die Geschäftsobjekte der ersten drei Modellierungsebenen müssen dabei keine hierarchische Struktur bilden. Vermeiden Sie, die Geschäftsobjekte auf den ersten drei Ebenen bereits nach hierarchischen Kriterien oder ihrer physischen Ausprägung in der realen Welt auszurichten. Es ist durchaus erwünscht, auf den ersten drei Modellierungsebenen eine Mischung aus Objekten zu haben, die entweder physikalische Ressourcen oder Informations-Ressourcen beschreiben. Die Ebenen 1 bis 3 dienen ausschließlich der groben Strukturierung Ihres Modells. Es wäre falsch, bereits an dieser Stelle zu versuchen, eine genaue Trennung der statischen Inhalte herbeizuführen. Betrachten wir dazu nochmals das Beispiel der Wareneingangskontrolle. Diese erzeugt sowohl das Geschäftsobjekt „Wareneingangsprotokoll" und bearbeitet das Geschäftsobjekt „Material". Wenn wir davon ausgehen, dass das Wareneingangsprotokoll als physisches Objekt, zum Beispiel als Papierausdruck, vorliegt, könnte man es sowohl der Kategorie physikalische Ressource, bei ausschließlicher Betrachtung des Informationsinhaltes aber auch in die Kategorie „informationstechnologische Ressource" einordnen. Im Gegensatz dazu werden Sie sicher das Geschäftsobjekt „Material" eindeutig dem Bereich „physikalische Ressource" zuordnen.

Abbildung 5.14 zeigt den Gliederungsvorschlag zur Strukturierung von Informationsobjekten innerhalb des IT-neutralen Teils des integrierten Modells. Ausgehend von der empfohlenen Anzahl an Geschäftsobjekten je Kern-, Haupt- und Unterprozess ergibt sich die theoretische Anzahl von 1476 Geschäftsobjekten innerhalb der IT-neutralen Modellierung. Diese Zahl basiert auf der Multiplikation der empfohlenen maximalen Anzahl an Kern-, Haupt-

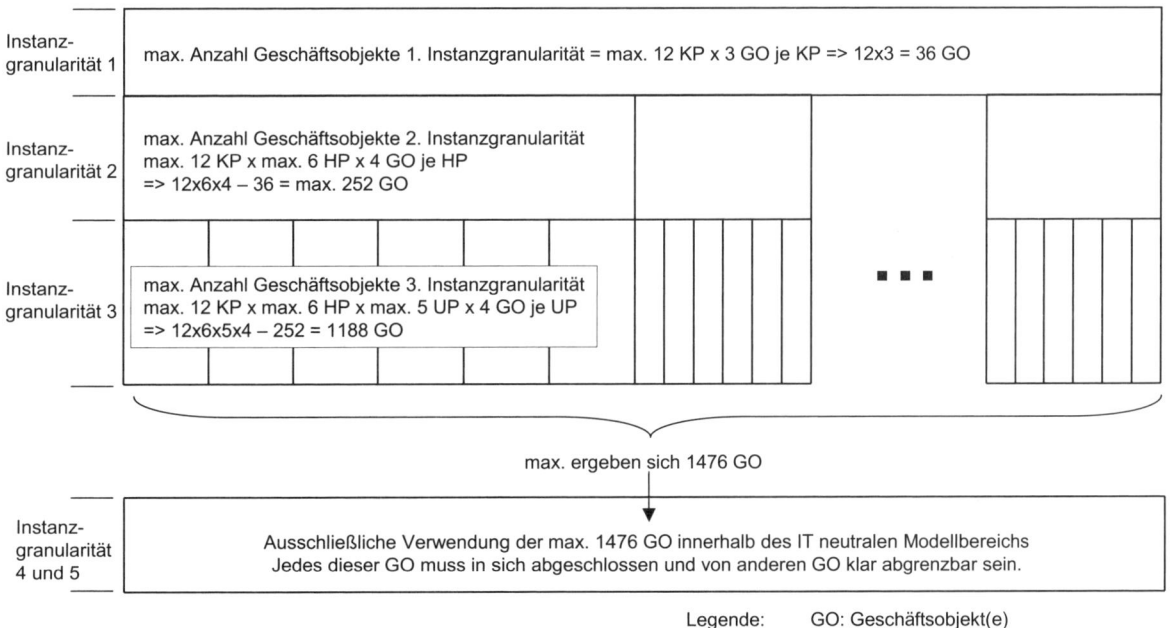

Abbildung 5.14 Aufbau der Geschäftsobjektbibliothek im IT-neutralen Modellteil

Haupt- und Unterprozessen mit der auf den betrachteten Ebenen maximalen Anzahl an Geschäftsobjekten und anschließender Addition. Auch wenn die Anzahl der Geschäftsobjekte pro Kern-, Haupt- und Unterprozess gering erscheint, die maximal mögliche Anzahl von mehr als 1400 Geschäftsobjekten reicht in der Regel aus, um eine IT-neutrale fachliche Modellierung vollständig aufzubauen.

Bei der Erstellung des Grundmodells legen Sie die Geschäftsobjekte bitte ohne Beziehung zueinander in der Oracle BPA Suite in einem Diagramm ab.

> Eigentlich wäre es ausreichend, die Geschäftsobjekte ausschließlich im Repository zu definieren, ohne sie graphisch auf Diagrammen auszuprägen. Bei der Durchführung einer Datenbankreorganisation innerhalb der Oracle BPA Suite würden diese Objekte aber verloren gehen, weshalb grundsätzlich eine graphische Ausprägung jedes Objektes sinnvoll ist.

Legen Sie aus diesem Grund im Rahmen der Erstellung des Grundmodells ein Containerdiagramm für die Geschäftsobjekte an. Die Bezeichnung „Containerdiagramm" verwenden wir für Diagramme, die lediglich zur Sicherung der Objekte gegen Datenverlust bei einer Reorganisation benötigt werden. Es empfiehlt sich, die Objekte zur besseren Übersicht innerhalb dieses Diagramms alphabetisch zu sortieren. Diese Funktion kann schnell mit Hilfe eines Reports automatisiert werden. Abbildung 5.15 zeigt ein solches Containerdiagramm für Geschäftsobjekte.

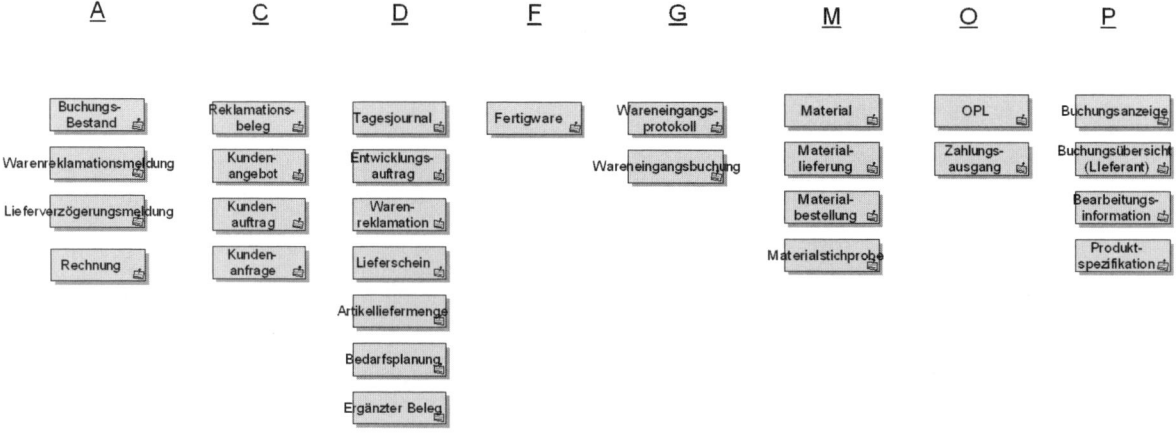

Abbildung 5.15 Geschäftsobjektmodellierung mit Hilfe eines Containerdiagramms (Fachbegriffsdiagramm)

5.2.5.3 Erstellung der Anwendungssystembibliothek

Die Modellierung der Anwendungssystembibliothek erfolgt je nach dem Informationsbedürfnis im Unternehmen heterogen. Sie kann ausgehend von der reinen Beschreibung vorhandener Anwendungssystemtypen bis hin zu einer detaillierten Aufgliederung der

Systemmodule und Masken erfolgen. Grundsätzlich empfehlen wir, in diesem Modellbereich nur Anwendungssysteme und deren Bestandteile aufzunehmen, die in einem direkten Zusammenhang mit dem Endbenutzer stehen. Dies bedeutet: es sollten hier nur für die betriebliche Wertschöpfung[2] oder deren Unterstützung relevante Anwendungssysteme aufgeführt werden. Hierzu zählen wir unter anderem PPS und Buchhaltungssysteme.

Abbildung 5.16 zeigt eine mögliche Unterteilung Ihrer Anwendungssystemlandschaft.

Anwendungssysteme									
Administrative und Operative Systeme						Management-Systeme			
Querschnitts-systeme		Domainspezifische Systeme		Zwischen-betriebliche Systeme		Führungs-Informations-Systeme		Planungs-systeme	
Anwendungs-system-Typ	Anw.-System,	Anwendungs-system-Typ	Anw.-System	Anwendungs-system-Typ	Anw.-System	Anwendungs-system-Typ	Anw.-System	Anwendungs-system-Typ	Anw.-System
Modul-Typ	Modul	Modul-Typ	Modul	Modul-Typ	Modul	Modul-Typ	Modul	Modul-Typ	Modul
Maske-Typ	Maske	Maske-Typ	Maske	Maske-Typ	Maske	Maske-Typ	Maske	Maske-Typ	Maske

Abbildung 5.16 Vorschlag zur Unterteilung der Anwendungssystemlandschaft

Wir unterscheiden dabei zunächst administrative und operative Systeme von den Management-Systemen. Stehen die Ersteren in einer direkten Beziehung zu den wertschöpfenden Prozessen und den zur Aufrechterhaltung des operativen Betriebs erforderlichen sekundären Prozessen, so dienen die Management-Systeme der Planung und Führungsinformation. Die Beschreibung eines Systems innerhalb Ihres Modells kann darüber hinaus entweder typisiert oder als Instanz erfolgen. Typisiert bedeutet, dass Sie nur die abstrakten Einheiten eines Systems beschreiben. Zum Beispiel das Vorhandensein von Oracle Applications als ERP-System, ohne auf eventuell vorhandene Mandanten des Systems einzugehen. Die Instanzmodellierung geht über die abstrakte Beschreibung hinaus und identifiziert jedes vorhandene Oracle Applications-System mit Lizenznummer. Sie können sich vorstellen, dass je nach betrachtetem System die instanzbasierte Modellierung zu einer großen Anzahl modellierter Artefakte führen kann. Dies ist unter anderem der Fall, wenn Sie beispielsweise versuchen, lokale Client-Installationen von Anwendungssystemen auf Instanzbasis zu modellieren. Wägen Sie aus diesem Grund immer kritisch ab, ob das angestrebte Modellierungsziel diese Detaillierung erfordert.

---

[2] Je nachdem, mit wem Sie in einem Unternehmen sprechen, werden zu den Anwendungssystemen auch Softwareprodukte gerechnet, die nur indirekt an der betrieblichen Wertschöpfung beteiligt sind. Dies sind zum Beispiel Datenbanken und Middleware, die zwar zum Betrieb der mit wertschöpfenden Prozessen des Unternehmens verbundenen Anwendungssysteme erforderlich sind, aber keine direkte Verbindung zu den (fachlichen) wertschöpfenden Prozessen haben. Diese ordnen wir dem Bereich der Infrastrukturbibliothek zu.

Darüber hinaus können Sie die Modellierung um Inhalte zu Modulen (Komponenten) der Anwendungssysteme und Masken erweitern. Beide Erweiterungen können ebenfalls typisiert oder als Instanz erfolgen.

Tabelle 5.8 Inhalt und Abgrenzung der Anwendungssystembibliothek

Benennung der Anwendungssystem- bibliothek	Name des Anwendungssystems im Unternehmen	
Inhalt	Innerhalb der Anwendungssystembibliothek werden die (relevanten) Anwendungssysteme des betrachteten Unternehmens/Unternehmensbereichs beschrieben. Dazu wird zu jedem Anwendungssystem eine eigene Unterbibliothek angelegt.	
Genutzte Objekttypen	Anwendungssystemtyp	Ein Anwendungssystemtyp beschreibt ein abstraktes Anwendungs- system, das zur betrieblichen Wertschöpfung eingesetzt wird.
	Anwendungssystem (optional)	Ein Anwendungssystem ist eine konkrete Ausprägung eines Anwen- dungssystemtyps. In der Regel kann ein Anwendungssystem eindeutig (zum Beispiel mit Hilfe einer Lizenznummer) identifiziert werden.
	Modultyp	Ein Modultyp ist ein abstrakter Bestandteil eines Anwendungssystem- typs. Die Modellierung eines Modultyps erfordert immer das Vorhan- densein eines übergeordneten Anwendungssystems und von mindes- tens zwei voneinander unabhängigen, dem Anwendungssystemtyp untergeordneten Modultypen.
	Modul (optional)	Ein Modul ist die konkrete Ausprägung eines Modultyps. In der Regel kann ein Modul eindeutig identifiziert werden.
	Maskentyp	Ein Maskentyp beschreibt eine abstrakte Maske eines Anwendungs- system- oder Modultyps.
	Maske (optional)	Eine Maske beschreibt die konkrete Ausprägung einer Maske eines Anwendungssystems oder Moduls.
Abgrenzung/Granularität der auf den Diagrammen ausgeprägten Objekte	Erzeugen Sie für jedes Anwendungssystem ein eigenes Bibliotheksdiagramm. Legen Sie fest, ob Sie die Anwendungssysteme auf Typ- oder Instanzebene beschreiben wollen. Die Typenebene empfiehlt sich immer dann, wenn Sie viele gleichartige Anwendungssysteme betrachten. Dadurch verringert sich Ihr Modellierungsaufwand. In den meisten Fällen ist eine Modellierung auf Typenebene ausreichend. Modellieren Sie entsprechend Ihrer Wahl die typisierten oder instanziierten Unterstrukturen (Modultypen oder Module und Maskentypen oder Masken).	

Die Modellierung der Anwendungssystemlandschaft innerhalb der Oracle BPA Suite erfolgt im Grundmodell unter Verwendung der beiden Diagrammtypen Anwendungssystemtypen- und Zugriffsdiagramm.

Das Anwendungssystemtypendiagramm enthält Informationen zu der ggf. vorhandenen Modulstruktur und den verfügbaren Masken des betrachteten Systems. Legen Sie für jedes Anwendungssystem ein eigenes Diagramm an. Abbildung 5.17 zeigt ein vereinfachtes Anwendungssystemtypendiagramm zur Beschreibung des Einkaufssystems „Procurement XT".

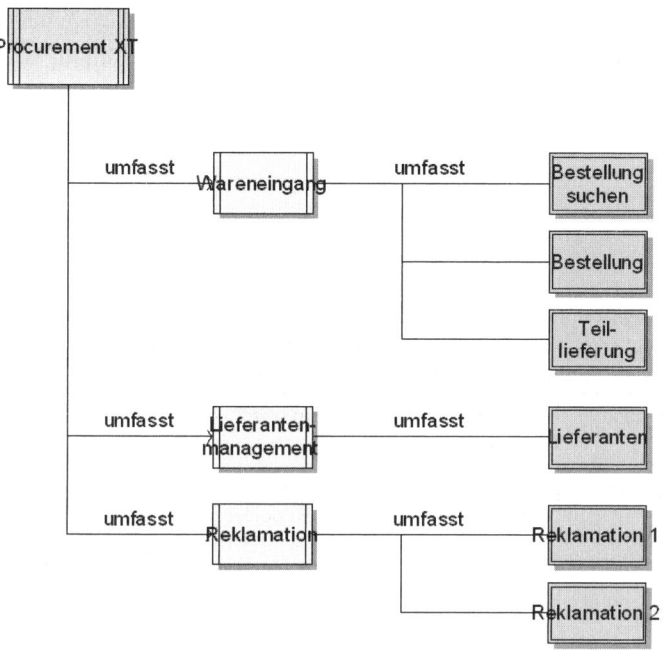

Abbildung 5.17
Modellierung eines
Anwendungssystems
(Anwendungssystem-
typendiagramm)

Zusätzlich zur Modellierung der Module und Masken eines Anwendungssystems können im Rahmen der Erstellung der Anwendungssystembibliothek noch die technischen Beziehungen eines Anwendungssystems modelliert werden. Die Oracle BPA Suite bietet aufgrund des geschlossenen Metamodells keine Möglichkeit, umfangreiche Erweiterungen hinsichtlich der Infrastrukturmodellierung vorzunehmen. Abbildung 5.18 zeigt eine exemplarische Modellierung der Hardware-, Betriebssystem- und Datenbankbasis des Anwendungssystems „Procurement XT". Außerdem ermöglicht diese Form der Modellierung die Verbindung mit Objekten der Organisationsmodellierung, so dass organisatorische Verantwortlichkeiten für System und Hardware ebenfalls dargestellt werden können.

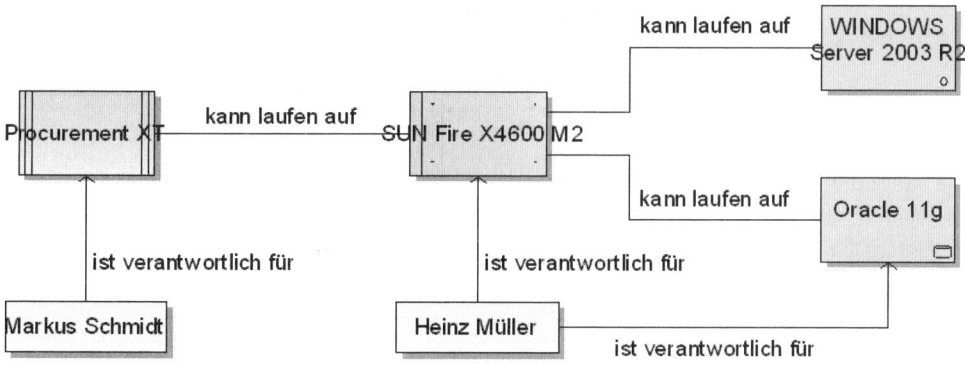

Abbildung 5.18 Modellierung der Hardware-, Betriebssystem- und Datenbankbasis (Zugriffsdiagramm)

Beachten Sie, dass die Objekte der Hardware-, Betriebssystem- und Datenbankbasis innerhalb der Infrastrukturbibliothek definiert und ebenfalls auf einem Containerdiagramm ausgeprägt werden sollten.

5.2.5.4 Erstellung der Infrastrukturbibliothek

Die Beschreibung der theoretischen Möglichkeiten zur Modellierung der Infrastruktur könnte ein ganzes Buch füllen. Grund dafür ist die extreme Heterogenität der unter dem Begriff „Infrastruktur" zusammengefassten Inhalte. Diese reichen von IT-Infrastruktur mit den Bestandteilen Software-Infrastruktur – z.B. Datenbanken, Middleware, Security etc. – Hardwareinfrastruktur – z.B. Hardwareserver, Storage-Lösungen, Netzwerke etc. – bis zu den Betriebsmitteln, Maschinen und Anlagen, die man im Rahmen der wertschöpfenden Tätigkeit des Unternehmens benötigt.

Selbstverständlich können Sie basierend auf Ihrem individuellen Metamodell-Entwurf viele dieser Strukturen erfassen und modellieren. Wir betrachten bei unserem Vorschlag zur Strukturierung der Infrastrukturbibliothek exemplarisch nur die IT-Infrastrukturinhalte:

- Server (Hardware und virtualisierte Server) und

- Datenbanken

- Das geschlossene Metamodell der Oracle BPA Suite ermöglicht nur eine eingeschränkte Modellierung der IT-Infrastruktur, die für die überblicksartige Darstellung innerhalb des integrierten EA-BPM-SOA-Modells jedoch ausreichend ist.

> Die Erstellung einer Infrastrukturbibliothek kann sehr umfangreich werden. Wir beschränken uns in unserem Ansatz auf die für das integrierte EA-BPM-SOA-Modell erforderliche minimale Struktur. Selbstverständlich können Sie die von uns vorgeschlagene Auswahl bei Bedarf ergänzen, um einen breiteren Bereich der Infrastrukturbeschreibung abzudecken.

Server (Hardware und virtualisierte Server)

Die Modellierung der Serverhardware und gegebenenfalls virtueller Server wird benötigt, um im integrierten Modell darzustellen, welche Hardwareplattformen zum Betrieb der IT-Anwendungen erforderlich ist. Legen Sie die Objekte zur Beschreibung der Serverinfrastruktur analog zur Modellierung der Geschäftsobjekte in einem Containerdiagramm vergleichbar der Abbildung 5.19 ab.

Zur eindeutigen Kennzeichnung der Serverhardware ist es alternativ zur Angabe der Servernamen (in unserem Beispiel Rechner 1...n) auch möglich, deren IP-Adressen anzugeben.

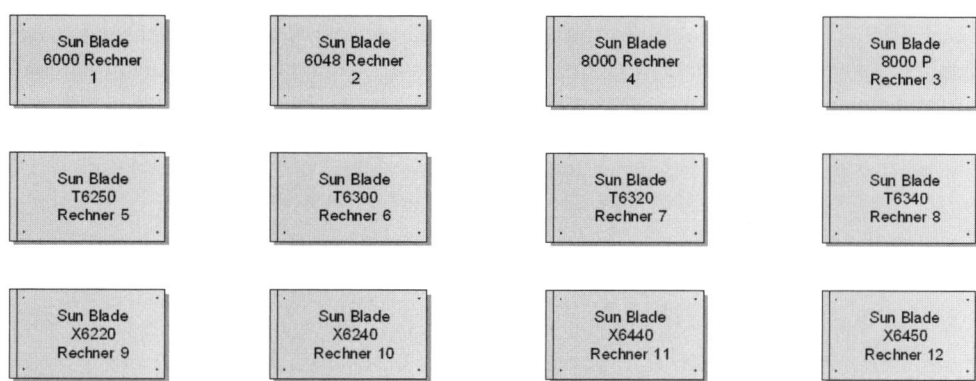

Abbildung 5.19 Servermodellierung mit Hilfe eines Containerdiagramms (Beispiel)

Datenbanken

Datenbanken stellen im Kontext des integrierten Modells eine besondere Komponente dar. Sie dienen als Quellen und Senken für digital verarbeitete Informationen. Im Rahmen eines integrierten EA-BPM-SOA-Modells sind Datenbanksysteme ein wichtiger Bestandteil. Damit digitalisierte Prozesse tatsächlich das von ihnen erwartete Ergebnis erzeugen, ist die Verfügbarkeit, Vollständigkeit und Richtigkeit der Daten von besonderer Bedeutung. Besonders im fachlichen SOA-Teil des integrierten Gesamtmodells werden Informationen über die von Services verarbeiteten Daten benötigt. Deren Quellen und Senken innerhalb der betrachteten Organisation zu kennen, ist aus diesem Grund besonders relevant. Modellieren Sie die verfügbaren Datenbanken bei der Erstellung des Grundmodells ebenfalls in einem Containerdiagramm. Auch die Datenbanken innerhalb Ihres integrierten Modells können Sie selbstverständlich eindeutig mit ihrem Namen benennen und so klar identifizieren.

5.2.6 Aufbau der Grundstruktur eines integrierten Modells in der Oracle BPA Suite

Um die Inhalte des integrierten Modells in der Oracle BPA Suite geordnet abzulegen, benötigen Sie eine Ordnerstruktur. Möglich wäre die Strukturierung der Inhalte nach der Prozess-, Organisations-, Daten-, Anwendungs- und Infrastruktur-Architektur oder nach den Hauptmodellbereichen EA, BPM und SOA. Beide Strukturierungen halten wir nicht für empfehlenswert.

Die Strukturierungen nach den Architekturebenen würden dazu führen, dass Inhalte unterschiedlicher Detaillierung innerhalb eines Modellbereiches abgebildet werden müssten. Zum Beispiel würden im Bereich der Prozessarchitektur fachliche und automatisierungsrelevante Inhalte zusammen erfasst werden.

Die Gruppierung nach den Hauptmodellbereichen EA, BPM und SOA würde dazu führen, dass eine Zuordnung von Artefakten zum EA,BPM- oder SOA-Modellteil erforderlich wäre. Wie wir bereits erläutert haben, ist diese aufgrund der hohen Überdeckungen der Bereiche nicht leicht vorzunehmen, wodurch ein großer Interpretationsspielraum bei der Modellierung entstehen würde.

> Die Strukturierung des Modells nach dem Grad der Beziehung der Inhalte zur Informationstechnologie führt zu den besten Modellierungsergebnissen.
>
> Wir empfehlen aus diesem Grund die Unterteilung des Repositorys in die Hauptbereiche
>
> - Fachliche Inhalte
> - Fachliche IT-Inhalte und
> - Informationstechnische Inhalte

Ein weiterer Grund für die Wahl dieser Gliederung ist das Rechtekonzept der Oracle BPA Suite. Durch die Unterteilung in Fachliche, Fachliche IT- und Informationstechnische Inhalte kann der Zugriff auf die jeweiligen Inhalte genau mit Berechtigungen belegt werden. Beispielsweise können Prozessmodellierer durch diese Teilung lesend auf Objekte der Anwendungs- und Infrastrukturmodellierung zugreifen, diese jedoch nicht verändern. Neben der erforderlichen aufgeräumten Ablage Ihrer Modellinhalte ergeben sich erste Governance-Strukturen Ihrer Modellierung.

Wir erstellen zunächst die Ordnerstruktur, wobei bereits jetzt einige Ordner angelegt werden, die erst im weiteren Verlauf der Modellierung benötigt werden. Bisher nicht beschriebene Inhalte werden wir im weiteren Verlauf des Buches erläutern (siehe die jeweilige Kapitelangabe in Tabelle 5.9).

Fachliche Inhalte

Innerhalb dieses Modellbereiches werden alle betriebswirtschaftlichen Modellierungsinhalte zusammengefasst. Dies umfasst die IT-neutrale Modellierung der Prozesse, der Geschäftsobjekte, der Organisationsstruktur und der Prozesscontrollinginhalte.

Fachliche IT-Inhalte

Innerhalb dieses Modellbereiches werden alle Informationen abgelegt, die genau an der Schnittstelle zwischen fachlicher und IT-Modellierung liegen. Wesentliches Kriterium zur Einordnung in diesen Bereich ist, dass die beschriebenen Inhalte bereits einen IT-Bezug haben, gleichzeitig aber immer noch relevant sind für die fachlichen Nutzer des Modells. Beispielsweise stellt ein fachlicher IT-Prozess bereits klar einen IT-Bezug her, ist gleichzeitig aber auch relevant für einen fachlich orientierten Nutzer, da dieser später mit dem IT-Prozess – zum Beispiel einer Bedienungsanweisung für ein IT-System – in Berührung kommt. In diesem Modellbereich werden IT-Anwendungsfälle, IT-Prozesse, IT-Geschäftsobjekte, IT-Rollen, IT-Services, Maskendefinitionen und Maskenflüsse abgelegt.

Informationstechnische Inhalte

Innerhalb dieses Modellbereiches werden alle Informationen abgelegt, die eindeutig IT-spezifisch und für einen fachlich orientierten Nutzer des Modells in der Regel nicht relevant sind. Er enthält generierte BPEL-Diagramme, die IT-Architektur, SOA- und XSD-Profile.

Dynamische und statische Unterteilung

Anschließend unterteilen Sie jeden Hauptbereich in einen Modellteil für dynamische und statische Inhalte. Ersterer fasst alle Inhalte, die das zeitlich logische Verhalten eines Prozesses beschreiben, zusammen. Statische Inhalte beschreiben Ressourcen, die in Prozessen erzeugt, genutzt oder verbraucht werden.

Tabelle 5.9 zeigt den von uns empfohlenen Grundaufbau der Ordnerstruktur unterhalb der genannten Hauptbereiche. Sie können diese Struktur ergänzen, je nachdem, welche zusätzlichen Artefakte Sie in Ihrem Modell aufnehmen möchten. Folgen Sie dabei aber immer der vorgestellten Grundgliederung.

Tabelle 5.9 Empfohlene Gliederung der Oracle BPA Suite-Ordnerstruktur im integrierten Modell

Ebene 1	Ebene 2	Ebene 3	Ebene 4	Beschreibung
Fachliche Inhalte	Dynamische Inhalte	...	...	Ablage rein betriebswirtschaftlicher Prozessbeschreibungen ohne IT-Bezug. Jeder Kernprozess und alle untergeordneten Prozesse erhalten jeweils einen eigenen Ordner.
		Beschaffungsprozesse	...	
		Controllingprozesse	...	
	Statische Inhalte	Geschäftsobjekte		Ablage aller Geschäftsobjekte, die auf den Instanzgranularitätsebenen 1 bis 5 ermittelt und modelliert wurden.
		Organigramme		Ablage aller aufbauorganisatorischen Inhalte.
		Prozesscontrolling	Kennzahlen	Ablage der betriebswirtschaftlichen Kennzahlendefinitionen für ein Business Activity Monitoring (s. Kapitel 9).
			Ziele und Erfolgsfaktoren	Ablage der Ziele und Erfolgsfaktoren zur Bewertung der Prozessergebnisse und -qualität (s. Kapitel 9).
Fachliche IT Inhalte	Dynamische Inhalte	IT-Anwendungsfälle		Ablage der IT-Anwendungsfälle, welche die IT-technische Unterstützung fachlicher Prozesse bereitstellt (s. Kapitel 6, 7 u.8).
		IT-Prozesse		Ablage der Prozessbeschreibungen zu Mensch-Maschine-Interaktionen zwischen Anwender und IT-Systemen sowie durch IT-Systeme automatisierte Prozesse (s. Kapitel 6, 7, 8 u. 9).

Ebene 1	Ebene 2	Ebene 3	Ebene 4	Beschreibung
Fachliche IT Inhalte (Forts.)	Statische Inhalte	IT-Geschäftsobjekte		Ablage von detaillierten Beschreibungen zu Geschäftsobjekten, die in IT-Systemen abgebildet werden (s. Kapitel 6, 7, 8 u. 9).
		IT-Rollen		Ablage der an IT-Prozessen beteiligten Rollen (s. Kapitel 6, 7, 8 u. 9).
		IT-Services		Ablage der fachlichen IT-Services zur Verwendung innerhalb einer SOA (s. Kapitel 7 u. 8).
		Maskendefinitionen		Ablage der in Mensch-Maschine-Interaktionsprozessen genutzten IT Masken (s. Kapitel 6).
		Maskenflüsse		Ablage der Maskenflüsse analog zu den Mensch-Maschine-Interaktionsprozessen (s. Kapitel 6).
Informationstechnologische Inhalte	Dynamische Inhalte	Generierte BPEL Diagramme		Ablage der automatisch generierten BPEL-Prozesse als Containerbereich für die Anbindung der Oracle SOA Suite.
	Statische Inhalte	IT-Architektur	Anwendungssysteme	Ablage der Informationen zu verfügbaren Anwendungssystemen (s. Kapitel 6).
			Datenbanken	Ablage der Informationen zu verfügbaren Datenbanken.
			Server (Hardware und virtuelle Server)	Ablage der Informationen zu verfügbaren Servern.
		SOA-Profile		Ablage der automatisch erzeugten SOA-Profile zur Anbindung der Oracle SOA Suite.

In der Oracle BPA Suite ergibt sich daraus die in Abbildung 5.20 dargestellte Ordnerstruktur. Betrachten Sie diese Ordnerstruktur nur als Ausgangspunkt für Ihre eigenen Überlegungen. Je nach individueller Zielsetzung werden Sie Ergänzungen und Detaillierungen vornehmen müssen.

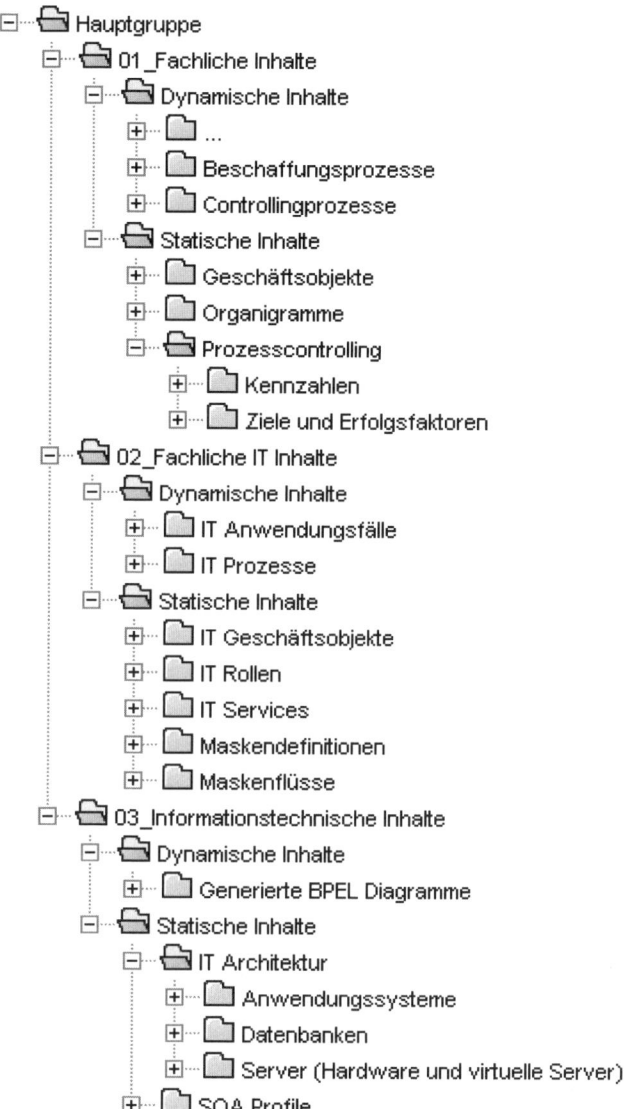

Abbildung 5.20 Grundstruktur zur Ablage der Modellinhalte in der Oracle BPA Suite

6 Modellgestützte fachliche Konzeption individueller IT-Systeme

6.1 Fragen, die dieses Kapitel beantwortet

- Warum sollte die IT in der Regel den Geschäftsprozessen folgen und nicht umgekehrt?
- Welche Vorteile bringt eine strukturierte Anforderungserhebung auf Basis eines durchgängigen Fachprozesses?
- Wie nehme ich am besten Fachprozesse im Rahmen einer Fachkonzepterstellung auf?
- Wie stelle ich Fachprozesse, Systemverhalten und statische Systemkomponenten im Modell dar?
- Welche Teile eines Fachkonzepts sollte ich im Modell darstellen und welche nicht?
- Wie funktioniert eine modellgestützte Fachkonzeption mit der Oracle BPA Suite?

6.2 Die Bedeutung fachlicher Anforderungen

Es existieren zahlreiche Studien zu den Gründen des Scheiterns von IT-Projekten. Dabei kann mit dem Begriff „Scheitern" sowohl gemeint sein, dass ein IT-Projekt abgebrochen wird, als auch, dass der Projektzeitplan nicht eingehalten oder das finanzielle Budget überzogen worden ist. Auch die Realisierung eines Systems, das sich anschließend in der Praxis als untauglich herausstellt, muss als gescheitertes IT-Projekt angesehen werden. Die große Anzahl solcher Studien lässt bereits vermuten, dass das Scheitern von IT-Projekten ein häufiges Problem in Unternehmen darstellt. Dies wiederum ist für den Business-Analysten eine große Chance, Unternehmen einen Mehrwert anzubieten, indem ein Vorgehen entwickelt wird, das dem Scheitern von IT-Projekten entgegenwirkt. Ein solches Vorgehen zur fachlichen Konzeption individueller IT-Systeme wird in diesem Kapitel vorgestellt.

Nicht nur die Anzahl der Studien, auch ihr Inhalt bietet eine interessante Erkenntnis: Als wichtigster Grund für das Scheitern von IT-Projekten wird fast durchgehend die unklare Definition bzw. das unzureichende Verständnis der fachlichen Anforderungen identifiziert. Dies wiederum resultiert aus der in Kapitel 2 beschriebenen Problematik der unterschiedlichen Sichten, die die verschiedenen an einem IT-Projekt beteiligten Personenkreise haben. Das in diesem Kapitel vorgestellte Vorgehen sieht diese fachlichen Anforderungen als Basis für die Konzeption eines IT-Systems und hilft bei deren Identifikation, Beschreibung und Kommunikation zwischen allen an einem IT-Projekt Beteiligten.

Unternehmen haben über die letzten Jahre hinweg gelernt, dass ihre Geschäftsprozesse und deren Qualität entscheidenden Einfluss auf den Unternehmenserfolg haben. Die eigentlich logische Konsequenz aus dieser Erkenntnis, auch die IT nach den Geschäftsprozessen auszurichten, ist dagegen noch nicht sehr verbreitet. Besonders in der Vergangenheit wurde häufig der Fehler gemacht, Systeme einzuführen, die bestimmte Arbeitsabläufe (Fachprozesse) vorgeben. An dieser Stelle sei zunächst gesagt, dass ein solches Vorgehen nicht immer falsch sein muss. Je standardisierter die Prozesse sind, um die es geht, desto sinnvoller kann die Einführung einer Standardsoftware sein. Für Standardprozesse wie Rechnungsprüfung oder Finanzbuchhaltung wird es in den wenigsten Fällen sinnvoll sein, eine vollständige Individuallösung zu entwickeln. In solchen Fällen ist der Aufwand, der bei der Einführung einer Standardsoftware anfällt, sicherlich geringer als der Entwicklungsaufwand einer neuen Lösung. Dennoch ist es wichtig zu wissen, dass eine Softwareeinführung, durch die neue Fachprozesse vorgegeben werden, bestimmte Konsequenzen für alle am Projekt Beteiligten und darüber hinaus mit sich bringt: Ein solches Vorgehen hat zur Folge, dass die Mitarbeiter in der Fachabteilung ihre ggf. seit Jahren praktizierten und bis ins kleinste Detail beherrschten Abläufe aufgrund einer neuen Standardsoftware grundlegend ändern müssen. Dies erhöht nicht gerade die Akzeptanz der neuen Lösung. Tatsächlich unterschätzen Unternehmen den enormen Aufwand einer solchen organisatorischen Veränderung. Organisatorische Veränderungen stellen in sich eigene Change-Management-Projekte dar, deren Umsetzung über die technischen Aspekte einer Systemeinführung weit hinausgeht. Grundlegende Veränderungen in den Arbeitsabläufen sollten also genauestens auf ihre Notwendigkeit geprüft werden. Ein IT-Projekt wird in den meisten Fällen keine Verbesserung dadurch erzielen, dass man den Mitarbeitern (Experten auf ihrem Fachgebiet) vorschreibt, wie sie ab sofort ihre Arbeit zu erledigen haben. Es muss vielmehr darum gehen zu definieren, wie IT die Arbeit der Experten unterstützen und somit verbessern kann.

> In den allermeisten Fällen kann man sagen: Nicht die Geschäftsprozesse müssen der IT folgen, sondern die IT folgt den Geschäftsprozessen.

Die zugrunde liegende These hatte Nicholas Carr bereits im Mai 2003 im Harvard Business Review [Carr03] festgestellt, als er erläuterte, dass Wettbewerbsvorteile nicht mehr durch IT als solche (IT besitzt heute jedes Unternehmen), sondern durch deren optimalen Einsatz im Rahmen der Unterstützung der Geschäftsprozesse zu erreichen sind. Geht man davon aus, dass diese Feststellung zutrifft, stellt sich die Frage, warum bis heute bei einem

Großteil der IT-Projekte, die abgebrochen oder zumindest nur über Zeit- und Finanzbudget fertiggestellt werden, die unklare Definition bzw. das fehlende Verständnis der Anforderungen den Grund für die unbefriedigende Qualität darstellen. Konkret bedeutet dies, dass die fachlichen Anforderungen der späteren Anwender des Systems nicht gründlich und umfassend genug erfasst und dokumentiert bzw. nicht von den Entwicklern verstanden werden und die Entwicklung des Systems daraufhin in der Regel an den Anforderungen aus der Fachabteilung vorbeigeht. Das Resultat sind fehlende Systemakzeptanz und eine ganze Reihe von Change Requests, deren Umsetzung um ein Vielfaches teurer ist als die von bereits in der Konzeptionsphase identifizierten Anforderungen.

> Die vollständige Erfassung sowie das umfassende Verständnis der Anforderungen des Fachbereichs stellen die wichtigste Grundlage für ein erfolgreiches IT-Projekt dar.

Der Grund für dieses Problem ist wieder einmal der sog. „Engineering Gap", also die bereits beschriebene Sprachbarriere zwischen Fachabteilungen und IT-Welt. Während in der fachlichen Welt Fachprozesse und organisatorische Strukturen Gegenstand einer Unternehmensbeschreibung sind, zählen in der IT-Welt Programmabläufe, Maskendesigns und Datenmodelle. Um den (zugegebenermaßen etwas hochtrabend ausgedrückten) Übergang zwischen den Welten im Rahmen der Konzeption und Entwicklung eines IT-Systems sauber und fließend zu gewährleisten, wird ein ganzheitlicher Ansatz zu einer geschäftsprozessorientierten, integrierten Systementwicklung von der Erfassung der fachlichen Abläufe über die Detaillierung und Erweiterung dieser um IT-relevante Inhalte bis hin zur Übergabe an entsprechende Realisierungstools benötigt. Die Grundlage stellt dabei die Erfassung und Dokumentation der fachlichen Prozesse dar. Nur wenn die fachlichen Abläufe in der Fachabteilung vollständig und korrekt beschrieben werden, lässt sich auf Basis dieser Beschreibung ein System konzipieren, das diese Abläufe optimal unterstützen kann. Wichtig ist dabei zunächst wiederum die Unterscheidung zwischen der fachlichen und der technischen Sicht. In der fachlichen Sicht werden die Fachprozesse unabhängig von technischer Unterstützung dargestellt. Es ist sicherlich einleuchtend, dass ein korrekt dokumentierter fachlicher Ablauf sich nicht dadurch verändern sollte, dass ein IT-System ausgetauscht wird. In der technischen Sicht wird dagegen dargestellt, was im IT-System passiert, um die fachlichen Aufgaben zu unterstützen. Nachdem die beiden Sichten also gegeneinander abgegrenzt sind, besteht die Herausforderung darin, diese beiden Sichten zu verbinden und damit den „Engineering Gap" zu überbrücken.

Sehen wir uns noch einmal die bereits bekannte Abbildung 6.1 der horizontalen und vertikalen Modelldekomposition an, so lässt sich der Übergang zwischen der fachlichen Sicht und der IT-Sicht zwischen den Ebenen 5 und 6 einordnen. Während wir auf Ebene 5 also fachliche Sachverhalte darstellen, bilden wir auf Ebene 6 die technische Unterstützung der fachlichen Aktivitäten als Interaktion eines Benutzers mit einem IT-System ab.

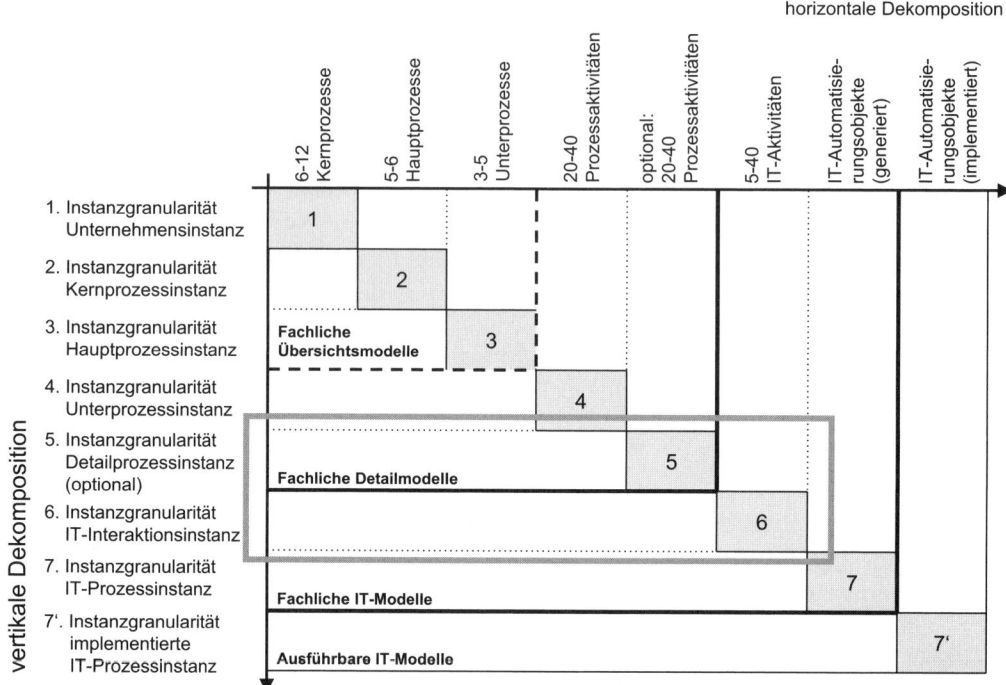

Abbildung 6.1 Horizontale und vertikale Dekomposition

Durch die Orientierung an den relevanten Fachprozessen lassen sich die Anforderungen, die sich daraus an die IT ergeben, strukturiert und in einem Gesamtkontext erheben, und die Wahrscheinlichkeit, dass wichtige Anforderungen vergessen oder nicht ausreichend verstanden werden, wird minimiert. Auch in Bezug auf die be- und verarbeiteten Informationen bringt die Orientierung an einem durchgängigen Prozess Vorteile mit sich: Anstatt nur die Daten zu beschreiben, die ein System zur Verarbeitung benötigt, ist es sinnvoll, nachzuvollziehen, wo diese Daten herkommen. Wenn Daten bereits in einem anderen System vorliegen, ist die Realisierung einer Systemschnittstelle eine bessere Variante als eine Eingabemaske zur manuellen Erfassung, die neben dem Risiko von Eingabefehlern auch dazu führt, dass die gleichen Informationen in unterschiedlichen Systemen vorgehalten werden, wodurch sich Inkonsistenzen im Datenbestand ergeben können.

Es ist unbestritten, dass bei einer prozessorientierten modellbasierten Vorgehensweise zur Erstellung von Fachkonzepten stets auch Informationen aufgenommen werden, die für die Konzeption eines IT-Systems weniger relevant sind. Die Praxis zeigt jedoch, dass der Modellierungsaufwand, der zur vollständigen Identifikation der fachlichen Anforderungen betrieben wird, in keinem Verhältnis zum Aufwand steht, der notwendig wird, wenn Anforderungen vergessen bzw. missverstanden werden und aus diesem Grund nach der Systemeinführung Anpassungen durchgeführt werden müssen.

Kommen wir noch einmal zurück auf die Frage, warum man nicht grundsätzlich Standardsoftware einführen und die Fachprozesse vorgeben lassen sollte. An dieser Stelle sei gesagt, dass auch für die Auswahl einer Marktlösung die Anforderungen aus dem Fachbereich, die sich aus den Arbeitsabläufen ergeben, zumindest grob identifiziert werden müssen. Andernfalls ist die Frage, ob am Markt überhaupt passende Lösungen existieren, nicht zuverlässig zu beantworten. Zumindest besteht die Gefahr, dass eine ausgewählte Standardlösung notwendige Spezialprozesse der Fachabteilung gar nicht abbilden kann.

> Für die systematische und strukturierte Identifikation der Anforderungen an ein IT-System (egal, ob Individualentwicklung oder Standardsoftware) ist es in jedem Fall notwendig, die betroffenen Fachprozesse zu analysieren.

Abbildung 6.2 (nächste Seite) zeigt das in diesem Kapitel vorgestellte Vorgehen bei der modellgestützten Fachkonzepterstellung. Die einzelnen dargestellten Arbeitsschritte werden im Folgenden erläutert.

6.3 Die IT-Sicht und ihr Zusammenhang mit der Fachsicht

Abbildung 6.2 zeigt das in diesem Kapitel vorgestellte Vorgehen zur modellgestützten Fachkonzeption. Es umfasst die folgenden Schritte:

1. Aufnahme und Analyse der aktuellen Fachprozesse (Ist-Prozesse)
2. Entwicklung der idealen Fachprozesse (Soll-Prozesse)
3. Identifikation und Beschreibung der relevanten statischen Fachprozess-Komponenten
4. Modellierung des gewünschten Systemverhaltens (Systemablauf)
5. Modellierung der statischen Systemkomponenten
6. (Automatisierte) Überführung der Modellinhalte in das Fachkonzept
7. Bearbeitung nicht modellierter Fachkonzeptteile

Natürlich unterliegt sowohl die Modellierung (wie in Kapitel 2 erläutert) als auch die Bearbeitung eines Fachkonzepts fortlaufender Überarbeitung, so dass Sie die einzelnen Schritte in der Praxis nicht vollständig voneinander getrennt und streng in der oben beschriebenen Reihenfolge bearbeiten werden. Dennoch unterliegt zumindest die Unterteilung in die folgenden Arbeitspakete einer entscheidenden Logik:

■ Bearbeitung der Fachsicht

■ Verknüpfung mit und Bearbeitung der IT-Sicht

■ Überführung ins und Bearbeitung des Fachkonzepts

> Grundlage eines Fachkonzepts ist die Fachsicht, da sich aus ihr die Anforderungen ergeben, die in der IT-Sicht abgebildet werden müssen.

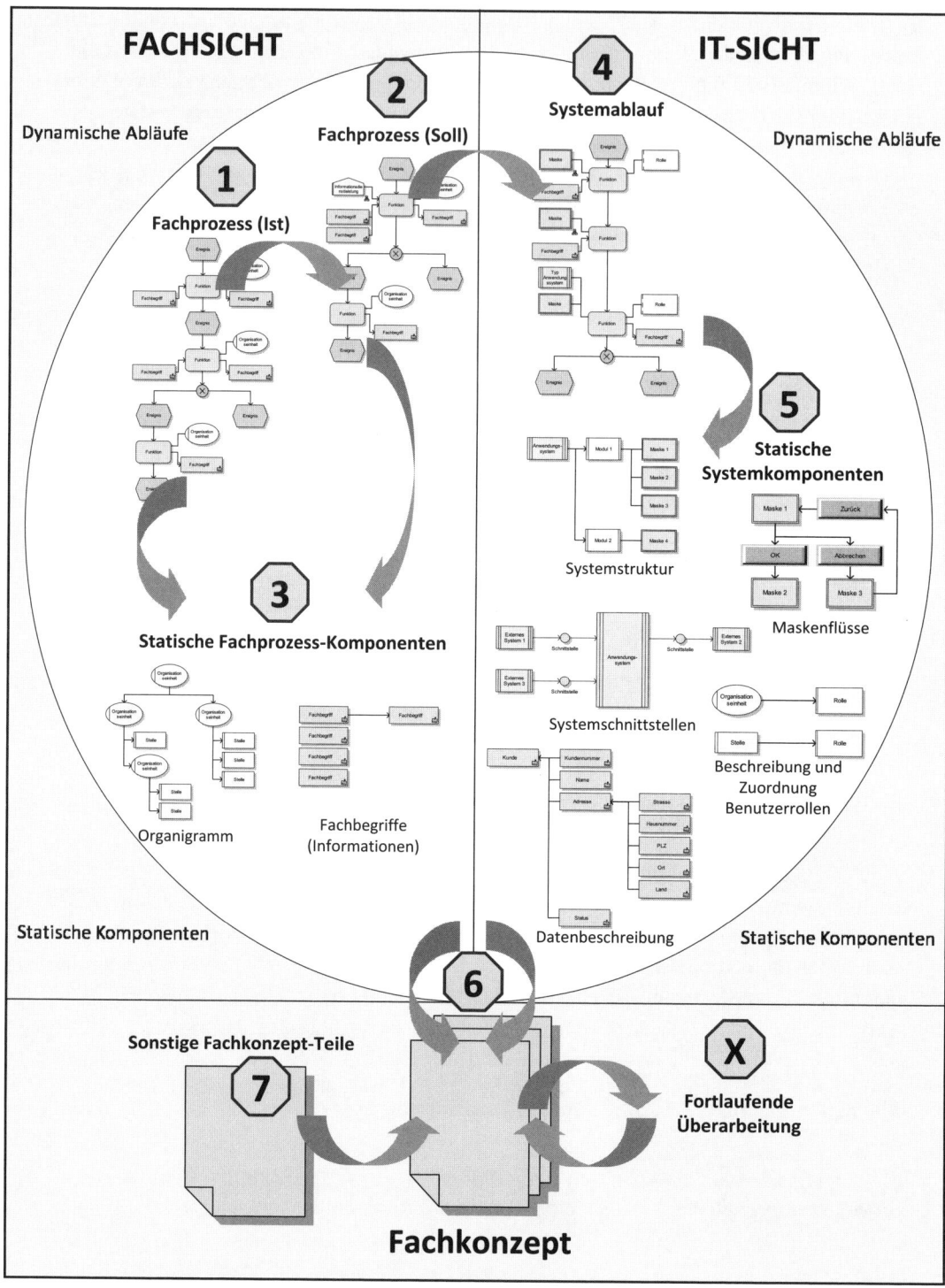

Abbildung 6.2 Vorgehen zur modellgestützten Fachkonzeption

6.3.1 Modellierung und Analyse der Ist-Prozesse

Das Erstellen eines Fachkonzepts beginnt also stets mit der Beschreibung der Fachprozesse. Diese Beschreibung ist in eine Phase zur Beschreibung der Ist- und eine Phase zur Beschreibung der Soll-Prozesse unterteilt.

Grundsätzlich sind bei der Beschreibung von Fachprozessen folgende Fragestellungen zu beantworten:

- Welche Aktivitäten sind im Rahmen des Prozesses durchzuführen?
- Wie ist der zeitlich-logische Ablauf dieser Aktivitäten (wann wird was gemacht)?
- Wer führt welche Aktivitäten aus?
- Welche fachlichen Informationen werden zur Durchführung der Aktivitäten benötigt (Input)?
- Welche fachlichen Informationen werden bei der Durchführung der Aktivitäten bearbeitet und neu erzeugt (Output)?
- Welche Aktivitäten werden mit IT-Unterstützung durchgeführt?

Sie werden nun zu Recht anmerken, dass insbesondere der letzte Punkt nicht ganz dem in den vorangegangenen Kapiteln beschriebenen Vorgehen entspricht, in dem die Fachsicht unabhängig von IT-Unterstützung modelliert werden sollte. Dies ist natürlich weiterhin gültig. Dennoch ist es im Rahmen einer Fachkonzeption wichtig zu wissen, welche Prozessschritte bereits im Ist-Zustand durch IT unterstützt werden, um notwendige Systemschnittstellen für die neue Lösung rechtzeitig zu erkennen.

Nehmen Sie die Ist-Prozesse gemeinsam mit der Fachabteilung auf. Sie beschreiben die aktuellen Abläufe, wie sie in der Fachabteilung täglich gelebt werden. Sie können diese in Interviews und Workshops, über Fragebögen oder unter Zuhilfenahme bereits existierender Dokumentationen aufnehmen.

Interviews und Fragebögen

Interviews haben den Charakter eines Frage- und Antwortspiels, in dessen Rahmen Sie durch Ihre Fragen den Ablauf entscheidend vorgeben. Interviews sollten im Idealfall mit nur einer Person auf einmal durchgeführt werden, da der Frage-und-Antwort-Charakter keine langen Diskussionen vorsieht. Die Qualität der Fragen ist dabei ausschlaggebend für die Qualität des Ergebnisses. Der Interviewer lässt sich von seinem Interviewpartner aus dem Fachbereich die Prozesse erläutern und schreibt die Antworten entweder mit oder zeichnet sie auf Tonband auf. Die Modellierung der Prozesse erfolgt später durch den Interviewer. Im Gegensatz zu Fragebögen haben Sie im Interview die Möglichkeit, bei Unklarheiten nachzufragen.

Workshops

Nach unserer Meinung sollten Prozessaufnahmen idealerweise im Rahmen von Workshops erfolgen. Workshops haben ein klares Arbeitsziel, der Ablauf ist aber nicht fest vorgegeben, und das Ergebnis wird im Rahmen der Veranstaltung von allen Teilnehmern gemeinsam erarbeitet. Prozessworkshops sollten Sie in Kleingruppen (2 bis 4 Personen aus der Fachabteilung) durchführen. Je größer die Anzahl der Teilnehmer, desto mehr Diskussionen müssen Sie erwarten. Diskussionen sind dabei nicht zwingend als destruktiv zu bewerten, da nur in den seltensten Fällen ein Mitarbeiter einen gesamten Prozess bis ins kleinste Detail kennt. Dennoch dürfen die Diskussionen ein notwendiges und produktives Maß nicht übersteigen, so dass die Gruppe nicht beliebig groß werden sollte. Zur Erfassung von Fachprozessen ist es sinnvoll, mit Mitarbeitern verschiedener Hierarchieebenen zu sprechen, da mit zunehmender Hierarchiehöhe zwar die Kenntnis und das Verständnis des Gesamtprozesses steigen, Detailwissen über kleine Arbeitsaktivitäten jedoch verloren geht. An dieser Stelle ist wiederum zu beachten, dass bei Mitarbeitern auf niedrigen Hierarchieebenen häufig Hemmungen bezüglich der Beschreibung ihrer tatsächlichen Arbeit bestehen, wenn Vorgesetzte anwesend sind, so dass die eigenen Prozesse in dieser Situation gerne besser dargestellt werden, als sie es in Wirklichkeit sind. Tatsächlich ist es jedoch insbesondere bei der Aufnahme der Ist-Prozesse absolut notwendig, die Realität mit all ihren Schwachstellen abzubilden, da gerade diese für die Konzeption einer neuen IT-Lösung interessant sind. Schließlich sollen die Prozesse durch die neue Lösung verbessert werden.

Die Frage, ob Sie die beschriebenen Prozesse direkt während eines Workshops modellieren sollten, lässt sich nicht allgemeingültig beantworten. Die beschriebenen Prozesse müssen in jedem Fall für alle am Workshop Beteiligten sichtbar abgebildet oder skizziert werden, so dass die Mitarbeiter noch einmal kontrollieren können, ob ihre Beschreibung einerseits korrekt und vollständig und andererseits auch richtig verstanden wurde. Die direkte Modellierung in einem entsprechenden Tool nimmt zwar ein wenig mehr Zeit in Anspruch als eine Skizzierung auf einem Flipchart oder Smartboard, hat jedoch den Vorteil, dass das erarbeitete Ergebnis einerseits sofort weiterverwendet werden kann und die beteiligten Mitarbeiter aus der Fachabteilung andererseits die verwendete Modellierungsmethodik kennen lernen. Die Mitarbeiter müssen die fertigen Prozessmodelle ohnehin verstehen, da die Prozessbeteiligten die Inhalte nach der Modellierung als fachlich korrekt freigeben müssen.

> Prozesse sollten Sie im Rahmen von Prozessworkshops in Kleingruppen von 2 bis 4 Personen aus unterschiedlichen Hierarchieebenen der Fachabteilung aufnehmen.

Existierende Prozessdokumentationen

Mit bereits existierenden Prozessdokumentationen sind in diesem Fall natürlich keine Prozessmodelle in der Form gemeint, wie sie gerade aufgenommen werden sollen, sondern bestehende Prozessaufzeichnungen, die in beliebiger Form zu beliebigen Zwecken zu einem früheren Zeitpunkt einmal erstellt wurden. In aller Regel wird das ursprüngliche Ziel nicht darin bestanden haben, die Grundlage einer Fachkonzeption darzustellen. Daher wird die dargestellte Sicht und die darin abgebildeten Informationen von dem, was Sie nun darstellen möchten, abweichen. Darüber hinaus können sich Prozesse über die Zeit verändern, so dass Sie, abhängig vom Alter der Dokumentationen und der Art ihrer Pflege über die Zeit, davon ausgehen müssen, dass die dargestellten Prozesse ggf. nicht mehr aktuell sind. Solche Dokumentationen lassen sich zwar für den ersten Entwurf eines Prozessmodells verwenden, werden in der Regel aber immer Fragen an die Fachabteilung offen lassen, so dass sich ein entsprechender erster Entwurf als Diskussionsgrundlage für einen Prozessworkshop verwenden lässt, um die Arbeit ein wenig zu steuern und insofern zu beschleunigen.

An dieser Stelle sei angemerkt, dass eine Aufnahme der Ist-Prozesse natürlich nur dann erfolgen muss, wenn noch kein aktuelles Modell der relevanten Prozesse vorliegt. Wenn Sie also bereits im Rahmen des BPM ein solches Modell erstellt haben, können Sie sofort mit dessen Analyse beginnen.

Analyse der Ist-Prozesse

Nach der Dokumentation der Ist-Prozesse folgt deren Analyse. Dabei müssen Sie gemeinsam mit der Fachabteilung die Schwachstellen in den aktuellen Abläufen herausarbeiten. Die Analyse kann teilweise bereits während der Dokumentation erfolgen, zumal die Detailtiefe, in der Fachprozesse dokumentiert werden, zumindest ausreichen muss, um die Schwachstellen zu verdeutlichen. Schwachstellen können dabei zum Beispiel hoher manueller Aufwand, Medienbrüche, redundante Arbeiten oder Ineffizienz (bspw. Bedingt durch schlechte Aufgabenverteilung) sein. Zur Identifikation solcher Schwachstellen, müssen neben der Beschreibung des Prozessablaufs ggf. auch relevante Informationen zu den verschiedenen, am Ablauf beteiligten Objekten (Aktivitäten, Organisationseinheiten, Informationen, IT-Systeme) erfasst werden. So kann es bei den Informationen, die in Prozessschritten (Aktivitäten) verarbeitet werden, sinnvoll sein zu beschreiben, wo sie herkommen (bspw., wo sie erstellt werden oder von welcher Abteilung sie stammen). Solche Informationen können hilfreich sein, wenn es darum geht, im nächsten Schritt einen sinnvollen Soll-Prozess zu definieren, in dem die Information dann beispielsweise in digitaler Form direkt aus dem System geholt wird, in dem sie ursprünglich erzeugt oder erfasst wird. Dem Fachbereich bereits bekannte Schwachstellen können auch sofort bei der Ist-Aufnahme für einzelne Aktivitäten oder ganze Prozesse erfasst werden.

Wenn Sie als Business Analyst den Auftrag erhalten haben, ein Fachkonzept für ein IT-System zu erstellen, ist ein Teil dieser Ist-Analyse natürlich bereits abgeschlossen und hat zu dem Ergebnis geführt, dass ein bestimmter Prozess überhaupt erst durch Einführung einer neuen technischen Lösung verbessert werden soll. Die Prozessanalyse und -optimierung ist fester Bestandteil eines funktionierenden BPM.

6.3.2 Entwicklung und Modellierung der Soll-Prozesse

An die Analyse der Ist-Prozesse schließt sich die Erarbeitung der Soll-Prozesse an. Ziel dieser Phase ist die Erarbeitung der optimalen Arbeitsabläufe mit speziellem Fokus in Bezug auf die zur Erreichung dieses optimalen Zustands benötigte IT-Unterstützung. Zur Erarbeitung der optimalen Soll-Situation sollte auf den im Rahmen der Ist-Analyse identifizierten Schwachstellen aufgesetzt und erarbeitet werden, wie diese Schwachstellen zu beseitigen sind. Dabei ist es wichtig, einen optimalen Wunschzustand zu beschreiben und sich nicht durch vermutete Restriktionen beeinflussen zu lassen. Selbst wenn man fest davon ausgeht, dass eine benötigte IT-Unterstützung nicht realisierbar ist, sollte diese Unterstützung formuliert werden. Wenn sich diese Anforderung im Nachhinein tatsächlich als nicht erfüllbar herausstellt, kann sie noch immer gestrichen werden.

> Was Sie nicht als Anforderung formulieren, das werden Sie auch nicht bekommen.

Die Detailtiefe bei der Modellierung der Soll-Prozesse sollte der Detailtiefe der Ist-Prozesse entsprechen und muss so gewählt werden, dass die Stellen, an denen der fachliche Prozess durch die neue IT-Lösung unterstützt werden soll, identifiziert und aufgezeigt werden können. Die IT-Unterstützung wird an diesen Stellen an den Fachprozess modelliert und als eine funktionale Anforderung an das neue System beschrieben.

Als Ergebnis der Phase „Soll-Prozessentwicklung" liegt also eine möglichst optimale Variante der Arbeitsabläufe in der Fachabteilung, inkl. Beschreibung der zu ihrer Unterstützung erforderlichen Systemfunktionalitäten vor. Obwohl die vorliegende Beschreibung explizit als Vorgehen für Individualentwicklungen vorgestellt wird, ist eine derartige prozessorientierte Erhebung von Anforderungen bei jeder Art von Softwareentwicklung und auch -beschaffung sinnvoll. Wie zu Beginn des Kapitels erwähnt, kann je nach Aufgabenstellung auch die Auswahl einer Marktlösung den richtigen Weg zur IT-technischen Unterstützung eines Fachprozesses darstellen. Doch auch in einem solchen Fall müssen die groben Anforderungen an die Lösung, die sich aus den optimalen Prozessen in der Fachabteilung ergeben, bekannt sein, um überhaupt entscheiden zu können, ob passende Lösungen am Markt existieren. Ohne eine derartige Analyse ist die Gefahr sehr groß, dass die ausgewählte Lösung spezielle Anforderungen der Fachabteilung gar nicht abbilden kann oder zumindest entscheidend angepasst und erweitert werden muss. Und auch in diesem Fall werden die Kosten für nachträgliches Customizing bzw. nachträgliche Erweiterungen höher sein als für eine gründliche Anforderungsanalyse zu Beginn.

Da wir uns auch bei der Entwicklung der Soll-Prozesse noch in der Fachsicht befinden, sei an dieser Stelle angemerkt, dass Sie einen solchen Soll-Fachprozess nur in den Fällen entwickeln müssen, in denen der Fachprozess sich durch die Einführung der neuen IT-Lösung tatsächlich ändern soll. In vielen Fällen soll ein bestehender Fachprozess durch die Einführung einer IT-Unterstützung verbessert werden, ohne dass sich der fachliche Ablauf ändert. So kann es sein, dass eine Fachabteilung bestimmte Arbeitsschritte (Funktionen) durchführen muss und dabei noch immer mit Papier und Bleistift vorgeht. Nun soll ein IT-System entwickelt werden, das dieselben Funktionen unterstützt und damit erleichtert oder beschleunigt, am fachlichen Ablauf an sich jedoch gar nichts ändert. In diesem Fall stellt der fachliche Ist-Prozess gleichzeitig bereits den fachlichen Soll-Prozess dar, und es kann sofort mit der Beschreibung der IT-Sicht gestartet werden. Durch die Trennung zwischen Fach- und IT-Sicht bei der Modellierung kann eine technische Lösung unabhängig von der Darstellung des betroffenen Fachprozesses entwickelt werden, wobei dieser und insbesondere die Schwachstellen (im oben genannten Beispiel der hohe manuelle Aufwand durch die Arbeit mit Papier und Bleistift) natürlich die Anforderungen an die IT-Sicht vorgibt.

> Ein fachlicher Soll-Prozess ist nur in den Fällen zu entwickeln, in denen der Fachprozess sich durch die Einführung einer neuen IT-Lösung tatsächlich ändert.

6.3.3 Systemablauf – das fachliche Systemverhalten

Die Fachprozesse sind nun modelliert und die Stellen, an denen Unterstützung durch ein IT-System benötigt wird, sind identifiziert und an den entsprechenden Stellen im Fachprozessmodell eingefügt. Diese Stellen werden als direkte Verbindung der Fach- mit der IT-Sicht verwendet. Die benötigte IT-Unterstützung kann nun an den benötigten Stellen im Fachprozess weiter detailliert und modelliert werden, wobei diese Detaillierung nun die technische bzw. IT-Sicht darstellt. In dieser IT-Sicht wird das dynamische Systemverhalten in Form eines Programmablaufs dargestellt, analog zum Prozessablauf in der fachlichen Sicht. Während in der Fachsicht jedoch die fachliche Aktivität unabhängig von ggf. bestehender IT-Unterstützung beschrieben wird, wird in der IT-Sicht die Interaktion zwischen dem Benutzer und dem System zur erfolgreichen Durchführung der fachlichen Aktivität dargestellt (siehe Abbildung 6.3). In der IT-Sicht sind durch die entsprechende Darstellung folgende Fragen zu beantworten:

■ Welche Verarbeitungsschritte sind im Rahmen des Programmablaufs durchzuführen?

■ Wie ist der zeitlich-logische Ablauf dieser Verarbeitungsschritte (wann wird was gemacht)?

■ Wer darf welche Verarbeitungsschritte durchführen bzw. welche Verarbeitungsschritte führt das System automatisch durch?

■ Welche Daten werden für die Verarbeitungsschritte benötigt (Input)?

■ Welche Daten werden in den Verarbeitungsschritten bearbeitet und neu erzeugt (Output)?

■ Wie sieht die Benutzerschnittstelle (Bildschirmmaske) für die Verarbeitungsschritte aus?

■ In welchen Verarbeitungsschritten werden Schnittstellen zu anderen IT-Systemen verwendet?

Der Detaillierungsgrad bei der Modellierung des Systemablaufs ist stark abhängig vom jeweiligen Projektkontext sowie von den Anforderungen der späteren Systembenutzer aus der Fachabteilung. Für den an dieser Stelle nicht betrachteten Fall, dass ggf. auch eine Standardlösung zur Unterstützung des Fachprozesses beschafft werden soll, ist es sicherlich einleuchtend, dass eine konkrete Beschreibung des Systemablaufs oder von Bildschirmmasken nicht sinnvoll ist. Es ist auch durchaus denkbar, dass der Fachbereich selbst bei der Konzeption einer Individuallösung keine konkreten Anforderungen an eine bestimmte Verarbeitungsreihenfolge, ein bestimmtes Maskenlayout oder eine konkrete Programmlogik hat. In diesen Fällen genügt es den späteren Anwendern, wenn das System eine bestimmte Funktio-

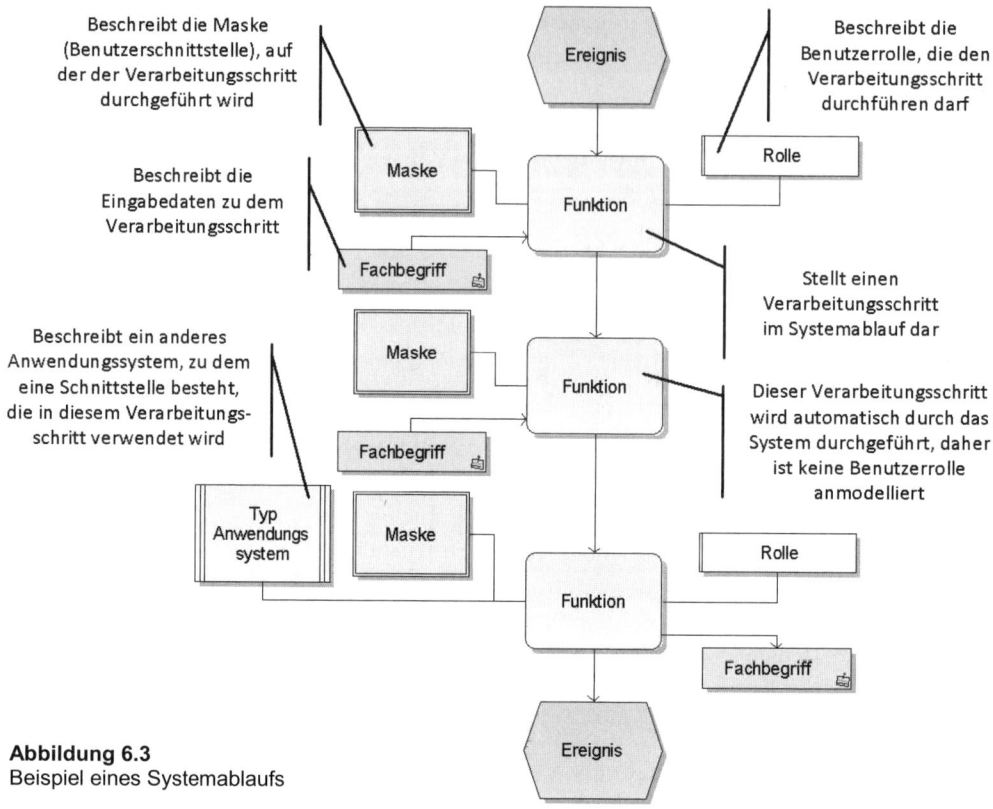

Beschreibt die Maske
(Benutzerschnittstelle), auf
der der Verarbeitungsschritt
durchgeführt wird

Beschreibt die
Eingabedaten zu dem
Verarbeitungsschritt

Beschreibt ein anderes
Anwendungssystem, zu dem
eine Schnittstelle besteht,
die in diesem Verarbeitungsschritt verwendet wird

Beschreibt die
Benutzerrolle, die den
Verarbeitungsschritt
durchführen darf

Stellt einen
Verarbeitungsschritt
im Systemablauf dar

Dieser Verarbeitungsschritt
wird automatisch durch das
System durchgeführt, daher
ist keine Benutzerrolle
anmodelliert

Abbildung 6.3
Beispiel eines Systemablaufs

nalität zur Unterstützung einer fachlichen Aktivität bereitstellt. Die muss natürlich in jedem Fall ausreichend beschrieben sein. Diese Situation kann insbesondere in Fällen auftreten, in denen ein Fachbereich neue Prozesse durchführen muss, bei deren Durchführung er
noch keine bis wenig praktische Erfahrungen gemacht hat. In der Regel wird eine Indivi-
dualentwicklung jedoch zur Unterstützung von Fachprozessen durchgeführt, die auf fachlicher Seite bereits etabliert sind und praktiziert werden. In solchen Fällen weiß ein Fachbe-
reichsmitarbeiter sehr genau, wie und mit welchen Informationen er eine bestimmte fachliche Aktivität durchführt. Was bedeutet: er kennt die „Verarbeitungslogik", selbst wenn er
diese bislang manuell und ohne IT-Unterstützung durchgeführt hat. Er kann genau spezifizieren, welche Verarbeitungsschritte er in welcher Reihenfolge durchführen muss, welche
Daten er wann benötigt und wie die Verarbeitungsschritte und Daten voneinander abhän-
gen. Er weiß auch, wie und aus welchen Daten er neue Daten erzeugt und welche Berechnungen und Prüfungen er wie und wann durchführen muss. Ausgehend von diesem Wissen
kann man einen Systemablauf entwerfen, der der fachlichen Verarbeitungslogik entspricht.
Es kann weiterhin spezifiziert werden, welche Verarbeitungsschritte (Berechnungen, Prüfungen, Abfragen) das System automatisch durchführen kann und welche Daten wo benötigt, bearbeitet und erzeugt werden. Diese Möglichkeiten zur Spezifikation des Systemablaufs sollten unbedingt genutzt werden, um sicherzustellen, dass das System den Mitarbeiter bei der Durchführung seiner fachlichen Aufgaben optimal unterstützt und er seine

bekannte und etablierte Arbeitsweise beibehalten kann. Auf diese Weise wird sichergestellt, dass das System von der Fachabteilung nicht nur akzeptiert, sondern gerne genutzt
wird, weil man eine direkte Arbeitserleichterung erreicht und die Fachabteilung das Gefühl
hat, an der Entwicklung der IT-Lösung direkt beteiligt gewesen zu sein.

> Je enger Sie den Fachbereich in die Konzeption des Systems einbeziehen, desto
> größer wird die Akzeptanz der neuen IT-Lösung sein, da die Mitarbeiter das Ge-
> fühl haben, an der Entwicklung der Lösung beteiligt zu sein.

Auf Seiten der IT-Abteilung bzw. des IT-Dienstleisters, der das System später realisieren
soll, liegt eine sehr gute (weil genaue und vollständige) Implementierungsgrundlage vor,
über die mit dem Fachbereich direkt gesprochen werden kann, da sie von beiden Seiten
verstanden wird. Abbildung 6.4 zeigt den Zusammenhang zwischen der Fach- und der IT-
Sicht.

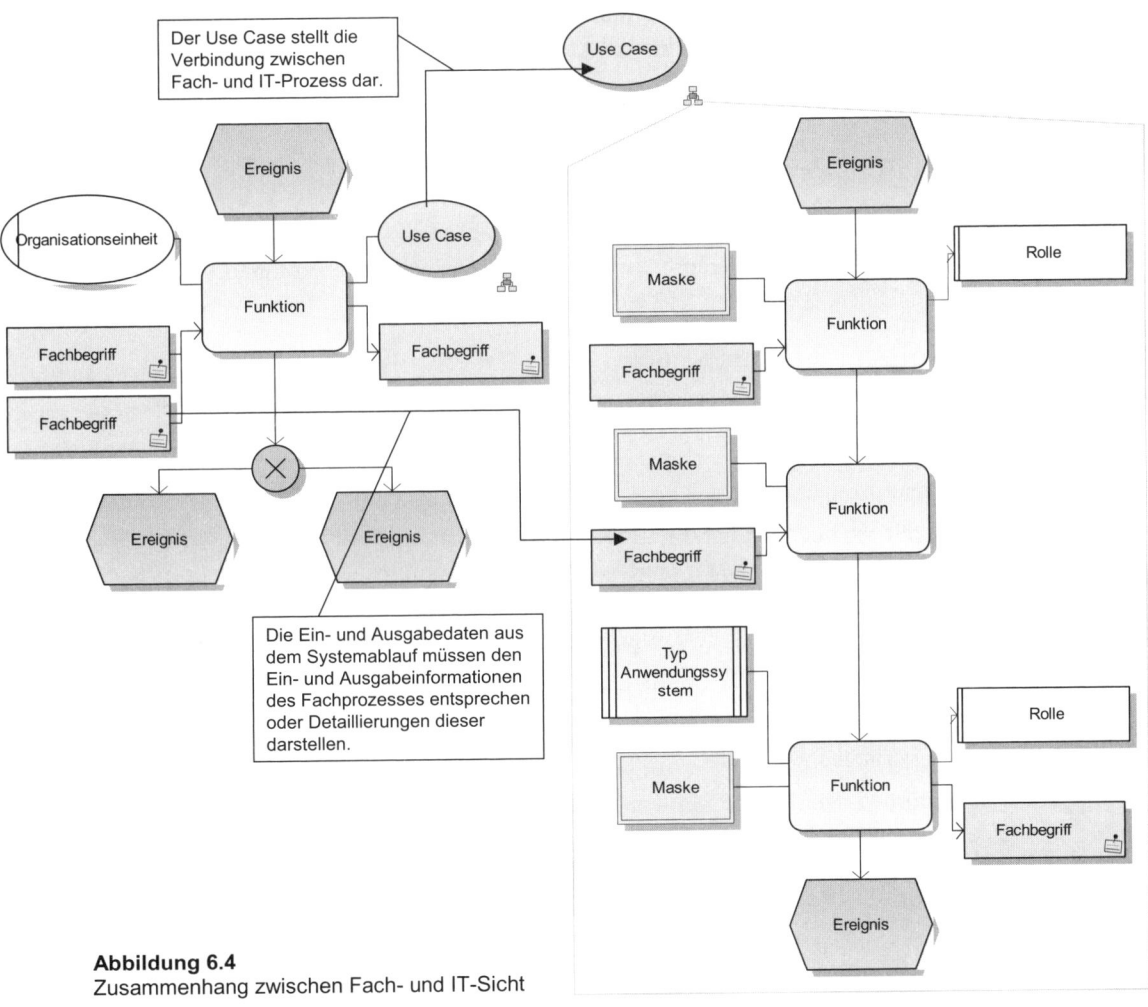

Abbildung 6.4
Zusammenhang zwischen Fach- und IT-Sicht

Durch das beschriebene Vorgehen entsteht ein Gesamtmodell, das den Anforderungen sowohl der Fach- als auch der IT-Abteilung gerecht wird und somit als gemeinsame und für beiden Seiten verständliche Diskussionsgrundlage verwendet werden kann. In diesem Gesamtmodell finden sich die Fachprozesse mit den dazugehörigen relevanten Informationen ebenso wieder wie die Systemabläufe mit den für eine Realisierung des Systems benötigten Informationen. Die Systemabläufe sind darüber hinaus genau an den Stellen mit dem Fachprozess verknüpft, an denen sie eine bestimmte fachliche Aktivität unterstützen. Die Verknüpfung der beiden Sichten lässt sich auch unterhalb der Ablaufebene an den dargestellten Objekten weiter verdeutlichen. Eine fachliche Aktivität wird durch eine bis mehrere Verarbeitungsschritte eines Systemablaufs abgebildet. Die für die Durchführung einer fachlichen Aktivität benötigten bzw. bei der Durchführung erzeugten Informationen werden in der IT-Sicht durch konkrete Daten detailliert, die in den fachlichen Informationen enthalten sind und in der IT-Sicht einzeln angezeigt und bearbeitet werden können. Ferner wird eine organisatorische Einheit (z.B. Abteilung oder Stelle), die eine fachliche Aktivität ausführt, in der IT-Sicht durch bestimmte Benutzerrollen dargestellt, die im System bestimmte Berechtigungen besitzen und von Abteilungen oder Stellen wahrgenommen werden können.

6.3.4 Beschreibung statischer Systemkomponenten

Nachdem das dynamische Systemverhalten beschrieben und modelliert worden ist, müssen die in den Ablaufbeschreibungen verwendeten statischen Systemkomponenten (Bildschirmmasken, Daten, Benutzerrollen) beschrieben werden.

6.3.4.1 Maskenbeschreibung

Bei der Beschreibung von Masken sind verschiedene Aspekte zu berücksichtigen. Die wichtigste Frage ist, wie detailliert die Masken beschrieben werden sollten. Die Antwort auf diese Frage ist natürlich abhängig vom jeweiligen Projektkontext, genauer gesagt von den Anforderungen der Fachabteilung. Diese können in einem Spektrum variieren zwischen:

- keine konkreten Anforderungen an Masken
- konkrete Anforderungen an die Maskenstruktur
- konkrete Anforderungen an das Maskenlayout

In den seltensten Fällen werden wirklich gar keine Anforderungen an Masken bestehen. Zumindest unkonkrete Anforderungen wie „Microsoft-orientierte Benutzeroberfläche" werden meist vorliegen.

Konkrete Anforderungen an die Maskenstruktur liegen vor, wenn die späteren Systembenutzer zumindest vorgeben, welche Aktionen auf einer Maske ausgeführt werden können und welche Daten auf einer Maske angezeigt und bearbeitet werden. Es wird also die Frage beantwortet, WAS auf einer Maske dargestellt wird (siehe Abbildung 6.5).

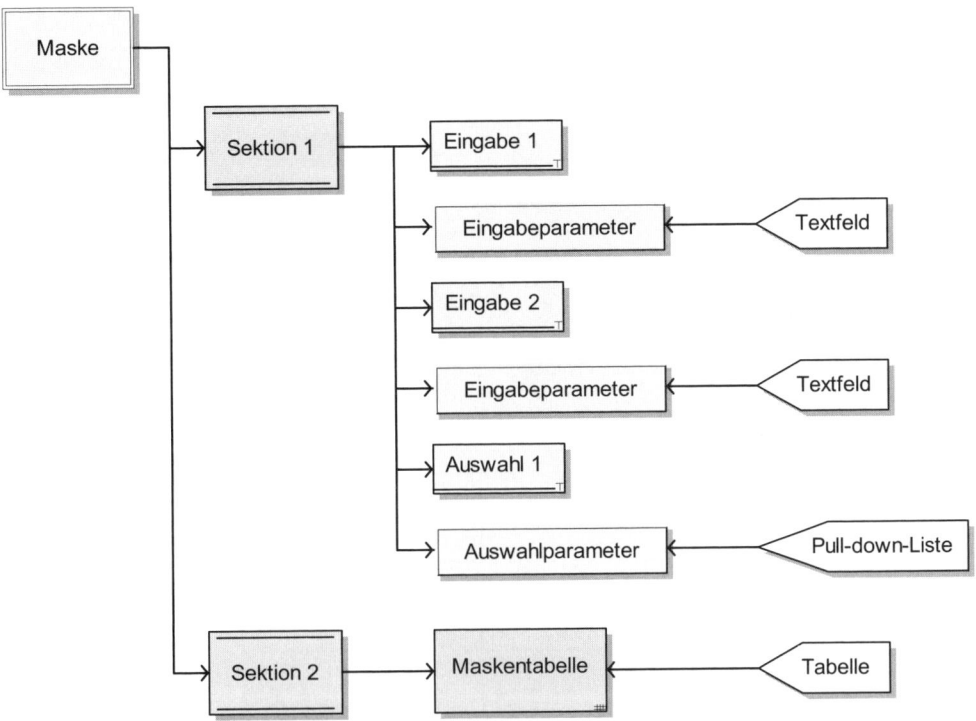

Abbildung 6.5 Maskenstruktur – ein Beispiel

Liegen konkrete Anforderungen an das Maskenlayout vor, so hat der Fachbereich nicht nur sehr genaue Vorstellungen, *was* auf einer Maske angezeigt werden soll, sondern auch, *wie* die Darstellung zu erfolgen hat. Bei der Beschreibung eines Maskenlayouts wird ein Bild der Maske erstellt, in dem zu erkennen ist, welche Daten, Schaltflächen, Grafiken und sonstigen Objekte wo auf der Maske anzuordnen sind und wie diese Objekte dargestellt werden sollen. Liegen konkrete Anforderungen in dieser Form vor, so stellt ein Modell des Maskenlayouts eine gute Diskussionsgrundlage für Gespräche mit dem Fachbereich dar, in denen die Anforderungen direkt überprüft und ggf. noch einmal geändert oder ergänzt werden können (siehe Abbildung 6.6).

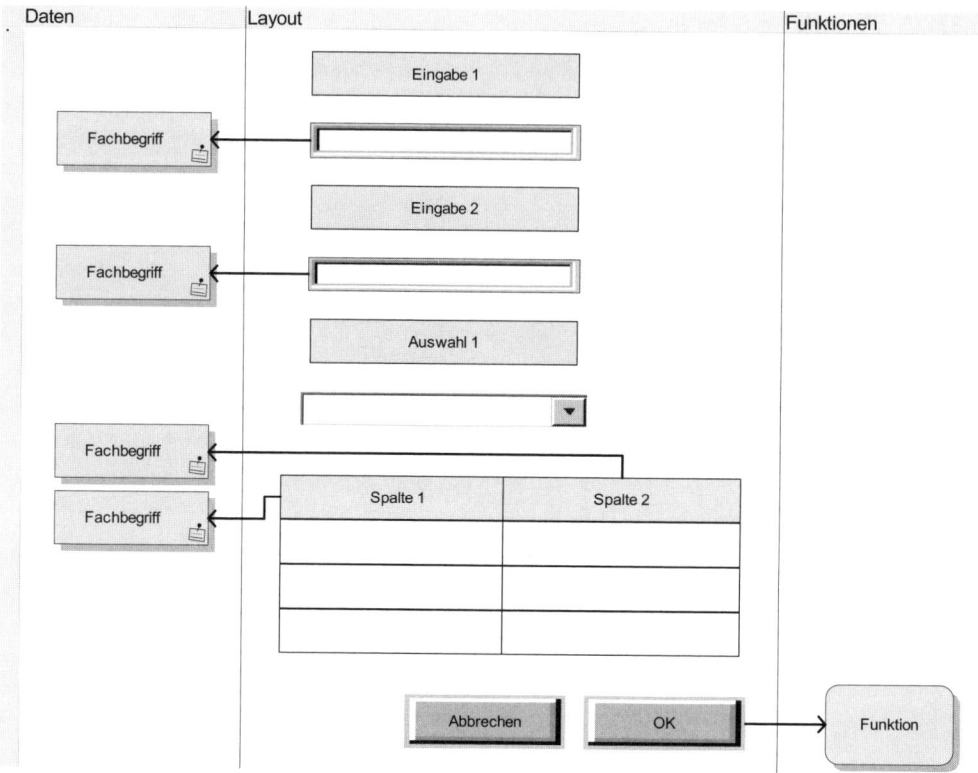

Abbildung 6.6 Maskenlayout – ein Beispiel

Weil die Benutzeroberfläche die Schnittstelle zwischen System und Benutzer darstellt, hat sie nach der Funktionalität den größten Einfluss auf die spätere Akzeptanz des Systems, denn sie stellt den Teil des Systems dar, den der Benutzer direkt sieht und auf dem er seine Arbeit ausführt.

Für den System-Realisierer stellt jede Beschreibung der Benutzerschnittstelle eine Hilfe bei der Realisierung dar. Neben der Frage nach der Detaillierung der Maskenbeschreibung, die vor allem aus Sicht des Fachbereichs relevant ist, interessiert er sich jedoch auch für die Frage bezüglich der Umsetzung und des Werkzeugs zur Maskenbeschreibung. Standardmodellierungsmethoden, die für die Prozessmodellierung eingesetzt werden, bieten in der Regel Methoden zur Modellierung einer ganzen Unternehmensarchitektur, so auch zur Modellierung von Masken, bis hin zur Modellierung eines vollständigen Maskenlayouts. Viele Softwareentwickler verwenden jedoch andere Tools zur grafischen Modellierung von Masken, die häufig den Vorteil haben, dass sie das grafische Modell sofort in ein entsprechendes Gerüst aus Quellcode umwandeln können. Die Frage nach der Umsetzung der Maskenbeschreibung kann also abhängig von den spezifischen Anforderungen beantwortet werden, darf jedoch auf die wesentlich wichtigere Frage nach Art und Detaillierung der Maskenbeschreibung keinen einschränkenden Einfluss nehmen.

6.3.4.2 Fachliche Systemarchitektur

Neben der Beschreibung einzelner Masken lässt sich der interne Aufbau eines Systems gut durch die Modellierung einer Systemarchitektur im Sinne einer fachlich sinnvollen Zusammenfassung von Masken zu Modulen abbilden. Module kapseln dabei bestimmte fachliche Funktionalitäten und können so bspw. unabhängig von anderen Modulen implementiert und getestet werden. Eine solche fachliche Zusammenfassung von Masken zu Modulen kann später auch als sinnvolle Menübaumstruktur verwendet werden. Darüber hinaus kann durch den Aufbau einer solchen Gesamtsystemstruktur die Gefahr verringert werden, dass Masken vergessen werden, die nicht direkt die aus dem Fachprozess abgeleiteten Funktionalitäten unterstützen, sondern bspw. zur Systemadministration benötigt werden. Abbildung 6.7 zeigt ein Beispiel für die Modellierung einer Systemstruktur.

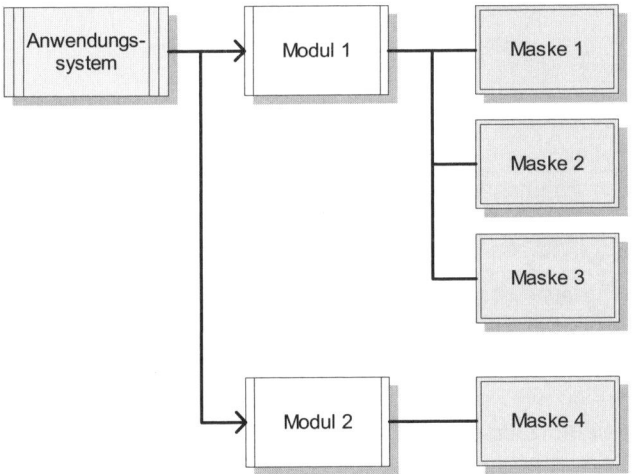

Abbildung 6.7
Systemstruktur – ein Beispiel

6.3.4.3 Maskenflüsse

Ein weiteres Beispiel für eine Systemkomponente, die sich zur Darstellung durch ein Modell eignet, ist die Übersicht der Maskenflüsse. Diese stellen die möglichen Navigationspfade innerhalb des Systems dar. Dabei sollten sich die Maskenflüsse bei der systemseitigen Bearbeitung der Fachprozesse bereits aus dem Systemablauf ergeben. Darüber hinaus müssen Maskenflüsse jedoch auch notwendige Rücksprünge und Abbrüche bei der Systemnutzung abbilden.

Insbesondere in Fällen, in denen ein Maskenlayout modelliert worden ist und den Masken somit auch einzelne Schaltflächen zugewiesen worden sind, lassen sich die möglichen Maskenflüsse in einem Modell zeigen, in dem alle Masken dargestellt und durch die jeweiligen Schaltflächen verbunden werden. Auf diese Weise lassen sich auch fehlende Schaltflächen im Maskenlayout identifizieren. Maskenflüsse kann man auch ohne Schaltflächen modellieren, indem man Masken direkt oder über logische Regeln miteinander verbindet (siehe Abbildung 6.8).

133

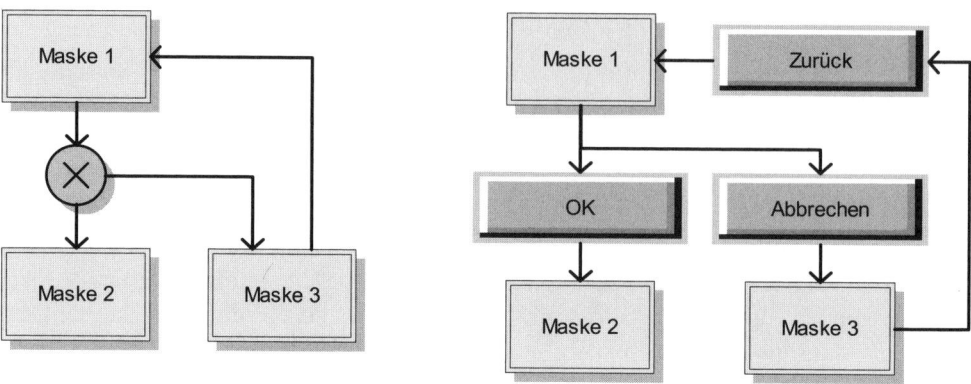

Abbildung 6.8 Maskenflüsse – ein Beispiel

6.3.4.4 Systemschnittstellen

Die Beschreibung der Schnittstellen, die ein neues System mit anderen Systemen verbindet, ist ein wichtiger Teil eines Fachkonzepts. Ob diese Schnittstellen modelliert werden sollten, ist dabei abhängig von den Rahmenbedingungen des Projekts. Im Rahmen einer Enterprise Architecture sollten alle vorhandenen Systeme inkl. ihrer Beziehungen zueinander bereits Teil des Unternehmensmodells sein, und auch das neue System wird spätestens nach der Realisierung Teil des Unternehmensmodells, so dass in diesem Fall sowohl die Notwendigkeit zur Schnittstellenmodellierung vorliegt, als auch eine entsprechende Methodik und Notation definiert ist. Dies sollten Sie im Rahmen einer Fachkonzepterstellung ausnutzen. Je nachdem, wie detailliert die benötigten Schnittstellen beschrieben werden sollen, kann eine Modellierung auch in Fällen sinnvoll sein, in denen kein größerer Modellierungsrahmen im Sinne einer EA vorliegt. Abbildung 6.9 zeigt ein Beispiel für die Modellierung von Systemschnittstellen. Neben der reinen Aufzählung und einfachen Darstellung von Schnittstellen kann diese Darstellung weiter detailliert werden, um nicht nur das Vorhandensein einer Schnittstelle zu zeigen, sondern auch die konkreten Daten, die über die-

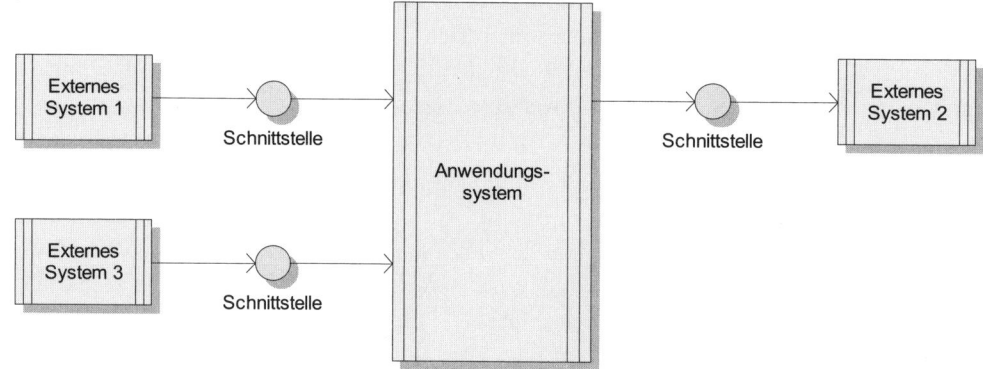

Abbildung 6.9 Systemschnittstellen – ein Beispiel

se Schnittstelle fließen. Auf dieser Ebene kann also eine Verbindung zur Beschreibung der Daten hergestellt werden, die bereits zur Darstellung des Systemablaufs verwendet worden sind. Unabhängig davon, wie die Beschreibung von Schnittstellen für ein Fachkonzept letztlich geartet ist, sollten folgende Informationen zu einer benötigten Schnittstelle angegeben werden:

- Welche Daten fließen über die Schnittstelle?
- In welche Richtung fließen Daten (ggf. auch in beide)?
- Von welchem System wird die Datenübertragung angestoßen?
- Wie wird die Datenübertragung angestoßen (durch das System/ durch den Benutzer)?

6.3.4.5 Benutzerrollen

Durch die Modellierung von Benutzerrollen lassen sich zwei Sachverhalte in der Darstellung eines Systemablaufs sehr einfach und strukturiert darstellen:

- Durch die direkte Verknüpfung bestimmter Benutzerrollen mit Verarbeitungsschritten des Ablaufs lässt sich automatisch eine Rechtematrix erzeugen, die die Zugriffsberechtigungen der einzelnen Benutzerrollen bezogen auf den Systemablauf darstellt.
- Vom System automatisch durchgeführte Verarbeitungsschritte werden gekennzeichnet, indem ihnen keine Benutzerrolle anmodelliert wird.

Die Beschreibung der verwendeten Benutzerrollen sollte verdeutlichen, warum man die jeweilige Benutzerrolle benötigt, warum sie definiert wurde und wie sie sich von den anderen Benutzerrollen abgrenzt. Sofern möglich und sinnvoll, lässt sich darüber hinaus in der Beschreibung eine Verbindung zur fachlichen Organisationssicht herstellen, indem man beschreibt, welche Mitarbeiter, Stellen oder Abteilungen etc. die jeweilige Benutzerrolle wahrnehmen sollen. Diese Zuordnung kann auch in einem Modell dargestellt werden, wie Abbildung 6.10 zeigt. Bei der Beschreibung von Benutzerrollen gilt es darauf zu achten, dass

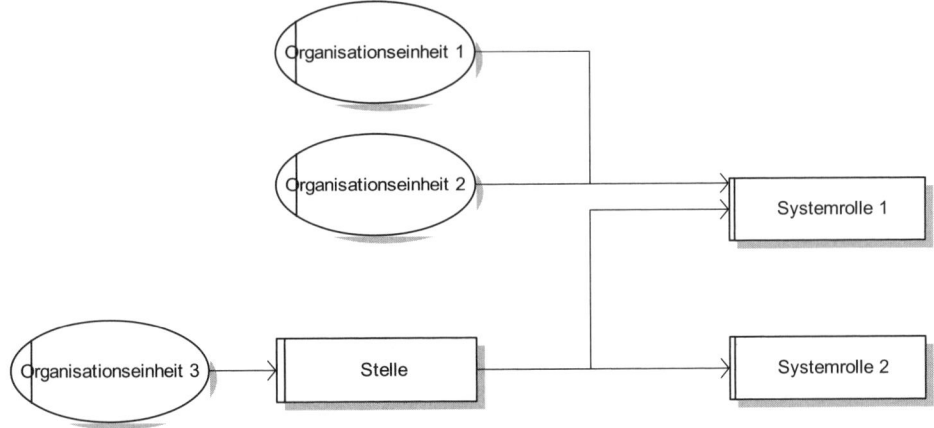

Abbildung 6.10 Rollenzuordnung – ein Beispiel

neben den an der fachlichen Systemfunktionalität orientierten Rollen ggf. auch Administratorrollen benötigt werden, zu deren Aufgaben bspw. Benutzerverwaltung oder Stammdatenpflege gehören.

6.3.4.6 Datenbeschreibung

Wie bereits erwähnt, werden bei der Modellierung des Systemablaufs für jeden Verarbeitungsschritt auch die be- und verarbeiteten Ein- und Ausgabedaten dargestellt. Diese Daten lassen sich nun aus fachlicher Sicht näher beschreiben. Die Art der Beschreibung muss auch hier vom jeweils aktuellen Kontext und den aktuellen Anforderungen abhängig gemacht werden und kann von einer kurzen fachlichen Beschreibung über eine einfache Darstellung der Zusammenhänge zwischen verschiedenen Daten (siehe Abbildung 6.11) bis hin zu einem vollständigen Datenmodell (z.B. ERM (Entity-Relationship-Modell)) reichen. Wichtig sind Unterscheidungen zwischen Stammdaten, die an zentraler Stelle gepflegt und von dort in das System übernommen und im Systemablauf bearbeitet oder erst erstellt werden. Angaben zum benötigten Format und bestehenden Abhängigkeiten zwischen Daten sind ebenfalls eine hilfreiche Information für den Realisierer. An dieser Stelle ist auch der Zusammenhang zwischen der Beschreibung der Daten und der Masken zu beachten, da bei der Beschreibung der Masken spezifiziert werden kann, welche Daten auf der Maske angezeigt und bearbeitet werden können. Ferner muss auch der Zusammenhang mit dem Fachprozess berücksichtigt werden, weil die fachlichen Informationen, die man zur Durchführung einer fachlichen Aufgabe benötigt, die bei der IT-technischen Unterstützung der fachlichen Aufgabe verarbeiteten Daten enthalten müssen.

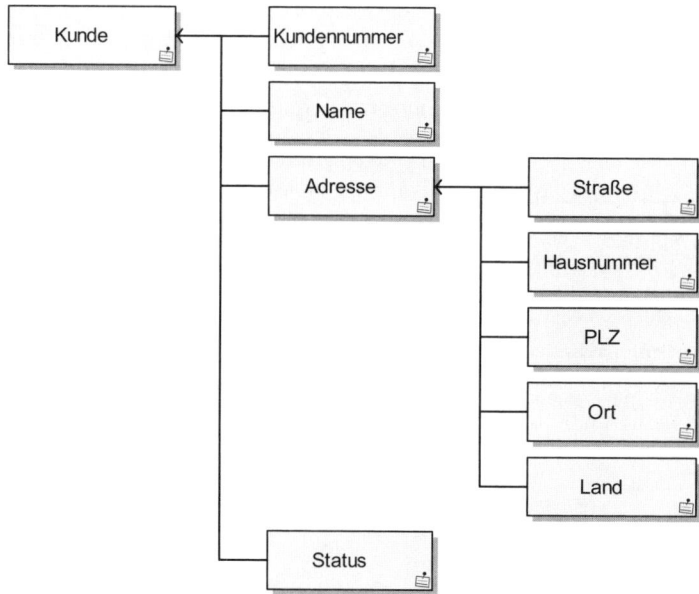

Abbildung 6.11
Datenbeschreibung –
ein Beispiel

6.4 Vom Modell zum Fachkonzept

Der vorige Abschnitt hat gezeigt, dass es vielfältige Möglichkeiten gibt, die Komponenten eines Systems als Modell darzustellen. Natürlich erzeugt Modellierung Aufwand, so dass man sich grundsätzlich immer die Frage stellen muss, ob durch die Modellierung eines Sachverhalts ein Mehrwert für die Qualität des Fachkonzepts entsteht. Ist dies nicht der Fall, sollte auf eine Modellierung verzichtet werden, um unwirtschaftlichen Aufwand zu vermeiden.

6.4.1 Anforderungen an ein Fachkonzept

Denn fest steht, dass das relevante Arbeitsergebnis letztlich keine Sammlung von Modellen, sondern ein Fachkonzept in Form eines geschriebenen Dokuments ist, das dem Realisierer des beschriebenen Systems ein möglichst gutes Bild von den Anforderungen der späteren Systembenutzer geben soll. Dabei bestehen bestimmte Anforderungen an dieses Fachkonzept sowohl inhaltlicher als auch formeller Natur.

6.4.1.1 Inhaltliche Anforderungen an ein Fachkonzept

Die inhaltlichen Anforderungen sollten teilweise durch die Modellierung erfüllt werden, indem durch Vorgabe einer bestimmten Modellierungsmethodik

- die Verständlichkeit bei allen Beteiligten,
- die Vollständigkeit,
- die Klarheit sowie
- die Strukturiertheit bestimmter Anforderungen verbessert wird.
- Das Ganze jedoch, wie erwähnt, unter der Voraussetzung der Wirtschaftlichkeit.

Der letzte Satz macht deutlich, dass es in einem Fachkonzept stets Inhalte gibt, die sich entweder nicht sinnvoll modellieren lassen oder deren Modellierung zumindest nicht mehr wirtschaftlich ist.

6.4.1.2 Formelle Anforderungen an ein Fachkonzept

Ausgehend von der Feststellung, dass ein Fachkonzept ein geschriebenes Dokument ist, muss neben einer Modellierungsmethodik auch ein Vorgehen entwickelt und implementiert werden, das festlegt, wie die modellierten Inhalte in das Fachkonzept-Dokument übertragen werden. Zu diesem Zweck wird das so genannte Reporting genutzt, das jedes Modellierungswerkzeug zur Verfügung stellen muss. Dabei wird in Skripten festgelegt, welche Inhalte aus der Modellierungsdatenbank abgefragt werden und wie diese Inhalte in einem bestimmten Ausgabeformat (z.B. doc, xls, html etc.) dargestellt werden. Hier ist die Verbindung zu den formellen Anforderungen an ein Fachkonzept: Weil ein Fachkonzept bestimmte (unternehmensspezifische) Kriterien bzgl.

- Layout und
- Schriftformaten

erfüllen muss, sollten die entsprechenden Skripte die modellierten Inhalte möglichst mit den geforderten Formatierungen ausgeben, um nachträglichen Bearbeitungsaufwand bzgl. Formatierungen zu vermeiden.

Eine weitere entscheidende formelle Anforderung an ein Fachkonzept ist die Notwendigkeit, einen durchgehenden Lesefluss im Sinne eines „roten Fadens" zu gewährleisten. Um einen solchen Lesefluss zu erreichen, ist eine Gesamtbearbeitung im Ergebnisdokument notwendig, was ebenfalls deutlich macht, dass eine vollständige Modellierung aller Inhalte eines Fachkonzepts schon aus formellen Gründen keinen Sinn ergibt.

6.4.2 Nicht modellierte Bestandteile eines Fachkonzepts

Im Folgenden beschäftigen wir uns mit den wichtigsten Teilen eines Fachkonzepts, die aus den oben genannten Gründen üblicherweise nicht modelliert werden sollten.

Wie schon erwähnt, muss ein Fachkonzept alle aus Sicht der Fachabteilung relevanten Anforderungen an ein zu realisierendes System enthalten. Ein modellbasierter Ansatz, wie er in diesem Kapitel beschrieben wird, unterstützt dabei vor allem bei der Identifikation und Spezifikation der funktionalen Systemanforderungen, indem, ausgehend vom zu unterstützenden Fachprozess, die benötigten Systemabläufe inkl. der relevanten statischen Systemkomponenten beschrieben werden.

6.4.2.1 Nicht funktionale Systemanforderungen

Neben diesen bestehen auch immer nicht funktionale Anforderungen an ein neues System, die sich nicht zwingend aus dem Fachprozess ergeben und oft auch übergreifend für das gesamte System gültig sind. Typische Arten nicht funktionaler Systemanforderungen sind:

- Zuverlässigkeit (Systemreife, Wiederherstellbarkeit, Fehlertoleranz)
- Aussehen und Handhabung
- Benutzbarkeit (Verständlichkeit, Erlernbarkeit, Bedienbarkeit)
- Leistung und Effizienz (Antwortzeiten, Ressourcenbedarf)
- Wartbarkeit/Änderbarkeit (Analysierbarkeit, Stabilität, Prüfbarkeit)
- Portierbarkeit/Übertragbarkeit (Anpassbarkeit, Installierbarkeit, Konformität, Austauschbarkeit)
- Sicherheitsanforderungen (Vertraulichkeit, Datenintegrität, Verfügbarkeit)

Funktionale und nicht funktionale Systemanforderungen sowie Systemschnittstellen sind die Kernbestandteile eines guten Fachkonzepts für ein zu realisierendes IT-System.

> Funktionale und nicht funktionale Systemanforderungen sowie Systemschnittstellen sind die Kernbestandteile eines guten Fachkonzepts für ein zu realisierendes IT-System.

6.4.2.2 Begriffsabgrenzung Lastenheft, Pflichtenheft, Fachkonzept

Die Begriffe „Fachkonzept" und „Lastenheft" werden häufig synonym verwendet. Laut DIN 69905 (Begriffe der Projektabwicklung) beschreibt ein Lastenheft die „vom Auftraggeber festgelegte Gesamtheit der Forderungen an die Lieferungen und Leistungen eines Auftragnehmers innerhalb eines Auftrages". Dies bedeutet, dass ein Lastenheft für eine Ausschreibung verwendet werden kann, da alle für den Auftragnehmer (den System-Realisierer) relevanten Informationen darin enthalten sind. Ein Fachkonzept beschreibt ganz allgemein ein Konzept auf einem bestimmten Fachgebiet. Bezogen auf IT-Systeme wird der Begriff meist zur Beschreibung der funktionalen Systemanforderungen sowie den Nutzen des Systems bezogen auf das entsprechende fachliche Anwendungsgebiet verwendet. Da im Rahmen eines IT-Projektabwicklungsprozesses meist nur die Begriffe „Lastenheft" und „Pflichtenheft" verwendet werden und es keine einheitliche Definition des Begriffs „Fachkonzept" gibt, bestehen auch keine konkreten formellen Anforderungen an ein Fachkonzept. Nach den oben genannten Definitionen und Begriffseinordnungen könnte man ein Fachkonzept jedoch als Teil eines Lastenheftes bzw. ein Lastenheft als ein Fachkonzept verstehen, das um notwendige Informationen für eine Ausschreibung ergänzt ist.

Der Begriff Pflichtenheft ist ebenfalls in der DIN 69905 definiert und beschreibt die „vom Auftragnehmer erarbeiteten Realisierungsvorgaben aufgrund der Umsetzung des vom Auftraggeber vorgegebenen Lastenhefts". Dies zeigt bereits den üblichen Projektabwicklungsprozess, in dem der Auftraggeber ein Lastenheft erstellt, in dem er beschreibt, *was* und *wofür* er etwas haben möchte. Basierend auf diesen Vorgaben, erstellt der Auftragnehmer ein Pflichtenheft, in dem er spezifiziert, *wie* er die Anforderungen aus dem Lastenheft umzusetzen gedenkt. Den Anforderungen aus dem Lastenheft stehen dabei jeweils Leistungen aus dem Pflichtenheft gegenüber.

Da wir ein Fachkonzept als eine vollständige Anforderungsbeschreibung für ein IT-System verstehen, sollte es neben den funktionalen Systemanforderungen und Systemschnittstellen auch die bereits erläuterten nicht funktionalen Systemanforderungen umfassen. Grundsätzlich sollten alle bestehenden und bekannten Anforderungen beschrieben werden. Diese können bspw. auch spezielle Anforderungen an die Sicherheit (z.B. Datenschutz, Analyse von Risiken, die auf das System wirken), an das Administrationskonzept, an den Testbetrieb (z.B. Bereitstellung von Testdaten), an die Inbetriebnahme (z.B. Erstellung von Dokumentationen, Erstellung eines Schulungskonzepts) und an den Betrieb des Systems umfassen.

6.4.3 Gliederungsvorschlag für ein Fachkonzept

Nachdem nun die Bestandteile eines vollständigen Fachkonzepts beschrieben und erläutert worden sind, schlagen wir folgende grobe Gliederung zur Orientierung vor:

1. Allgemeine Rahmenbedingungen (insbesondere Beschreibung der Ziele, inhaltliche Abgrenzung, Einordnung in den Gesamtprojektplan)
2. Analyse der Ist-Fachprozesse (insbesondere Beschreibung der zu behebenden Schwachstellen)

3. Beschreibung der Soll-Fachprozesse (insbesondere Beschreibung der Stellen im Prozess, an denen das neue IT-System unterstützen soll)

4. Funktionale Systemanforderungen (inkl. Beschreibung des Systemablaufs)

5. Nicht funktionale Systemanforderungen

6. Systemschnittstellen (Schnittstellen zu anderen IT-Systemen inkl. Datenflüsse)

7. Beschreibung statischer Systemkomponenten (Benutzeroberfläche, Daten, Rollenkonzept)

8. Beschreibung sonstiger Anforderungen (bspw. Sicherheit, Administration, Testbetrieb, Inbetriebnahme, Abnahme, Betrieb)

Abgesehen von den beschriebenen formellen Aspekten und der Anforderung eines durchgehenden Leseflusses wird auch durch diese Beispielgliederung noch einmal eines deutlich:

> Es sollten niemals alle Teile eines Fachkonzepts unter Verwendung einer Modellierungsmethodik und eines entsprechenden Werkzeugs erstellt werden.

6.5 Erstellung eines Fachkonzepts mit der Oracle BPA Suite

Nach der theoretischen Darstellung der modellgestützten Fachkonzeption folgt in diesem Abschnitt exemplarisch eine praktische Anwendung der Methodik. Ausgangsbasis ist dabei der bereits vorgestellte Fachprozess der Wareneingangsbearbeitung.

6.5.1 Fachprozess

Grundlage unseres Fachkonzepts ist der Wareneingangsprozess. Dabei wird Ware durch einen Lieferanten angeliefert. Zur Lieferung erhält der Mitarbeiter im Wareneingang vom Lieferanten auch den Lieferschein und die Warenbegleitpapiere. Im ersten Schritt wird nun überprüft, ob die Informationen auf dem Lieferschein (insbesondere die Artikelmengen) mit dem tatsächlich gelieferten Wareneingang übereinstimmen. Sofern Differenzen zwischen dem physischen Wareneingang und dem Lieferschein auftreten, werden diese auf dem Lieferschein zur weiteren Bearbeitung vermerkt. Darüber hinaus wird der Wareneingang mit der Bestellung abgeglichen. Bei Abweichungen zwischen der Bestellung und der Lieferung wird eine Prüfung der einzelnen Lieferpositionen durchgeführt. Dieser Prozess ist in Abbildung 6.12 dargestellt.

Der erste Schritt wird manuell, also ohne Systemunterstützung durchgeführt. Dabei wird für jeden abweichenden Artikel die Art der Abweichung zwischen Lieferung und Bestellung geprüft. Drei verschiedene Abweichungen sind jeweils möglich:

- Die gelieferte Artikelmenge ist kleiner als die bestellte Menge.
- Die gelieferte Artikelmenge ist größer als die bestellte Menge.
- Der falsche Artikel ist geliefert worden.

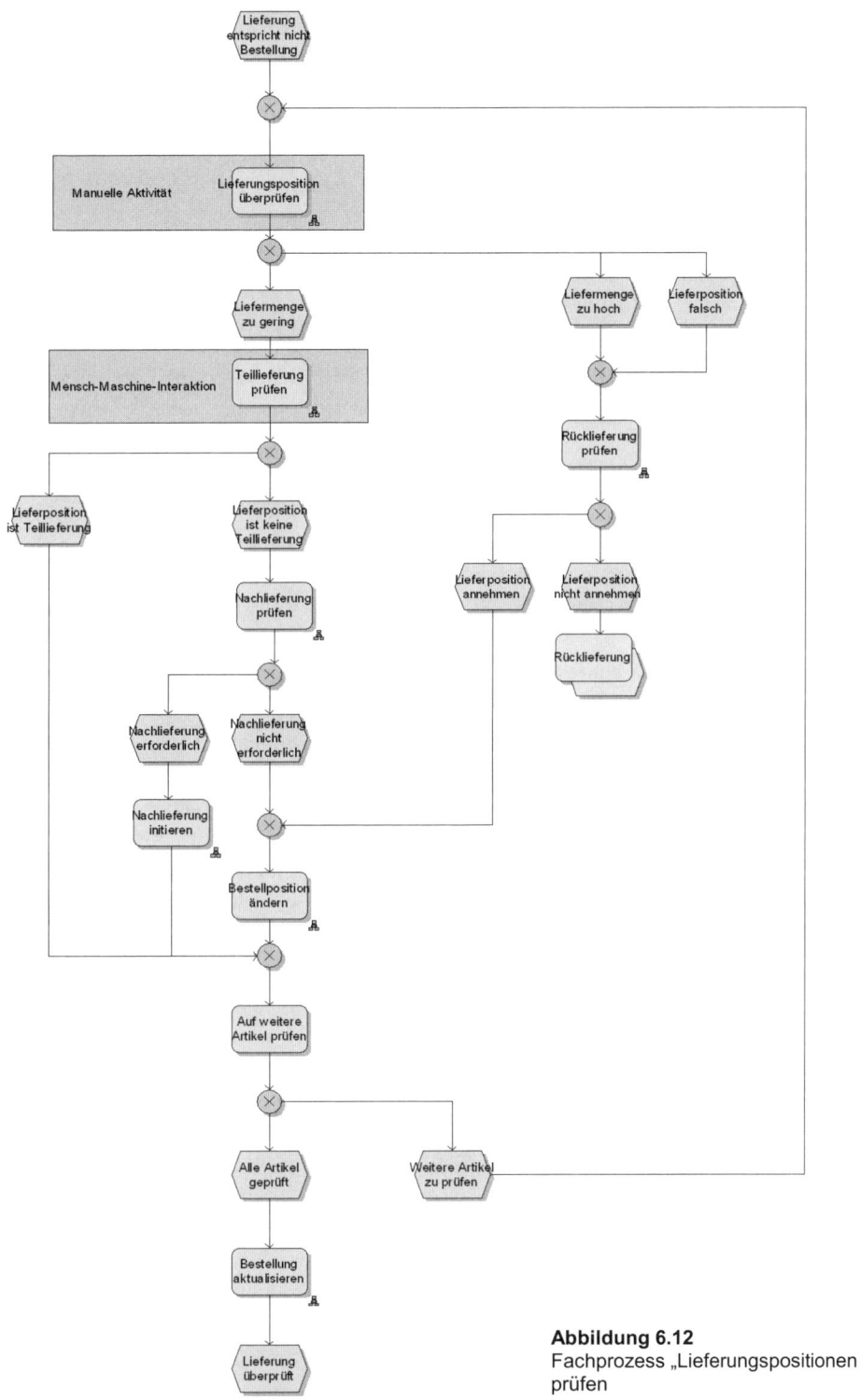

Abbildung 6.12
Fachprozess „Lieferungspositionen prüfen"

Für unser Fachkonzept ist der erste Fall, also die Mindermenge, interessant. Es ist möglich, dass mehr als eine Lieferung zu einer Bestellung gehört, dass also nicht alle bestellten Artikel in einer einzigen Lieferung, sondern in mehreren Teillieferungen enthalten sind. Diese Möglichkeit muss im Fall einer Mindermenge geprüft und das Ergebnis der Prüfung im System erfasst werden. Dieser Arbeitsschritt „Teillieferung prüfen" wird durch den Wareneingangsmitarbeiter in einer Interaktion mit dem System durchgeführt (siehe Abbildung 6.13).

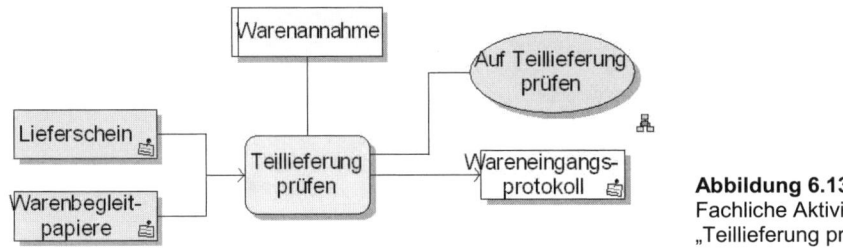

Abbildung 6.13
Fachliche Aktivität
„Teillieferung prüfen"

Wir gehen für unser Beispiel davon aus, dass der Fachprozess vorgegeben ist, es sich also entweder bereits um einen entwickelten Soll-Fachprozess oder einen Ist-Fachprozess, der nicht verändert, sondern lediglich IT-technisch unterstützt werden soll, handelt. Zur Durchführung der Aktivität „Teillieferung prüfen" werden die Informationen auf dem Lieferschein sowie die Warenbegleitpapiere benötigt. Das Ergebnis der Prüfung wird im System erfasst und kann in Form eines Wareneingangsprotokolls ausgegeben werden. Die Abteilung Warenannahme ist für die Durchführung der fachlichen Aktivität zuständig. Die IT-Unterstützung wird durch das Use-Case-Objekt „Auf Teillieferung prüfen" dargestellt, das direkt an die fachliche Funktion „Teillieferung prüfen" modelliert wird, die IT-technisch unterstützt werden soll. Dieses Use-Case-Objekt stellt eine Systemfunktionalität, also eine funktionale Systemanforderung an das neue System dar und bildet die Schnittstelle zur IT-Sicht, indem es nun mit einem IT-Prozess hinterlegt wird, der den Systemablauf abbildet.

6.5.2 Systemablauf

Der Systemablauf stellt das dynamische Systemverhalten der Funktionalität „Auf Teillieferung prüfen" in Form einer EPK dar (siehe Abbildung 6.14).

Der Systemablauf besteht aus verschiedenen Verarbeitungsschritten, die jeweils entweder durch einen Benutzer oder automatisch vom System durchgeführt werden. Ferner wird jeder Verarbeitungsschritt auf einer bestimmten Maske abgebildet, benötigt Ein- und/ oder erzeugt Ausgabedaten.

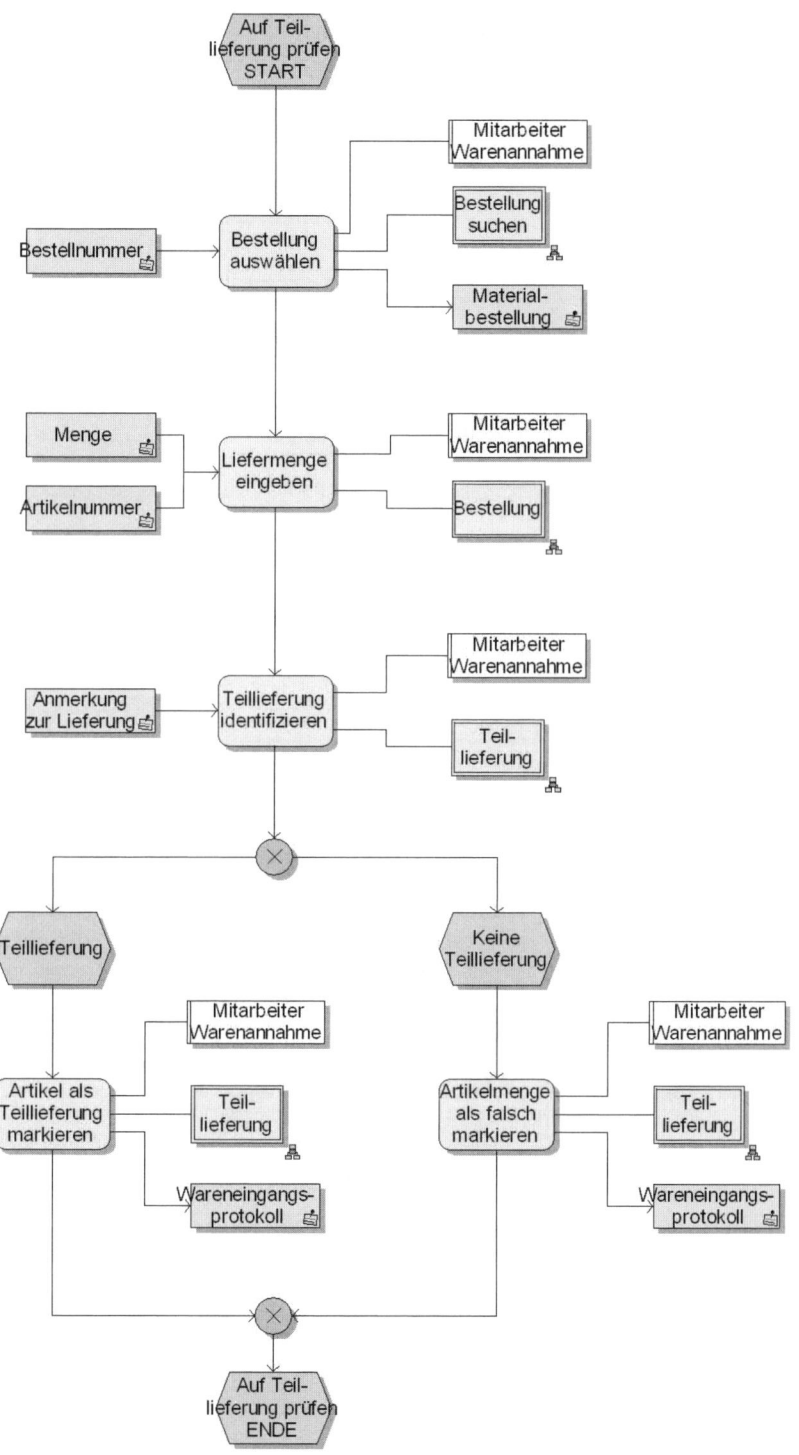

Abbildung 6.14 Systemablauf „Teillieferung prüfen"

Die Verarbeitungsschritte vom Objekttyp „Funktion" werden im Attribut „Beschreibung/ Definition" kurz beschrieben und können so direkt aus der Oracle BPA Suite ausgewertet werden:

Bestellung auswählen

Beschreibung/Definition	Auf Basis von Bestellnummer, Lieferantennummer, Bestelldatum, Bruttobetrag (jeweils und/ oder) können passende Rechnungen aus dem System aufgerufen werden. Die Rechnung zum aktuell zu bearbeitenden Lieferschein kann in einer neuen Maske vollständig angezeigt und bearbeitet werden.	
wird aktiviert durch	Auf Teillieferung prüfen START	Ereignis
ist Vorgänger von	Liefermenge eingeben	Funktion
steht unter DV-Verantwortung von	Mitarbeiter Warenannahme	Personentyp
wird repräsentiert durch	Bestellung suchen	Maske
hat Input	Bestellnummer	Fachbegriff
hat Output	Materialbestellung	Fachbegriff

Liefermenge eingeben

Beschreibung/Definition	Zu jeder Position der Bestellung wird die tatsächliche Liefermenge eingegeben. Dabei werden die Felder zunächst mit der Bestell- menge gefüllt, so dass eine Änderung nur für die Artikel durchge- führt werden muss, bei denen die tatsächlich gelieferte Menge von der Bestellmenge abweicht. Dabei kann eine Abweichung nur darin bestehen, dass die Liefermenge kleiner als die Bestellmenge ist. Den Fall Liefermenge > Bestellmenge muss das System nicht ab- decken, da dieser Fall auf andere Weise bearbeitet wird (siehe Fachprozess).	
folgt auf	Bestellung auswählen	Funktion
ist Vorgänger von	Teillieferung identifizieren	Funktion
steht unter DV-Verantwortung von	Mitarbeiter Warenannahme	Personentyp
wird repräsentiert durch	Bestellung	Maske
hat Input	Menge	Fachbegriff
	Artikelnummer	Fachbegriff
hat Output		

Teillieferung identifizieren

Beschreibung/Definition	Wird zu einem Artikel eine kleinere Liefermenge eingegeben als die Bestellmenge, öffnet sich eine neue Maske, auf der der Grund für die Abweichung angegeben werden muss. Dabei muss der Benutzer diesen Grund den Warenbegleitpapieren entnehmen, auf denen der Lieferant weitere Informationen zu Lieferung und Lieferschein angeben kann. Auf Basis dieser Informationen muss der Benutzer entscheiden, ob es sich um eine Teillieferung handelt oder ob tatsächlich eine falsche Menge geliefert worden ist.	
folgt auf	Liefermenge eingeben	Funktion
führt zu	(unbenannt)	Regel
steht unter DV-Verantwortung von	Mitarbeiter Warenannahme	Personentyp
wird repräsentiert durch	Teillieferung	Maske
hat Input	Anmerkung zur Lieferung	Fachbegriff
hat Output		

Artikel als Teillieferung markieren

Beschreibung/Definition	Ist die Liefermenge kleiner als die Bestellmenge, da es sich bei der Lieferung nur um eine Teillieferung handelt, so wird dieser Fall auf der Maske angewählt und die Information zur entsprechenden Bestellposition im Wareneingangsprotokoll im System gespeichert.	
wird aktiviert durch	Teillieferung	Ereignis
führt zu	(unbenannt)	Regel
steht unter DV-Verantwortung von	Mitarbeiter Warenannahme	Personentyp
wird repräsentiert durch	Teillieferung	Maske
hat Input		
hat Output	Wareneingangsprotokoll	Fachbegriff

Artikel als falsch markieren

Beschreibung/Definition	Ist die Liefermenge kleiner als die Bestellmenge, weil es sich um keine Teillieferung handelt, sondern tatsächlich um eine Falschlieferung handelt, so wird dieser Fall auf der Maske angewählt und die Information zur entsprechenden Bestellposition im Wareneingangsprotokoll im System gespeichert.	
wird aktiviert durch	keine Teillieferung	Ereignis
führt zu	(unbenannt)	Regel

steht unter DV-Verantwortung von	Mitarbeiter Warenannahme	Personentyp
wird repräsentiert durch	Teillieferung	Maske
hat Input		
hat Output	Wareneingangsprotokoll	Fachbegriff

Das Beispiel zeigt, dass bei einem gut modellierten Systemverhalten die relevanten Informationen für das Fachkonzept komplett aus der BPA Suite generiert werden können.

6.5.3 Statische Systemkomponenten

Nachdem wir nun den Systemablauf konstruiert haben, der den Fachprozess unterstützen soll, fehlt noch die Beschreibung der statischen Systemkomponenten. Hier beginnen wir bei der Betrachtung der verarbeiteten Daten.

6.5.3.1 Datenbeschreibung

Während die im Rahmen eines Prozesses verarbeiteten oder erzeugten Informationen in der Fachsicht in Form von Geschäftsobjekten dargestellt werden, müssen wir in der IT-Sicht einen Schritt weiter ins Detail gehen und die konkreten Daten beschreiben, die das System zur Verarbeitung benötigt und erzeugt. Im ersten Schritt stellen wir den Zusammenhang zwischen den Geschäftsobjekten und den Daten her, die in den Geschäftsobjekten enthalten sind. Dazu erstellen wir mit der Oracle BPA Suite ein Fachbegriffsmodell, in dem wir auf der linken Seite die Geschäftsobjekte der Fachsicht anordnen und auf der rechten die Daten der IT-Sicht. Über die Kante „umfasst" wird deutlich gemacht, welche Daten in welchen Geschäftsobjekten enthalten sind. Die Geschäftsobjekte und Daten werden ferner im Attribut „Beschreibung/ Definition" kurz beschrieben. Eine Übersicht über die im Modell dargestellten Objekte und deren Beschreibung lässt sich so automatisch aus der Oracle BPA Suite generieren. Vom Objekttyp her sind alle Geschäftsobjekte in unserem Beispiel Fachbegriffe, was sinnvoll ist, weil die IT-Geschäftsobjekte normalerweise in den fachlichen Geschäftsobjekten enthalten sind und lediglich eine Detaillierung darstellen. So stellt das IT-Geschäftsobjekt „Artikelnummer" grundsätzlich auch eine fachliche Information dar, die einer Material-Bestellung oder einem Lieferschein auch ohne IT-Unterstützung entnommen werden kann. Lediglich der Detaillierungsgrad erlaubt eine direkte Abbildung als ein Datum in einem System. Zur Unterscheidung zwischen fachlichen und IT-Geschäftsobjekten im Modell aus Abbildung 6.15 sind die fachlichen Geschäftsobjekte als weiße Kästchen dargestellt.

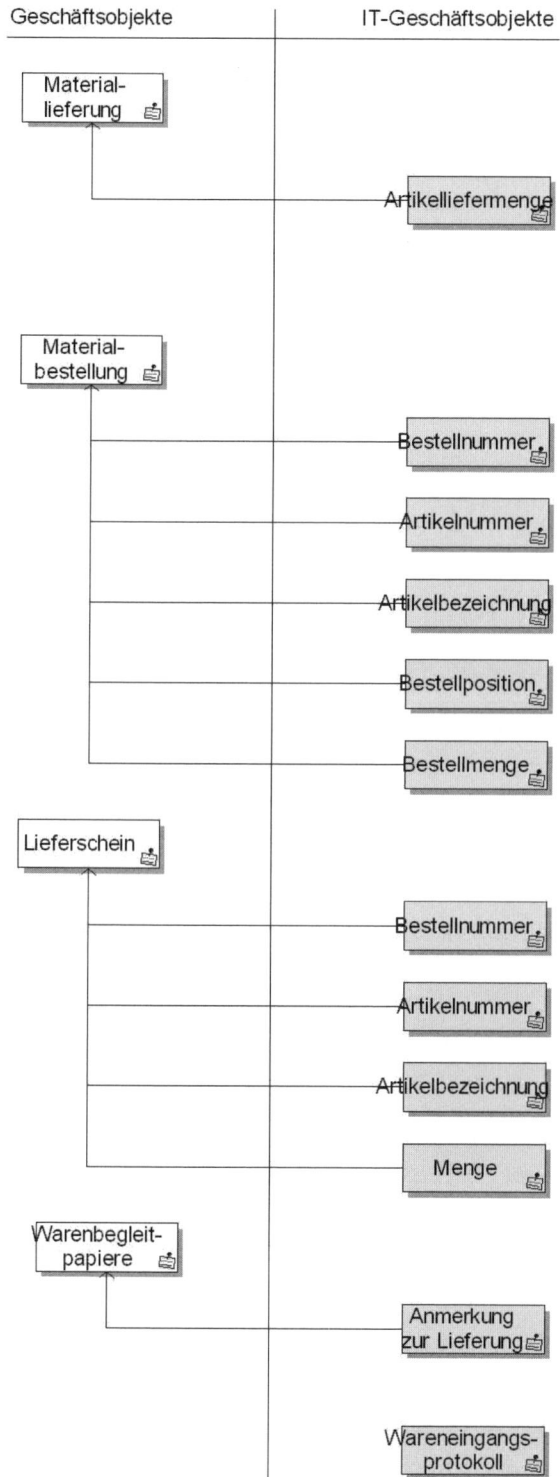

Abbildung 6.15
Zusammenhang zwischen fachlichen
und IT-Geschäftsobjekten

6.5.3.2 Maskenbeschreibung

Nachdem die von unserem System be- und verarbeiteten sowie neu erstellten Daten nun beschrieben sind, konzipieren wir die Bildschirmdialoge, die das System zur Interaktion mit dem Benutzer verwendet. Bei der Spezifikation eines Maskenentwurfs sollten Sie sich immer im Klaren darüber sein, dass die einzelnen Masken der für die späteren Systembenutzer sichtbare Teil des Systems sind. Daher sollten Anforderungen der späteren Benutzer (sofern sie bestehen) auch in die Konzeption mit einbezogen werden, um die spätere Akzeptanz des Systems zu erhöhen. Wie bereits in Abschnitt 6.3.4.1 erläutert, kann der Detaillierungsgrad einer Maskenbeschreibung zwischen einer rein textlichen Beschreibung der dargestellten Informationen und möglichen Benutzeraktionen über ein Maskendiagramm, das die Struktur einer Maske darstellt, bis hin zu einem Maskendesign variieren, abhängig von den konkreten Anforderungen der späteren Systembenutzer aus dem Fachbereich. In unserem Beispiel haben diese eine sehr genaue Vorstellung des Maskenlayouts, so dass wir uns für den Modelltyp Maskendesign entschieden haben. Der Zusammenhang zu den in der Maske dargestellten und bearbeiteten Daten wird im Maskendesign ebenfalls klar. Im Attribut „Beschreibung/Definition" haben wir dabei beschrieben, welche Aktionen der Benutzer auf der Maske ausführen kann:

Bestellung suchen (siehe Abbildung 6.16)

Beschreibung/Definition	Die Maske dient der Suche nach im System vorhandenen Bestellungen anhand definierter Suchkriterien: – Lieferantennummer – Bestellnummer – Bestelldatum – Bruttobetrag Dabei kann eine beliebige Zahl an Feldern ausgefüllt werden. Alle Bestellungen, die allen ausgefüllten Suchkriterien entsprechen, werden nach Betätigung der Schaltfläche „Bestellungen anzeigen" angezeigt. Wenn kein einziges Suchkriterium angegeben wird, werden alle Bestellungen im System angezeigt. Durch Betätigung der hinter jeder gefundenen Bestellung angezeigten Schaltfläche „Bestellung anzeigen" wird die entsprechende Bestellung in einer neuen Maske geöffnet.

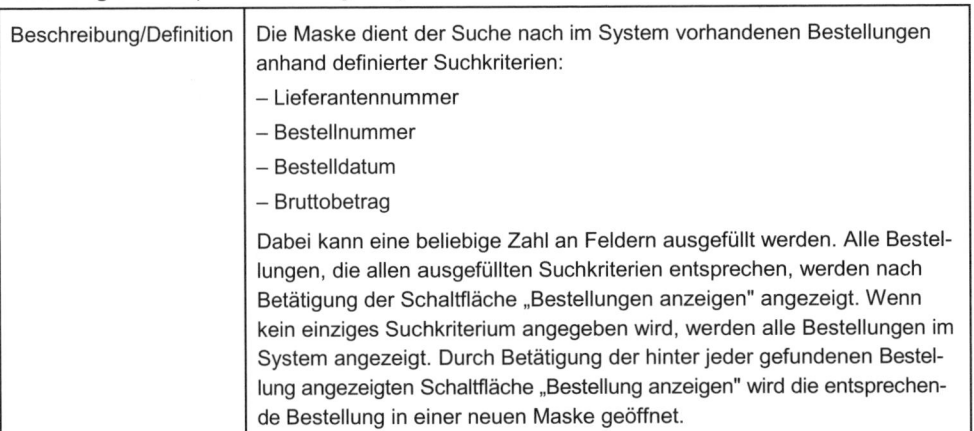

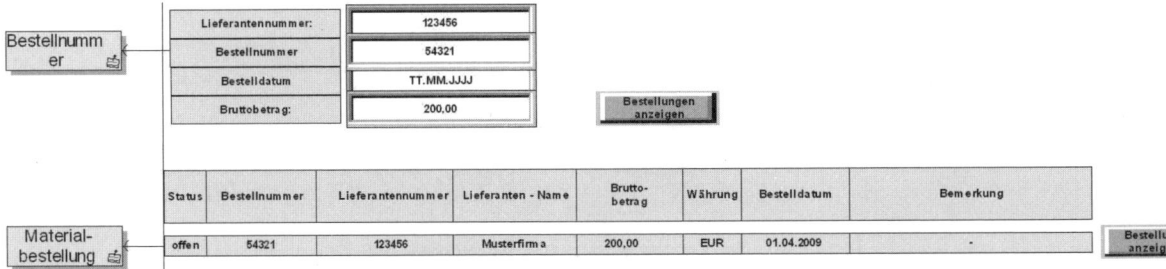

Abbildung 6.16 Maske „Bestellung suchen"

Bestellung (siehe Abbildung 6.17)

Beschreibung/Definition	Auf dieser Maske wird eine bestimmte Bestellung angezeigt. Das einzige Feld, das der Benutzer verändern kann, ist die gelieferte Menge zu jeder Artikelposition der Bestellung. Dabei wird dieses Feld vor der Bestellungsbearbeitung mit der bestellten Menge gefüllt, die auch in der Spalte „Bestellmenge" angezeigt wird. Der Benutzer muss also nur Änderungen vornehmen, sofern es bei einem Artikel eine Abweichung zwischen bestellter und tatsächlich gelieferter Menge gibt. Dabei erlaubt das System nur den Fall Liefermenge < Bestellmenge. Wird eine Liefermenge > Bestellmenge eingegeben, ignoriert das System die Eingabe und füllt das Feld wieder mit dem vorher gespeicherten Wert (vor der ersten Bearbeitung also die Bestellmenge). Gibt der Benutzer eine Liefermenge < Bestellmenge ein, so öffnet sich automatisch eine neue Maske, in der der Grund für die Abweichung angegeben werden muss. Dieser Grund wird für die Artikelposition gespeichert. Über das Feld „Bemerkung" kann der Benutzer im Freitext eine Bemerkung zur Bestellung erfassen. Nach Beendigung der Bearbeitung kann der Benutzer seine Änderungen über die Schaltfläche „Änderungen speichern" sichern und über die Schaltfläche „Wareneingangsprotokoll drucken" ein Protokoll ausdrucken, das die angezeigten Informationen inkl. der bei abweichenden Liefermengen angegebenen Gründe enthält. Dabei muss das System den Benutzer darauf hinweisen, dass nur gespeicherte Änderungen ausgedruckt werden, so dass der Benutzer Änderungen erst speichern muss, bevor er das Wareneingangsprotokoll ausdruckt.

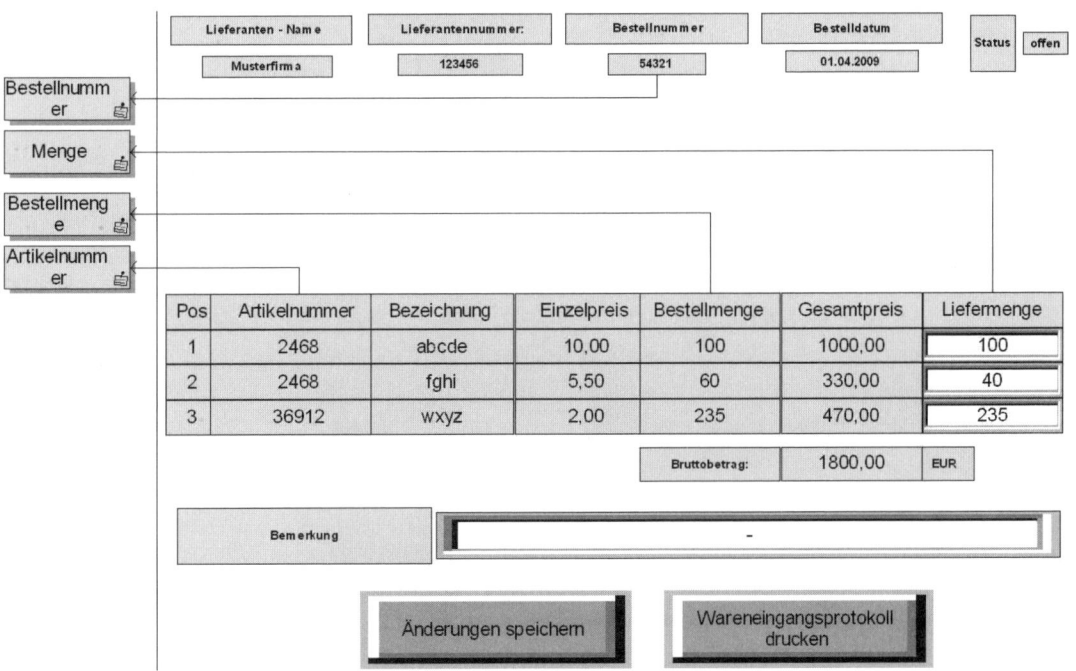

Abbildung 6.17 Maske „Bestellung"

Teillieferung (siehe Abbildung 6.18)

Beschreibung/Definition	Gibt der Benutzer zu einer Artikelposition einer Bestellung eine kleinere Liefermenge als die bestellte Menge ein, muss er auf dieser Maske den Grund für die Abweichung angeben. Es kann sich bei der gelieferten Menge entweder um eine Teillieferung handeln, so dass die Differenz zur bestellten Menge in einer weiteren Lieferung nachkommen wird, oder die gelieferte Menge ist tatsächlich falsch. Der gewählte Grund wird zur Artikelposition gespeichert, und die Maske wird geschlossen, so dass der Benutzer wieder auf die Bestellungsmaske gelangt.

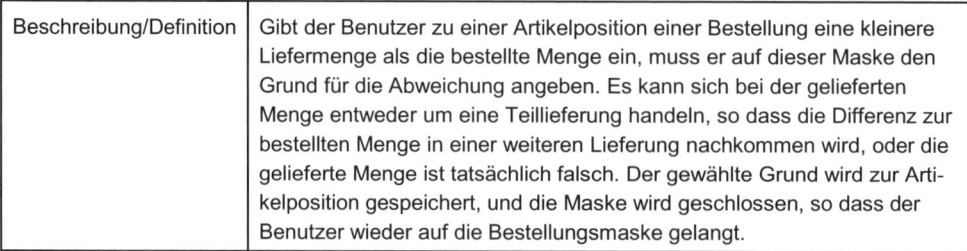

Abbildung 6.18
Maske „Teillieferung"

6.5.3.3 Maskenflüsse

Nachdem die Masken für unser System beschrieben sind, kann die Navigation zwischen diesen in einem Extra-Modell dargestellt werden, um sicherzustellen, dass keine notwendigen Navigationspfade vergessen werden. Bereits die Darstellung des Systemablaufmodells zeigt, dass der Benutzer von der Maske „Bestellung suchen" auf die Maske „Bestellung" und im Falle einer zu geringen Liefermenge auf die Maske „Teillieferung" gelangen muss. Um weitere Artikel zu bearbeiten, ist also auch ein Rücksprung auf die Maske „Bestellung" notwendig. In unserem sehr überschaubaren Beispiel, in dem nur ein Ausschnitt eines Systems betrachtet wird, bringt die Maskennavigation aufgrund der sehr geringen Komplexität des Systems möglicherweise wenig Mehrwert. Stellen Sie sich nun jedoch ein System vor, das zahlreiche Funktionalitäten mit hinterlegten Systemabläufen auf mehreren Masken beinhaltet (siehe Abbildung 6.19). In diesem Fall stellt eine Darstellung des Zusammenhangs und der Navigation zwischen den verschiedenen Masken eine große Hilfe dar, sowohl für den Ersteller des Fachkonzepts als auch für den Realisierer:

Abbildung 6.19
Maskenflüsse

6.5.3.4 Benutzerrollen

Das dargestellte Beispiel macht sicherlich kein komplexes Rollenkonzept notwendig. Aus dem Systemablauf kann nur eine Benutzerrolle „Mitarbeiter Warenannahme" entnommen werden. Auch hier gilt jedoch, dass bei einem komplexeren System auch das ggf. notwendige Rollenkonzept berücksichtigt werden muss. Es empfiehlt sich dabei, die Zuordnung der notwendigen Benutzerrollen zu den entsprechenden Organisationseinheiten aus den Fachprozessen darzustellen und die Benutzerrollen kurz zu beschreiben (siehe Abbildung 6.20).

Abbildung 6.20
Organisatorische Zuordnung der Benutzerrolle „Mitarbeiter Warenannahme"

Mitarbeiter Warenannahme

Beschreibung/Definition	Die Benutzerrolle „Mitarbeiter Warenannahme" hat die Berechtigung, im System vorhandene Bestellungen zu bearbeiten, um die Bestelldaten mit den Daten, die sich aus Wareneingängen ergeben, abzugleichen.

Die Rechte einer Benutzerrolle lassen sich bei korrekter Modellierung der Systemabläufe direkt in Form einer Matrix aus der Oracle BPA Suite generieren, indem die Beziehungen der einzelnen Rollen (Objekte vom Typ „Personentyp") zu den einzelnen Funktionen aus den Systemabläufen ausgegeben werden (siehe Abbildung 6.21).

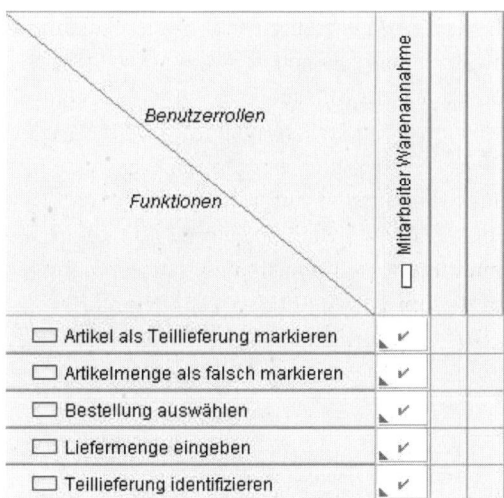

Abbildung 6.21
Rechtematrix für die Benutzerrolle „Mitarbeiter Warenannahme"

Wie bereits bei der Konzeption notwendiger Masken muss auch beim Rollenkonzept die Administration des Systems mit berücksichtigt werden. Verfügt ein System über ein Rollenkonzept, so muss bspw. eine Administratorrolle definiert werden, die Benutzer einrichten und diesen die entsprechende Rolle zuordnen kann. Auch die Zuordnung bestimmter Rechte zu einer Rolle ist eine notwendige Administrationsfunktionalität, die auf einer entsprechenden Maske ausgeführt werden muss.

7 Identifizierung und Modellierung fachlicher Services für SOA

7.1 Zentrale Fragen dieses Kapitels

- Was ist ein Service?
- Welchen Nutzen generiert die Verwendung von Services?
- Wie werden Services im Unternehmen nutzbar gemacht?
- Wie werden Services identifiziert und modelliert?

7.2 Services und SOA

SOA hat den Sprung vom Hype in die Realität geschafft. Immer mehr Unternehmen haben damit begonnen, SOA zu etablieren. Insbesondere prozessorientierte Unternehmen erkennen, dass sie über eine gute Grundlage für SOA verfügen und versprechen sich Vorteile von der Einführung einer SOA, wie zum Beispiel, flexiblere Geschäftsprozesse oder eine erhöhte Innovationsfähigkeit leichter umsetzen zu können.

Ein Grundgedanke von SOA ist es, ausgehend von fachlichen Anforderungen ein durchgängiges Konzept bis zur Implementierung in der IT bereitzustellen. Oftmals wird dieser Ansatz durch eine allzu ambitionierte IT oder nicht genügend Kapazitäten auf Seiten der Business-Analysten torpediert, und man beschäftigt sich in erster Linie mit reinen IT-Themen einer SOA. In der Praxis lässt sich beispielsweise oft beobachten, dass die Infrastruktur vor dem Beginn der Anforderungsanalyse gekauft wird.

Dieses Kapitel vermittelt, wie fachliche Anforderungen an SOA in Form von Services erstellt und dokumentiert werden können. Außerdem wird in diesem Kapitel ein grundlegendes Verständnis für SOA und Services geschaffen, soweit es für dieses Buch notwendig ist.

Die Begriffe „Service" und „SOA" wurden in den letzten Jahren häufig sehr unterschiedlich interpretiert und verwendet. Die Ursachen sind vielfältig. Zum Teil liegt es am Marketing der verschiedenen Beratungsdienstleister und Systemanbieter, die den SOA Hype zur Verkaufsförderung genutzt haben.

Dies ist ein noch nicht behobenes Manko. Es gibt noch immer keine umfassende und allgemein anerkannte Definition von SOA. Das Standardisierungsgremium OASIS hat einen ersten Schritt in diese Richtung unternommen und ein SOA-Referenzmodell veröffentlicht. In diesem Modell wird primär der Begriff Service beschrieben. In dieser Form reicht es als ausschließliche Definition für eigene SOA-Vorhaben noch nicht aus. So muss unternehmensintern eine einheitliche Definition geschaffen werden.

> Mindestens vor Beginn des ersten SOA-Vorhabens müssen die Begriffe „Service" und „SOA" einheitlich definiert werden. Im Idealfall gibt es eine unternehmensweite Definition. Diese Definition muss für alle beteiligten Mitarbeiter gelten und im Projektverlauf eingehalten werden, um Reibungsverluste in der Kommunikation zu vermeiden.

Um in diesem Buch Methoden und Ziele rund um SOA richtig einordnen und verstehen zu können, definieren wir zunächst einige grundlegende SOA-Elemente.

7.2.1 Was ist ein Service?

Ein Service kann aus zwei Perspektiven betrachtet werden: der fachlichen und der technischen. Je nach Blickwinkel werden einem Service unterschiedliche Eigenschaften zugeschrieben. Die folgenden Eigenschaften gelten allgemein für jeden Service:

- Ein Service bietet einem Konsumenten einen Nutzen.
- Ein Service kapselt fachliche Funktionalität.
- Ein Service besitzt wohldefinierte Schnittstellen.
- Ein Service ist unabhängig von Kontext und Struktur anderer Services.
- Ein Service ist wiederverwendbar.

Ein Service bietet dem Konsumenten einen Nutzen

Ein Service bietet eine Leistung an. Die Leistung wird von einem Konsumenten in Anspruch genommen. Der Nutzen liegt also auf Seiten des Konsumenten und nicht primär auf Seiten des Service-Anbieters.

Diese Eigenschaft sorgt für eine der größten Hürden, wenn Services identifiziert und nutzbar gemacht werden sollen. Der Aufwand, diesen Service zu erstellen, liegt beim Anbieter. Die Frage „Wer bezahlt die Implementierung?" wird meist mit „Der Anbieter!" beantwortet. Aus Sicht eines potenziellen Anbieters besteht unter Umständen kein Interesse, seine Leistungen als Services anzubieten. Er müsste Zeit und Geld investieren, um Konsumenten eine Leistung anbieten zu können. An dieser Stelle ist Managementunterstützung nötig, um den unternehmensweiten Nutzen über Verantwortungsgrenzen hinweg zu realisieren.

Ein Service kapselt fachliche Funktionalität

Services besitzen ein fachliches Aufgabengebiet. Ein Service kapselt die in diesem Aufgabengebiet erbrachten Leistungen und bietet sie Konsumenten an. Ein „Telefonbuch-Service" könnte zum Beispiel die Leistung anbieten, zu einem Namen die entsprechende Telefonnummer zu suchen. Der gleiche Service kann auch die Leistung anbieten, zu einer bestimmten Telefonnummer den Nummerninhaber zu suchen. Beide Leistungen fallen fachlich in das gleiche Aufgabengebiet und sollten über einen Service angeboten werden.

Services verfügen über eine wohldefinierte Schnittstelle

Wenn ein Service genutzt werden soll, braucht er eine definierte Schnittstelle, wie diese Leistung in Anspruch genommen werden kann. In der Regel beinhaltet eine Schnittstellenbeschreibung die Leistungen, Nachrichtenbeschreibungen (eingehende und ausgehende Nachrichten) und den Kommunikationskanal. Diese Schnittstelle ist aus Sicht des Konsumenten das Einzige, was er kennen muss, um den Service zu nutzen. Die eigentliche Realisierung der Leistung ist hinter der Schnittstelle verborgen.

Services sind unabhängig

Aus Sicht eines Konsumenten sind Services immer unabhängig. Ein Konsument muss nur genau den Service anfragen, dessen Leistung er nutzen möchte. Zur Erlangung dieser Leistung ist kein weiterer Service notwendig. Jeder Service besitzt seine eigene Schnittstellenbeschreibung und dementsprechend auch eine eigene Nachrichtenstruktur in dieser Schnittstelle. Auch wenn der Konsument aus der Komposition mehrerer Services einen höherwertigen Service erstellt, sind die verwendeten Services immer noch unabhängig.

Services sind wiederverwendbar

Die vom Service bereitgestellte Leistung soll sich in verschiedenen Anwendungsfällen nutzen lassen. Der Service stellt in der Regel keine Leistungen bereit, die so speziell sind, dass sie lediglich in einem Anwendungsfall verwendet werden können.

7.2.2 Missverständnis Service

Werden Services in der IT realisiert, spricht man auch hier von einem „Service". Wenn Services implementiert werden sollen, werden sie häufig als Web Services implementiert. Die Ähnlichkeit der Namen führt oft zu einer falschen Gleichsetzung. Mit Web Services ist eine Technologie gemeint. Insbesondere wenn IT und Fachbereich miteinander sprechen, wird schnell von Seiten der IT angenommen, dass der Fachbereich von Web Services spricht, wenn sie über Services sprechen. Diese Interpretation gilt es zu vermeiden. Ein fachlicher Service muss nicht zwangsläufig in der IT realisiert werden! Ein ähnliches Missverständnis tritt auch andersherum auf. Wenn der IT-Bereich über Web Services spricht, müssen diese nicht immer einen fachlichen Hintergrund haben. Die Web-Service-Technologie ist insbesondere in Integrationsprojekten weit verbreitet und bietet der IT eine einfache Methode, Systemgrenzen zu überwinden.

Ein Ziel von SOA ist es, diesen Bereich, in dem sich Fachwelt und IT-Welt überschneiden, zu vergrößern. Es wird jedoch auch mit SOA noch rein fachliche und rein technische Services geben. Wenn Sie versuchen, fachliche Services möglichst ähnlich in der IT abzubilden, bringt das die Herausforderung mit sich, die verschiedenen Servicearten auseinanderzuhalten, wenn Fachbereiche und IT-Bereiche miteinander kommunizieren.

7.2.3 Atomare und zusammengesetzte Services

Eine wichtige Unterscheidung für Serviceanbieter ist auch die Art, wie der Service seine Leistung erbringt. Aus Sicht des Konsumenten ist nicht ersichtlich und auch nicht wichtig, ob es sich um einen atomaren oder zusammengesetzten Service handelt. Von atomaren Services spricht man, wenn der Service die Leistung alleine bereitstellt. Von zusammengesetzten Services spricht man, wenn der Service zur Erstellung seiner Leistung andere Services verwendet. Diese Unterscheidung ist für einen Serviceanbieter deswegen wichtig, weil der zusammengesetzte Service von den genutzten Services abhängig ist. Eine Änderung an den verwendeten Services wirkt sich also direkt auf den zusammengesetzten Service aus.

7.2.4 Was ist eine SOA?

Services bieten dem Konsumenten einen Nutzen. In diesem Abschnitt wird beschrieben, wie Services nutzbar gemacht werden. Dies verbirgt sich hinter den drei prominenten Buchstaben SOA.

Die unserer Ansicht nach beste Definition von SOA stammt von OASIS (Organization for the Advancement of Structured Information Standards), welche es sich unter anderem zur Aufgabe gemacht hat, die Begriffswelt rund um SOA zu standardisieren:

> *„Service Oriented Architecture (SOA) is a paradigm for organizing and utilizing distributed capabilities that may be under the control of different ownership domains."* [Oasi06]

Die OASIS-Definition ist frei von IT. Es gibt keinen Zwang, Services in der IT realisieren zu müssen. Dementsprechend ist es auch möglich, eine rein fachliche SOA zu erstellen. In der Praxis haben wir diese Bestrebung jedoch noch nicht sehen können. Oft wird sogar nicht nur eine SOA angestrebt, sondern direkt das aufbauende Konzept der Prozessautomatisierung ins Visier genommen.

An die Frage „Was ist SOA?" schließt sich meist direkt die Frage „Wie funktioniert es?" an. Beschäftigt man sich mit den Definitionen und Beschreibungen zu SOA, stößt man immer wieder auf ein Grundkonzept:

- Es gibt einen Service, den ein Anbieter bereitstellt.
- Es gibt einen Konsumenten, der diesen Service nutzt.
- Es gibt ein Verzeichnis, über welches der Service gefunden werden kann.

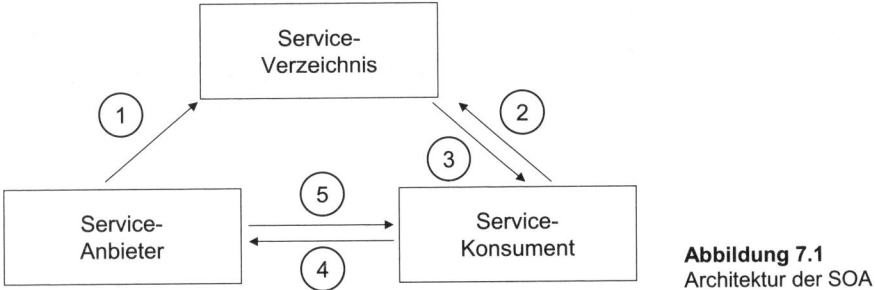

Abbildung 7.1
Architektur der SOA

Das Zusammenspiel der einzelnen Komponenten ist in Abbildung 7.1 dargestellt und wird im Folgenden erläutert:

1. Der Serviceanbieter publiziert seinen Service (die Schnittstellenbeschreibung) in einem Serviceverzeichnis.

2. Konsumenten können das Verzeichnis durchsuchen.

3. Konsumenten holen sich aus dem Verzeichnis die benötigten Informationen zur Nutzung des Service.

4. Der Konsument stellt an den Anbieter eine Serviceanfrage.

5. Der Anbieter liefert eine Serviceantwort.

Auch hier lässt sich erkennen, dass diese Architektur absolut IT-neutral ist. Es ist durchaus möglich, eine rein fachliche SOA mit einem Serviceverzeichnis aus rein fachlichen Services zu realisieren. In der IT kann man diese Architektur exakt genau so realisieren und alle Schritte aus der Grafik automatisiert durchführen.

> Das Verständnis von Fach- und IT-Bereichen ist an dieser Stelle fast deckungsgleich. Ziel einer SOA ist es, genau ein Serviceverzeichnis zu erstellen, in dem rein fachliche Services, in der IT realisierte fachliche Services und rein technische Services enthalten sind. In Diskussionen mit Fach- und IT-Bereichen muss darauf geachtet werden, dass alle Beteiligten die drei Servicearten unterscheiden können. Bei einem gemischten Personenkreis führen Diskussionen über rein fachliche oder rein technische Services meist zu keinen Ergebnissen.

7.2.5 SOA und Services im Prozessmodell

In unserer Definition von Enterprise Architecture haben wir gesagt *„Eine Enterprise Architecture ist ein konzeptioneller Entwurf, welcher die Struktur und Arbeitsweise einer Organisation beschreibt"* (siehe Kapitel 2.2.1.1). Hierzu gehören natürlich auch Services und ihre Verwendung. Es sollte somit Ziel sein, ein einheitliches Prozessmodell zu erstellen, in dem alle unternehmensrelevanten Informationen verbunden sind.

In Unternehmen, in denen Services nicht nur konsumiert, sondern auch bereitgestellt werden, müssen wir aus Sicht der Enterprise Architecture zwei Arten von Services im Modell unterscheiden:

1. Services, die in unserem Prozessmodell verwendet werden.
2. Services, die wir in unserem Prozessmodell „zusammensetzen".

Verwendung von Services

Services sind im Prozessmodell mit Prozessschritten verbunden. Diese Verbindung sagt aus, dass dieser Schritt durch den Service realisiert wird. In diesem Fall wird der Service vom Prozess verwendet, der Prozess nimmt die Rolle des Konsumenten ein. Abbildung 7.2 zeigt eine grobe Skizze des Prozessmodell-Aufbaus. Auf jeder Ebene des Prozessmodells können Services modelliert werden.

Ähnlich der Prozessgranularität auf den einzelnen Ebenen verhält es sich mit der Servicegranularität. Auf Ebene der Unternehmensinstanz können die Kerngeschäftsprozesse mit (Kerngeschäfts-)Services verbunden sein. Die Prozesse der obersten Ebenen haben eine eher strukturierende Aufgabe. Ähnlich verhält es sich mit den Services auf dieser Ebene. Die Menge der Services in einem Unternehmen ist ohne Struktur nicht handhabbar. Aus diesem Grunde werden auch Services strukturiert. Im Modell ist ein Service auf Ebene der Unternehmensinstanz der zusammenfassende Service für die Services der tieferen Ebenen.

Auf den oberen Ebenen des Prozessmodells sind ausschließlich fachliche Services zu finden. Die Ebene der Übersichtsmodelle ist für eine Realisierung in der IT zu grob. Auf den darunter liegenden Ebenen (fachliche Detailmodelle, fachliche IT-Modelle und ausführbare IT-Modelle) sind in der IT realisierte Services zu finden. Die Ebene der fachlichen Detailmodelle stellt in diesem Zusammenhang eine Besonderheit dar. Services auf dieser Ebene sind in der Regel nur dann in der IT realisiert, wenn es sich um einen zusammengesetzten Service handelt. Zusammengesetzte Services werden im folgenden Abschnitt behandelt. Auf Ebene der fachlichen IT-Modelle können auch rein technische Services modelliert werden. Auf Ebene der ausführbaren IT-Modelle sind sie teilweise zwingend notwendig.

In einem Prozessmodell steht jedoch der Prozess im Vordergrund und nicht die Servicemodellierung. Prozessmodelle sind unter dem Gesichtspunkt erstellt worden, Abläufe abzubilden. Um dieses Ziel zu erreichen, wurde eine Prozesshierarchie etabliert, und Prozesse werden, entlang ihres Ablaufes, in detailliertere Prozesse heruntergebrochen. Abbildung 7.2 zeigt die Ebenen eines Prozessmodells und die Ausrichtung entlang von Prozessen. Services sind leistungsorientiert. Sie stellen innerhalb eines fachlichen Themengebietes Leistungen bereit. Diese Leistungen sollen prozessübergreifend konsumiert werden. Beide Problemstellungen – zu hohe Komplexität in der Prozesswelt und zu hohe Komplexität in der Servicewelt – sollen mit der gleichen Methode gelöst werden, nämlich der Komplexitätsreduktion durch Strukturierung. Je tiefer die Hierarchieebene ist, umso stärker wird eine andere Aussage verfolgt. In der Prozesswelt ist es die Detaillierung eines Ablaufes, in der Servicewelt die Detaillierung einer Leistung. Die Hierarchisierung der Prozesse kann aus diesem Grunde nicht zur Strukturierung der Services genutzt werden.

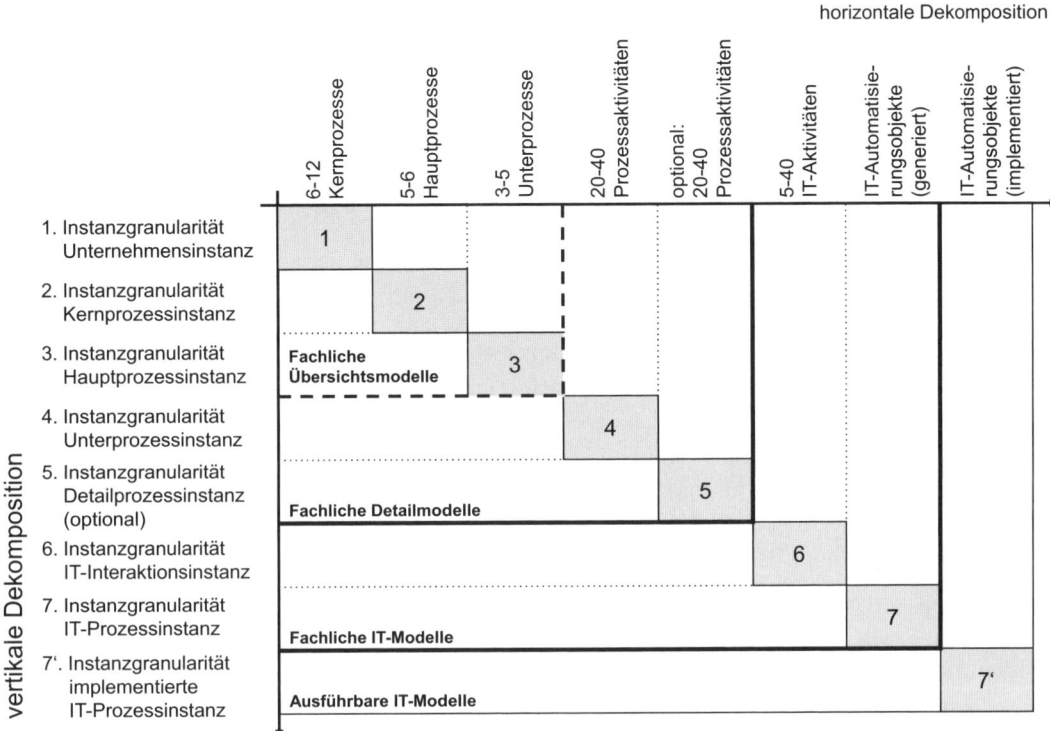

Abbildung 7.2 Ebenen eines Prozessmodells

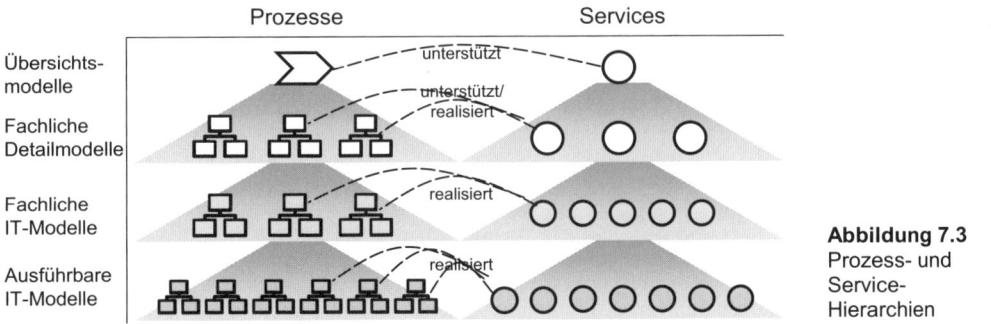

Abbildung 7.3
Prozess- und
Service-
Hierarchien

Möchte man Services strukturieren, wird man die bestehenden Prozessdiagramme nicht wieder verwenden können und muss neue Ordnungskriterien (und Diagramme) erstellen. Werden Prozessschritte mit Services verbunden, bedeutet dies auf oberster Hierarchieebene eher eine „Unterstützung". Z.B. Könnte ein Kerngeschäftsprozess „Wareneingang" durch einen (Kerngeschäfts-)Service „Ware" unterstützt werden. Das bedeutet jedoch nicht, dass alles, was sich hinter dem „Ware"-Service verbirgt, nur dazu dient, den Prozess „Wareneingang" zu unterstützen. Die Verbindung zwischen dem Kerngeschäftsprozess und dem Service ist vielmehr der Hinweis darauf, dass hier eine oder mehrere Leistungen aus dem „Ware"-Service verwendet werden (vgl. Abbildung 7.3).

> Weil Verbindungen zwischen Service und Prozess auf oberster Ebene nicht viele Informationen für den Modellbenutzer transportieren, ist es empfehlenswert, sie hier eher sparsam zu nutzen. Services sollen prozessübergreifend genutzt werden. Würde man alle Prozesse mit allen Services verbinden, sobald sich eine Verbindung in einer der darunter liegenden Ebenen ergibt, dann leidet darunter die Übersichtlichkeit des Diagramms sehr.

Hat man sich entschieden, zu einer Servicenutzung auch eine Servicehierarchie zu modellieren, kann es durchaus sinnvoll sein, eine andere Anzahl an Ebenen als im Prozessmodell zu haben. Deswegen gibt es auch keinen Zwang, nur Service mit Prozessschritten auf gleicher Ebene zu verbinden.

Services besitzen in ihrer Schnittstellenbeschreibung Eingangs- und Ausgangsnachrichten. Damit wird beschrieben, was der Service benötigt, um die angeforderte Leistung realisieren zu können. Im „Telefonbuch"-Service könnte die Eingangsnachricht der Name sein, nach dem wir suchen wollen. Die Ausgangsnachricht beschreibt das Ergebnis, das der Service liefern kann. Um im Beispiel zu bleiben, könnte die Ausgangsnachricht hier die Telefonnummer zum Namen sein. Diese Informationen sollten zusätzlich mit in das Prozessmodell aufgenommen werden. Ein ähnliches Vorgehen hat sich auch in der Prozessmodellierung durchgesetzt. Hier dienen Geschäftsobjekte als Eingangs- und Ausgangsnachricht für Prozesse und Prozessschritte.

Zusammengesetzte Services im Prozessmodell

Im vorigen Abschnitt wurden Services verwendet. Das heißt, sie wurden im Prozessmodell mit einem Prozessschritt verbunden und haben somit den Prozessschritt realisiert oder unterstützt. Der Prozess hat hier die Rolle des Servicekonsumenten eingenommen. Umgekehrt können wir genauso definieren, dass wir unseren Prozess als Service sehen. Bevor der Prozess als Service publiziert wird, muss er jedoch mindestens die Anforderungen erfüllen, dass er einem Konsumenten einen Mehrwert bietet und eine wohldefinierte Schnittstelle besitzt (siehe auch Abschnitt 7.2.1). Nicht jeder Prozess sollte als Service publiziert werden! Der Konsumentennutzen muss klar im Vordergrund stehen.

Soll ein Prozess auch als Service publiziert werden, gib es drei Arten zu unterscheiden:

- Manueller Prozess
- Teilautomatisierter Prozess
- Vollautomatisierter Prozess

Im Falle eines manuellen Prozesses befinden wir uns in einer rein fachlichen SOA ohne IT-Unterstützung. In diesem Fall ist keiner der Prozessschritte mit technischen Services verbunden, und jeder Schritt muss von einem Menschen manuell durchgeführt werden. Dennoch besitzt dieser Service eine definierte Schnittstelle mit Eingangs- und Ausgangsnachrichten, damit ihn der Konsument nutzen kann. Ein Service dieser Art ist häufig die erste Evolutionsstufe, bevor er weiter automatisiert wird.

> **Beispiel**
>
> Die Spesenabrechnung wurde bisher in jeder Niederlassung direkt durchgeführt. Jetzt wird der Service „Spesenabrechnung" von der Zentrale angeboten. In der Schnittstellenbeschreibung ist beschrieben, dass ein Spesenformular an Frau Müller geschickt werden muss und diese eine Genehmigung oder Ablehnung zurückschickt. Der von Frau Müller durchgeführte manuelle Prozess bleibt für die Konsumenten verborgen.

Ein teilautomatisierter Prozess nutzt IT bereits zur Erbringung der Leistung, doch wird entweder nicht jeder Prozessschritt durch einen in der IT realisierten Service unterstützt – der Prozess ist nicht automatisiert ablauffähig –, oder es sind manuelle Entscheidungen im Prozessverlauf notwendig. Häufig findet man unter den teilautomatisierten Prozessen folgende evolutionäre Reihenfolge:

1. Einzelne Schritte sind durch technische Services realisiert.
2. Alle Schritte sind durch technische Services realisiert (wenn keine manuellen Entscheidungen nötig sind).
3. Zusätzlich zu 2. Alle manuellen Entscheidungen werden durch Workflowsysteme realisiert. Die Ablaufsteuerung ist in einem IT-System realisiert.

Wird ein Prozess schrittweise in einen IT-gestützten Service überführt, dann wird letztlich auch die Prozessschnittstelle in der IT realisiert.

> **Beispiel**
>
> Die Spesenabrechnung wurde nahezu komplett automatisiert. Frau Müller bekommt die Spesenformulare nicht mehr per Post geschickt, sondern diese werden direkt elektronisch in den Prozess überführt. Nach einer technischen Validierung muss Frau Müller die Spesen freigeben, um den Prozess weiterlaufen zu lassen.

Die vollautomatisierten Prozesse laufen ohne Benutzerinteraktion. Sie sind von der IT komplett realisiert. Eingriffe in den Prozessablauf sind lediglich administrativer Natur.

> **Beispiel**
>
> Die Spesenabrechnung wurde komplett automatisiert. Alle Regeln zur Genehmigung oder Ablehnung eines Spesenantrages wurden in der IT implementiert.

Den Übergang von einem fachlichen Prozess zu einem teilautomatisierten oder vollautomatisierten Prozess beschreiben wir in Kapitel 8.

> **Achtung**
>
> ■ Nicht jeder Prozess im Prozessmodell ist auch ein Service! Es muss immer geprüft werden, ob der Prozess die Eigenschaften eines Service erfüllt.
>
> ■ Nicht jeder Service ist ein Prozess! Atomare oder eingekaufte Services werden nicht detaillierter im Prozessmodell modelliert.

Verzeichnis

Ein wesentlicher Teil von SOA ist das Service-Verzeichnis. Hier werden alle Services publiziert, damit sie auffindbar sind. Ähnlich wie ein Telefonbuch hilft das Verzeichnis dabei, den aktuellen Service unter der aktuellen Schnittstelle mit seinem aktuellen Funktionsumfang zu finden. Man betrachtet das Verzeichnis häufig als Teil eines Serviceportfolios (siehe auch Abschnitt 7.3). Im Verzeichnis können rein fachliche Services, in der IT realisierte fachliche Services und rein technische Services gefunden werden. Das Serviceportfolio hat noch umfassendere Aufgaben, die Abschnitt 7.3.1 beschreibt.

7.2.6 Services in der BPA Suite

In diesem Abschnitt stehen wir am Anfang der Modellierung von Services in der BPA Suite. Wir beginnen mit den grundlegenden Fragen zur Servicemodellierung:

■ Wie wird ein Service in der BPA Suite modelliert?

■ Welche Modelle und Objekte benötigt man?

■ Wie stehen Services mit Prozessen in Verbindung?

Eine Eigenschaft von Services besteht darin, fachliche Funktionalität zu kapseln. Ein Service bietet somit verschiedene Leistungen an. Ähnlich ist es mit vielen Technologien. Weil sich Web Services als De-facto-Standard durchgesetzt haben, wird in diesem Kapitel ein Web Service als technische Realisierung angenommen. Ein Web Service kann mehrere Operationen besitzen. Die Operationen stellen somit eine Leistung des Web Service dar. Beide Informationen – die fachlichen und technischen – lassen sich im Modell abbilden und miteinander verknüpfen.

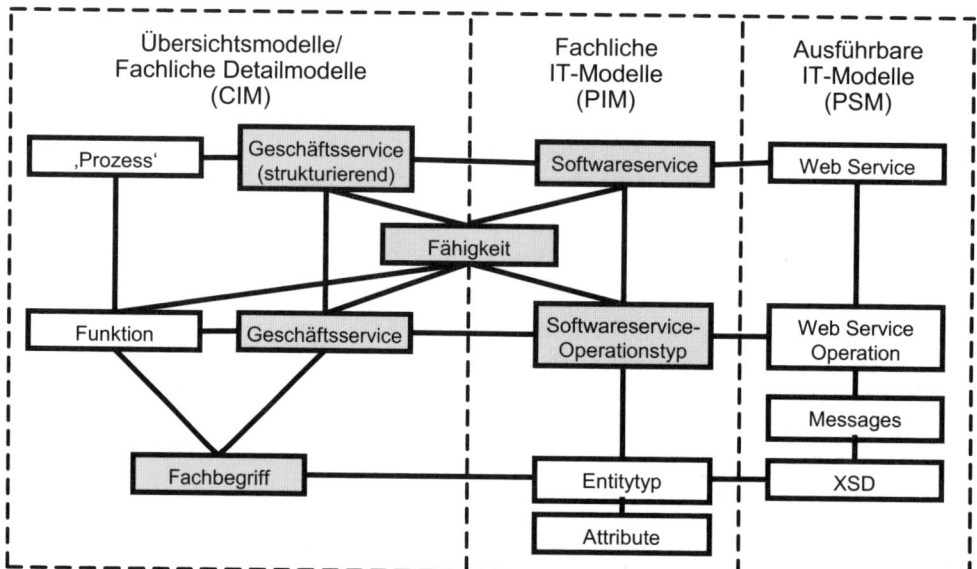

Abbildung 7.4 BPA-Sichten auf Services

Die Sichten aus Abbildung 7.4 (Übersichtsmodelle, fachliche Detailmodelle, fachliche IT-Modelle und ausführbare IT-Modelle) kann man in unsere Ebenen eines Prozessmodells einordnen (siehe auch Abbildung 7.2). Die verschiedenen Sichten werden in der Hilfe der BPA Suite entsprechend der bekannten Modellierungsebenen der Model Driven Architecture benannt (MDA). Die fachliche Sicht wird Computation Independent Model (CIM) genannt und ist eine reine Beschreibungsebene ohne technischen Fokus. Die technische Sicht in der BPA Suite entspricht dem Platform Independent Model (PIM). Hier wird mit einer technischen Ausrichtung modelliert, ohne sich auf eine konkrete Technologie festzulegen. Es werden nur Konstrukte verwendet, die in vielen Technologien umsetzbar sind. Als weitere Verfeinerung gibt es das Platform Specific Model (PSM), welches sich auf eine konkrete Technologie bezieht. In der BPA Suite sind dies in der Regel Modelle von Web-Service-Schnittstellenbeschreibungen.

Die Abbildung zeigt alle Verbindungen, die in der BPA Suite modelliert werden können. Je nach Zielrichtung unseres Modells können wir auf einige Objekte und Verknüpfungen verzichten. Wir verfolgen an dieser Stelle das Ziel, Services aus der fachlichen Perspektive in unseren fachlichen Modellen zu nutzen. Ein Generierungsansatz wird nicht verfolgt. Insbesondere die Ebene der ausführbaren IT-Modelle wird in diesem Kapitel nicht behandelt. Somit beschränken wir uns auf die grau hinterlegten Objekte.

Bei einigen Modellierungsschritten wird von der BPA Suite eine besondere Toolunterstützung angeboten. Diese Unterstützung setzt jedoch häufig voraus, dass das Modell in einem bestimmten Format aufgebaut ist. Wir wollen in unserem Modell die besondere Toolunterstützung weitestgehend erhalten und müssen uns dementsprechend an einigen Stellen an ein vorgegebenes Format halten.

Übersichtsmodelle und fachliche Detailmodelle

Die fachliche Sicht von Abbildung 7.4 zeigt, was fachlich im Modell abgebildet werden kann. Wir wollen auf dieser Ebene eine Servicenutzung modellieren. Es soll eine Verbindung zwischen der Funktion und einem Service hergestellt werden. Fachliche Services werden in der BPA Suite mit dem Objekt *Geschäftsservice* modelliert. Geschäftsservices kapseln eine Menge an *Fähigkeiten*. Damit lehnen sich die Namen an das SOA-Referenzmodell von OASIS an. Diese Fähigkeiten entsprechen den fachlichen Funktionalitäten, die wir in einem Service kapseln wollen. Der Zusammenhang zwischen Geschäftsservice und Fähigkeiten wird in einem Service-Zuordnungsdiagramm modelliert.

In unserem Serviceverständnis ist der strukturierende Geschäftsservice ein fachlicher Service. Er umfasst eine Menge an Fähigkeiten und Geschäftsservices. Ein Geschäftsservice stellt eine Einzelleistung dar. Somit sind sich Geschäftsservice und Fähigkeit an dieser Stelle sehr ähnlich. Dieses Vorgehen scheint auf den ersten Blick überflüssig. Wir möchten an dieser Stelle jedoch nicht auf die Fähigkeiten und auch nicht auf die Geschäftsservices verzichten. Die Fähigkeiten stellen in der BPA Suite eine Art „Kleber" dar und sind aus diesem Grunde auf der Abbildung zwischen den fachlichen Detailmodellen und den fachlichen IT-Modellen aufgeführt. Die BPA Suite nutzt unter anderem die Fähigkeiten, Suchergebnisse sinnvoll einzuschränken. Eine Fähigkeit ist jedoch ein beschreibendes Merkmal. Es kann vorkommen, dass eine Fähigkeit von zwei strukturierenden Geschäftsservices bereitgestellt wird. In einem solchen Fall ist die Verknüpfung zwischen Funktion und Fähigkeit nicht ausreichend, da nicht eindeutig ist, welcher strukturierende Geschäftsservice die Leistung für die Funktion bereitstellt. Die Geschäftsservices werden benötigt, um eine eindeutige Serviceverwendung zu modellieren.

Ein Geschäftsservice ist mit mindestens einer Fähigkeit verbunden, die der strukturierende Geschäftsservice umfasst.

Soll eine Funktion im Prozess durch einen Service unterstützt werden, wird sie mit dem Geschäftsservice und der Fähigkeit verbunden. Generell gilt: Mehrere Funktionen können sich auf die gleiche Kombination von Fähigkeit und Geschäftsservice beziehen. Die Funktionen dürfen unterschiedlich heißen, müssen jedoch inhaltlich das Gleiche tun. Die Verbindung zwischen Funktion, Fähigkeit und Geschäftsservice kann direkt in der EPK oder in einem Funktionszuordnungsdiagramm modelliert werden.

Funktionen und Geschäftsservices nutzen die gleichen *Geschäftsobjekte* als In- und Output. Die Zuordnung wird in einem Service-Zuordnungsdiagramm modelliert.

Ein Prozess kann als Service gesehen und publiziert werden. Die Verbindung *Prozess / strukturierender Geschäftsservice* kann nicht direkt modelliert werden. Ein Prozess ist auf einer höheren Ebene im Prozessmodell meist durch eine Funktion realisiert. An diese Funktion können ebenfalls Fähigkeit und Geschäftsservice modelliert werden. Ein genaueres Modellierungsvorgehen stellt Kapitel 8 dar.

Fachliche IT-Modelle

Fachliche IT-Modelle stellen die technische Verfeinerung von fachlichen Prozessen dar. Sind alle Funktionen eines Prozesses mit technischen Services verbunden, kann dieser auch automatisiert werden. Auf dieser Ebene des Modells werden wir unsere technischen Services in Form von *Softwareservicetypen* modellieren. Softwareservicetypen dienen uns als Verbindungsstück zwischen fachlichen und technischen Services. Strukturierende Geschäftsservices, die mit einem Softwareservicetyp verbunden sind, sind unsere in der IT realisierten fachlichen Services. Nur mit einem Web Service verbundene Softwareservices stellen rein technische Services dar.

Ein Softwareservicetyp ist die Kapsel für mehrere Operationen, die der Service bereitstellt. Operationen sind vom Typ *Softwareservice-Operationstyp* und werden mit Softwareservicetypen auf Anwendungssystemtypdiagrammen über eine Kante vom Typ *Umfasst* modelliert.

Wird ein Softwareservice mit einem strukturierenden Geschäftsservice verknüpft, erbt der Softwareservice in der Ansicht im Service Repository (siehe auch Abbildung 7.7) die Fähigkeiten, die der strukturierende Geschäftsservice bereitstellt. Ein Softwareservice muss mindestens die Fähigkeiten unterstützen, die der strukturierende Geschäftsservice bereitstellt. Weitere Fähigkeiten können z.B. nicht funktionale Fähigkeiten beschreiben.

Ein Softwareservice-Operationstyp wird mit einer Fähigkeit verbunden. Es muss genau eine der „geerbten" Fähigkeiten des Softwareservice sein. Die Verknüpfung Funktion, Fähigkeit und Softwareservice-Operationstyp sollte relativ häufig eindeutig sein. Besitzt die Fähigkeit eine zweite Implementierung, kann die Eindeutigkeit über den Geschäftsservice an der Funktion hergestellt werden. (Der Geschäftsservice ist mit genau einem strukturierenden Geschäftsservice und dieser mit dem Softwareservice der Operation verbunden.)

Die In- und Outputdaten können auf dieser Ebene deutlich feiner über Entitäten modelliert werden. Entitäten sind vom Typ *Entitytyp* und lassen sich auf Zugriffsdiagrammen mit Softwareservice-Operationen verbinden. In unserem Modell verzichten wir an dieser Stelle auf die Datenmodellierung, da wir kein unternehmensweites Datenmodell erstellen und auch keine Serviceschnittstellen generieren wollen.

Existiert kein fachlicher Service, und der technische Service soll verwendet werden, kann man eine Funktion mit einer Softwareservice-Operation verbinden. Dies kann in einer EPK oder in einem Funktionszuordnungsdiagramm modelliert werden.

Ausführbare IT-Modelle

In ausführbaren IT-Modellen werden immer technischere Informationen verwendet. Dies sind in der Regel in die BPA Suite importierte technische Schnittstellenbeschreibungen. Ziel dieser Ebene ist es meist, einen fachlichen Prozess in Software zu generieren. Dieses Ziel verfolgen wir mit unserem Modell nicht. Dennoch ist das Modell so strukturiert, dass ein Ausbau zu einem generierungsfähigen Modell immer noch möglich ist.

Schritte zur Servicemodellierung

Wenn Sie die oben genannten Modellierungsschritte in der folgenden Reihenfolge ausführen, gelangen Sie zu einem modellierten und verwendeten Service in der BPA Suite.

1. Modellieren des strukturierenden Geschäftsservice.
2. Modellieren der Fähigkeiten des strukturierenden Geschäftsservice (1..n Fähigkeiten). Empfohlen werden nicht mehr als 10 Fähigkeiten.
3. Geschäftsservices zum strukturierenden Geschäftsservice modellieren.
4. Geschäftsservices mit Fähigkeiten verbinden (i.d.R. handelt es sich um eine Eins-zu-eins-Verbindung aus der Menge der Fähigkeiten vom strukturierenden Geschäftsservice).
5. Geschäftsservices mit Input/Output-Fachbegriffen versehen.
6. Softwareservice modellieren (ggf. durch Import einer technischen Servicebeschreibung).
7. Modellieren der Fähigkeiten des Softwareservice. (Fähigkeiten können auch beim Import einer technischen Servicebeschreibung angegeben werden. Wird ein Softwareservice mit einem strukturierenden Geschäftsservice verbunden, erbt dieser im Service Repository die Fähigkeiten des strukturierenden Geschäftsservice.)
8. Softwareservice-Operationen zum Softwareservice modellieren.
9. (Wurde eine technische Servicebeschreibung importiert, kann die technische Operation leicht mit dem Softwareservice-Operationstyp verbunden werden; „Operationen zuordnen" im Kontextmenü eines Softwareservice.)

10. Der strukturierende Geschäftsservice wird mit dem Softwareservice verbunden. (Die von der BPA Suite angebotene Suche nutzt auch die Fähigkeiten, um die Servicezuordnung zu erleichtern.)

11. Modellieren der Fähigkeit an einer Funktion.

12. Suchen und Modellieren des Geschäftsservice an der Funktion. (Die von der BPA Suite angebotene Suche nutzt auch die Fähigkeiten und Fachbegriffe, um die Servicezuordnung zu erleichtern.)

Die aufgeführten Schritte können verschiedenen Phasen zugeordnet werden, die wiederum von unterschiedlichen Rollen (siehe auch Abbildung 7.6) durchgeführt werden. Teilweise kann auch parallel gearbeitet werden. Beispiele dafür zeigt Tabelle 7.1.

Tabelle 7.1 Phasen und Rollen in der Servicemodellierung

Phase	Ablauf T1	Ablauf T2	Ablauf T3	Ablauf T4
Servicemodellierung *Rolle:* Business Analyst	*Schritte:* 1, 2			
Servicekonkretisierung *Rolle:* Business Analyst		*Schritte*: 3, 4, 5		
Softwareservicemodellierung *Rolle* Architekt		*Schritte:* 6, 7, 8, 9		
Fach/IT-Verknüpfung *Rolle*: Architekt			*Schritt*: 10	
Servicenutzung *Rollen*: Fachbereich, Business Analyst				*Schritte*: 11, 12

Defizite in der BPA Suite

Die BPA Suite bietet die Möglichkeit, alle relevanten Informationen zu modellieren. Schwächen zeigt sie jedoch bei ihrer Verknüpfung. Es gibt keine Diagramme, die eine Übersicht über alle servicerelevanten Informationen bieten. Sollen alle Informationen verknüpft werden, muss über viele verschiedene Diagramme „gesprungen" werden.

Theoretisch ist eine Verknüpfung mit Objekten auf der Ebene der fachlichen IT-Modelle mit Objekten der ausführbaren IT-Modelle möglich. Der Pflegeaufwand, die detaillierten technischen Informationen mit anderen Modellinhalten zu verknüpfen, ist sehr hoch und steht, ohne das Ziel ausführbare Prozesse zu generieren, in keinem akzeptablen Nutzenverhältnis. Kleinste technische Änderungen würden zu einer umfassenderen Aktualisierung in der BPA Suite führen. Kanten müssen ggf. neu modelliert, alte Elemente ersetzt und nicht mehr benötigte Elemente gelöscht werden. Um diesem Aufwand zu entgehen, aber dennoch die Informationen zur technischen Schnittstelle zu erhalten, wird ein Attribut am Softwareservice gepflegt, welches auf die technische Schnittstelle verweist.

Um den Pflegeaufwand geringer zu halten, werden nicht alle möglichen Verbindungen modelliert. Abbildung 7.5 zeigt noch mal eine Einschränkung auf alle relevanten Verbindungen. Die technischen Informationen der ausführbaren IT-Modelle sind innerhalb der technischen Artefakte verknüpft. In der BPA Suite ist lediglich ein Link auf diese Dokumente gepflegt.

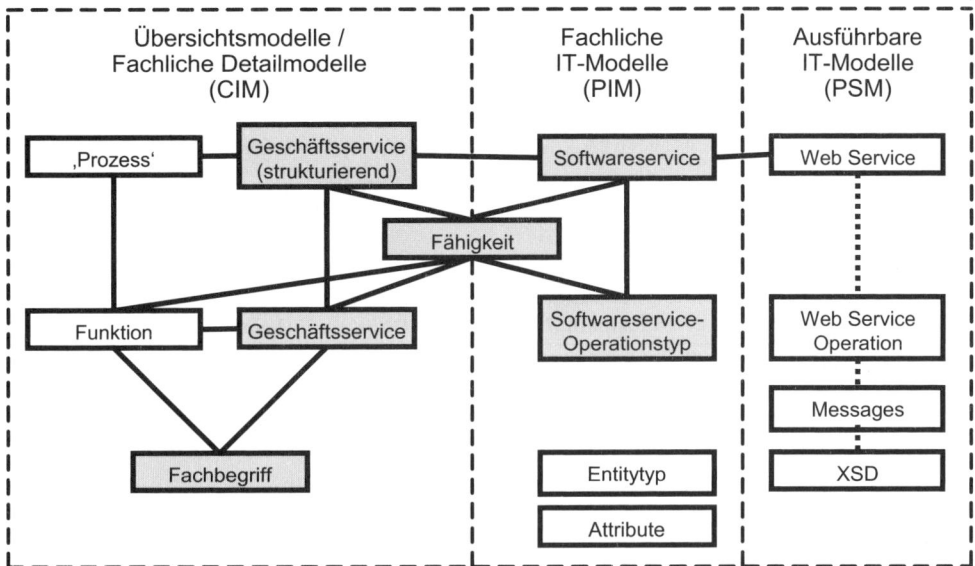

Abbildung 7.5 Reduzierte Modellierung von Services

Die hier getroffene Auswahl müssen Sie in Ihrem SOA-Vorhaben Ihren Zielen anpassen! Soll das Modell später Software generieren, werden mehr Informationen (Verknüpfungen) benötigt als in dieser Auswahl.

7.2.7 Der Nutzen einer SOA

Eine SOA bringt vielfältigen Nutzen. Häufig ergibt sich der Nutzen einer SOA nicht direkt aus der SOA selbst, sondern aus den auf ihr aufbauenden Konzepten (Z.B. der Prozessautomatisierung.). Diese Aspekte sind hier dennoch zusammengetragen, da SOA die Grundlage dafür ist.

Nutzen für die Fachabteilungen

- Reduktion von Redundanzen
  - Durch Publizieren der Services ist das Risiko geringer, Services doppelt zu implementieren.
  - Einheitliche Services verhindern auch eine unterschiedliche Implementierung der gleichen Leistung, z.B. Berechnung von Kennzahlen. Die Kennzahlen sind so besser miteinander vergleichbar.

■ Agilere und flexiblere Geschäftsprozesse und dadurch erhöhte Innovationsfähigkeit

- Technologisch implementierte Prozesse im Sinne einer SOA sind „einfach" und „flexibel" umzustellen. Dies ist wichtig für die Innovationsfähigkeit. Z.B. müssen Marketing-Ideen schnell umsetzbar sein. Die Produkteinführungszeit (auch „time to market" genannt) kann verkürzt werden.

- Durch die Entkopplung der einzelnen Prozessschritte aus einem Anwendungssystem können diese auch in anderen Prozessen wiederverwendet werden. Durch die Nutzung oder Wiederverwendung der Bausteine geht es weg von der üblichen Anwendungsentwicklung hin zur Prozessimplementierung. Die Bausteine können schneller und leichter im Prozess neu positioniert oder in ganz neuen Prozessen verwendet werden.

- Sind Services auch eigenständige Systeme, kann z.B. eine Wartung oder Erweiterung aufgrund der geringeren Abhängigkeiten schneller erfolgen.

■ Reduktion von Medienbrüchen

- Durch die weitestgehend standardisierten Protokolle in der IT können Prozesse leichter miteinander verbunden werden. Die Papierschnittstelle lässt sich einfacher ablösen. Durch weit verbreitete Sicherheitsmechanismen ist es auch möglich, über Unternehmensgrenzen hinweg Prozesse zu verbinden oder Leistungen anderer Unternehmen in eigenen Prozessen zu nutzen.

- Die Reduktion von Medienbrüchen ist eine Voraussetzung zur Prozessautomatisierung.

■ Transparenter Prozessstatus auf Basis von BPEL (Business Process Execution Language)

- Durch die deutlichen Ähnlichkeiten zwischen Fachprozess und IT-Prozess wird der realisierte Prozess für Fachbereiche transparenter.

- Der Prozessfluss und der aktuelle Prozesszustand einer Prozessinstanz kann leichter eingesehen werden.

■ Erleichterung von Prozesskostenrechnung, -controlling und Abrechnungsmodellen

- Es ist transparenter, welcher Prozess welche Leistungen in Anspruch nimmt.

- Die Verwendung eines Service kann ggf. direkt einer Kostenstelle zugeordnet werden.

- Services können als Einheiten hinsichtlich ihrer Kosten betrachtet werden.

- Die Einzelkosten der Services können zu einer Gesamtkostenrechnung des Prozesses verwendet werden.

- Kennzahlen für das Controlling lassen sich leicht aus den Prozessen extrahieren. Andere Systeme können diese Kennzahlen in Echtzeit auswerten, z.B. BAM (Business Activity Monitoring).

- SOA und BPM: Risikominimierung durch Erfüllung gesetzlicher Vorgaben (Basel II, SOX)
  - Compliance-Themen wie Basel II oder SOX müssen nach Vorgabe des Gesetzgebers vom Unternehmen umgesetzt werden.
  - Durch die vollständige Dokumentation aller Prozesse bis hin zu den beteiligten Services kann dies in einer SOA vereinfacht werden.
  - Prozessautomation lässt sich zur Risikosteuerung nutzen (z.B. Implementierung von Eskalationsmechanismen oder B2B mit Rating-Agenturen).

- Prozessdokumentation
  - Ein Prozess ist vollständig dokumentiert, und sein Ablauf kann von jedem Beteiligten nachgelesen werden.
  - Die vollständige Dokumentation ermöglicht die Durchgängigkeit bis zur IT, in dem die Prozessdokumentation mit den IT-relevanten Dienstleistungen des Prozesses angereichert wird.
  - Prozessdokumentationen können für Einarbeitung, Schulung etc. genutzt werden.

Nutzen für die IT-Abteilung

- Wiederverwendung von Funktionalität
  Wiederverwendung führt zu schnellerer und einfacherer Entwicklung und beschleunigtem „time to market" z.B. bei Anforderungen der Fachabteilungen.

- Kapselung von Komplexität und erhöhte Abstraktion
  Durch die Kapselung der Services wird die Komplexität handhabarer. Im besten Fall ist ein Service ein Anwendungssystem. Im Gegensatz zum oftmals bestehenden Monolithen lassen sich hier Auswirkungen von Anpassungen leichter einschätzen.

- Verbesserte Interoperabilität, ERP-Integration, B2B, Fusionen und Aufkäufe
  - Erhöhte Integrationsfähigkeit z.B. von Alt-Systemen bzw. Zusammenspiel von Individual- und Standardsoftware.
  - Die Interoperabilität von Business zu Business wird vereinfacht.
  - Die eigene IT-Architektur kann Aufkäufe von Fremdunternehmen leichter aufnehmen. Systeme können verbunden oder je nach Leistungsfähigkeit auch ersetzt werden.

- Bestandschutz von Alt-Systemen: Integration vs. Neuentwicklung
  - Alte Systeme müssen nicht zwangsweise neu implementiert werden. Sie können u.U. mit Service-Wrappern versehen werden. So bieten diese Alt-Systeme ihre Leistung über eine Serviceschnittstelle an. Diese kann man in Prozessen verwenden.

- Die Anbindung externer Dienstleistungen oder Outsourcing wird vereinfacht.
  - Funktionalitäten können ggf. günstiger eingekauft und in die eigene Systemlandschaft integriert werden.

- In B2B-Szenarien müssen eventuell fremde Services genutzt bzw. eigene angeboten werden.

- Sauber beschriebene eigene Services können leichter durch Outsourcing ersetzt werden. Servicegrenzen sind gleichzeitig die Verantwortungsgrenzen.

■ Dokumentierte IT-Dienstleistungen (unternehmensweites Service-Portfolio; siehe auch Abschnitt 7.3)

- Die IT weiß exakt, welche Leistungen sie im Unternehmen anbietet.

- Vor einer Neuimplementierung von Funktionalität kann der Bestand auf bestehende Funktionalitäten durchsucht werden.

- Bei der Änderung von Funktionalitäten lassen sich die Auswirkungen auf abhängige Services oder Prozesse ermitteln.

■ Reduzierte Wartungskosten

- Eine SOA kann die eigentlichen Wartungskosten der Software-Systeme reduzieren, da mehr Services und weniger monolithische Anwendungsblöcke gepflegt werden können. Durch die dokumentierten Schnittstellen lässt sich die Konzeptphase von Wartungsprojekten verkürzen.

- Schnittstellen können, im Gegensatz zu Monolithen, leichter getestet werden.

■ Zukunftssichere Architekturen
Durch die durchgängige Verwendung von Standards reduziert sich die Abhängigkeit von proprietären Herstellerlösungen. Beispiele: BPMN, BPEL, Web Services, WSDL, SCA, SDO, JCA …

7.3 Aufbau eines Serviceportfolios

Das Serviceportfolio ist die zentrale Sammelstelle, an der alle Informationen zu den Services hinterlegt werden. Das Portfolio umfasst alle Services des eigenen Unternehmens und die Services, auf die es zugreifen kann (z.B. eingekaufte Services).

Zusätzlich zu den im Serviceverzeichnis aufgeführten Services (rein fachliche Services, in der IT realisierte fachliche Services und technische Services) enthält ein Serviceportfolio Servicekandidaten. Anders als im Serviceverzeichnis werden hier auch Informationen über den Servicelebenszyklus gespeichert.

Die BPA Suite kann als fachliches Serviceverzeichnis und als Serviceportfolio verwendet werden. Aus technischer Sicht ist eine Zusammenlegung noch nicht sinnvoll. Die BPA Suite unterstützt nicht die Anforderungen an ein technisches Serviceverzeichnis. Es können zum Beispiel keine Services automatisiert aufgefunden werden. Ferner ist es nur schwer möglich, die technischen Schnittstellendokumente aus der BPA Suite abzurufen. Deshalb ist eine Trennung von Serviceverzeichnis und Serviceportfolio in ein technisches Serviceverzeichnis (z.B. eine UDDI Registry) und die BPA Suite als Serviceportfolio sinnvoll.

Ein Servicelebenszyklus im Portfolio kann folgendermaßen aussehen:

1. Es wurde ein Servicekandidat gefunden und in das Portfolio aufgenommen.

2. Der Servicekandidat wird als manueller Service aufgenommen, und die Schnittstelle wird publiziert. In dieser Phase wird die Leistung noch komplett durch einen Mitarbeiter erbracht. Die Schnittstellenbeschreibung darf aus diesem Grunde noch gewisse Ungenauigkeiten aufweisen.

3. Der Service soll langfristig als IT-Service angeboten werden. Im ersten Schritt bekommt der Service eine technische Schnittstelle, die jedoch noch auf ein Workflowsystem verweist. Die technische Schnittstelle kann bereits in anderen Prozessen und Systemen verwendet werden. Die Leistung wird jedoch immer noch manuell erbracht. Der Mitarbeiter erhält die Serviceanfrage lediglich auf einem anderen Weg. In diesem Fall: über eine Worklist. Das Serviceportfolio wird um die technischen Informationen angereichert.

4. Der Service wird in der IT realisiert. Die Schnittstelle nach außen kann beibehalten werden. Jetzt wird jedoch kein Task in eine Worklist eingestellt, sondern eine Anwendung aufgerufen. Es ist keine manuelle Tätigkeit notwendig.

5. Der Service wird erweitert und die neue Schnittstelle im Serviceportfolio hinterlegt.

6. Der Service geht in den Ruhestand.

7.3.1 Aufgaben des Serviceportfolios

Als zentrale Sammelstelle für alle Belange, die sich um Services drehen, hat das Serviceportfolio im Wesentlichen folgende Aufgaben:

- Informieren
- Unterstützung bei servicebezogenen Entscheidungen
- Unterstützung in der Serviceerstellung (Design, Konzept, Implementierung)
- Unterstützung in der Administration der Services

Die verschiedenen Aufgabengebiete deuten schon darauf hin, dass es verschiedene Gruppen im Unternehmen gibt, die das Serviceportfolio benutzen. Abbildung 7.6 können die Gruppen entnommen werden.

Als Informationsquelle nutzen alle Gruppen aus Abbildung 7.6 das Serviceportfolio. Der Manager nutzt das Serviceportfolio lediglich als Informationsquelle und fügt nur in Ausnahmefällen Informationen im Serviceportfolio ein. Die anderen Gruppen nutzen das Portfolio in den abgebildeten Phasen nicht nur lesend, sondern auch schreibend. Durch eine einheitliche Dokumentation der Services im Portfolio werden Services besser vergleichbar. Diese Vergleichbarkeit kann sich die Managergruppe zu Nutze machen. Z.B. kann ein Manager die Servicekandidaten vergleichen und entscheiden, welcher als Erster in der IT realisiert werden soll.

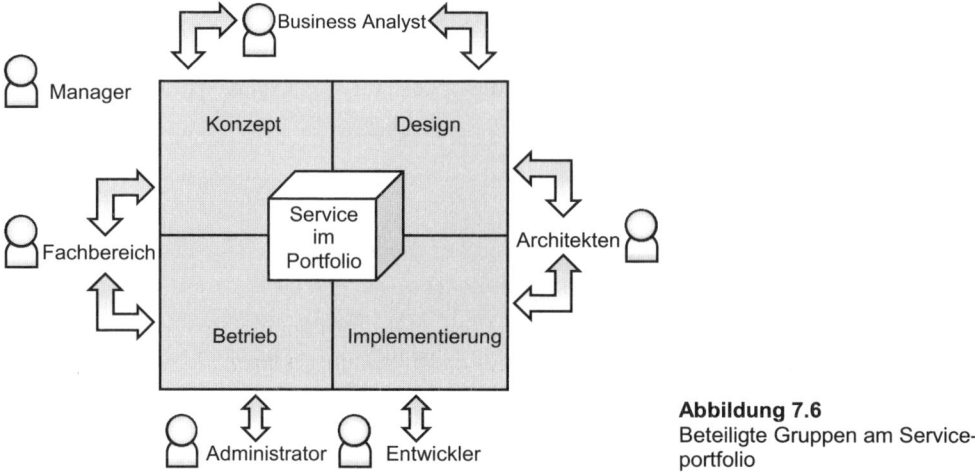

Abbildung 7.6
Beteiligte Gruppen am Serviceportfolio

Bauplan eines Serviceportfolios

Um ein Serviceportfolio zu erstellen und mit „Leben" zu füllen, gilt es folgende Schritte durchzuführen:

- Grundlagen für das Serviceportfolio schaffen
- Serviceidentifikation
- Serviceklassifikation
- Servicespezifikation und Implementierung
- Die Schritte Serviceidentifikation, Serviceklassifikation und Servicespezifikation können innerhalb der BPA Suite durchgeführt und realisiert werden.

Grundlagen für das Serviceportfolio schaffen

Mit Grundlagen für das Serviceportfolio sind an dieser Stelle keine Systeme gemeint. Eher benötigt das Serviceportfolio Governance und Organisation. Beides soll nicht Inhalt dieses Buches sein, doch möchten wir hier ansprechen, warum Governance und Organisation nötig sind.

Ist das Serviceportfolio noch klein und beschäftigen sich lediglich eine Handvoll Mitarbeiter damit, sind relativ wenig Regeln nötig. Alles kann miteinander abgesprochen werden, und alle haben einen ausreichenden Überblick über die Services im Portfolio. Je größer die Zahl der Services und der beteiligten Personen, desto schwerer fallen aber Absprachen. Auswirkungen können sein, dass Services doppelt oder ähnlich ins Portfolio eingefügt und implementiert werden, dass die Dokumentationspflicht nur mangelhaft erfüllt wird oder dass keine Anpassungen an bestehenden Services durchgeführt werden. Tendenziell wird der Weg des geringsten Widerstandes gewählt, ohne auf den Wert eines sauberen Serviceportfolios zu achten.

Um solche Probleme zu vermeiden, müssen Regeln entworfen und die Einhaltung der Regeln überwacht werden. Meist übernimmt das der so genannte Serviceportfolio Manager.

Eine Beispielregel könnte sein: Wann wird ein Service neu implementiert?

■ Gibt es einen ähnlichen Service?

→ Dann wird dieser verwendet oder um die neuen Anforderungen erweitert.

■ Gibt es keinen eigenen Service, aber könnte er eingekauft werden?

→ Management-Entscheidung; Kaufen vs. Selberbauen.

■ Gibt es einen vergleichbaren Service?

→ Entwicklungsauftrag einreichen.

> Je größer Ihre SOA wird, umso stärker müssen Sie sich um die Governance-Themen kümmern! Vermeiden Sie unbedingt Wildwuchs in Ihrem Serviceportfolio.

Serviceidentifikation

Die Serviceidentifikation ist einer der wichtigsten Punkte beim Aufbau eines Serviceportfolios. Hier gilt es, die Services im Unternehmen zu finden und richtig zu kapseln. In diesem Buch gehen wir auf die Serviceidentifikation über Prozessmodelle ein (siehe Abschnitt 7.4). Andere Methoden starten häufig „auf der grünen Wiese". In diesem Buch gehen wir davon aus, dass entweder ein Prozessmodell zur Verfügung steht oder dass eines geplant ist. Prozessmodelle enthalten viele detaillierte Informationen über Unternehmen. Diese Informationen kann man nutzen, um Services zu identifizieren. Ein Identifikationsansatz, der bei null startet, würde mehr Aufwand bedeuten, da Informationen doppelt ermittelt werden.

Serviceklassifikation

Durch die Serviceklassifikation wird das Serviceportfolio strukturiert. Ordnet man die Services verschiedenen Klassen zu, kann über die Service navigiert werden. Eine dieser Strukturierungen können z.B. „atomarer Service", „zusammengesetzter Service" sein. Auf die Serviceklassifikation gehen wir in Abschnitt 7.5 genauer ein.

Servicespezifikation und Implementierung

Bei der Servicespezifikation werden die Services im Serviceportfolio mit immer mehr Detailinformationen angereichert. Wurde ein Service z.B. in der IT realisiert, dann wird in der Servicespezifikation die technische Schnittstelle dem Serviceportfolio hinzugefügt. Auf die Servicespezifikation geht Abschnitt 7.5 genauer ein.

7.3.2   Nutzen und Herausforderungen eines Serviceportfolios

Welchen Nutzen ein Serviceportfolio bringt und welche Herausforderungen damit verbunden sind, geht zum Teil aus dem bisher Gesagten hervor. Hier geben wir Ihnen noch einmal einen Überblick über Nutzen und Herausforderungen.

Nutzen

- Wiederverwendbarkeit wird erhöht.
  Nur was gefunden werden kann, lässt sich auch wieder verwenden. Eine saubere Dokumentation aller Services im Serviceportfolio macht die Wiederverwendung möglich.

- Reduzieren von Redundanzen
  Services werden nur neu implementiert, wenn sie noch nicht existieren. Auf diesem Wege wird auch verhindert, dass eigentlich gleiche Leistungen unterschiedlich implementiert werden. Dieses Phänomen kann häufig in großen Unternehmen beobachtet werden, in denen abteilungsübergreifende Absprachen schwerfallen, z.B. die Berechnungen von Kennzahlen.

- Reduzieren des Engineering Gaps
  Fachliche und technische Services sind über das Serviceportfolio verbunden. Beide großen Interessengebiete haben Zugriff auf die gleichen Informationen, und beide pflegen diese Informationen weiter.

- Das Portfolio kann bei der Entscheidungsfindung zu Services unterstützen.
  Durch die einheitliche Dokumentationsform und die Serviceklassifikation können Services miteinander verglichen werden. Die Vergleichbarkeit erleichtert Managemententscheidungen zu Services.

Herausforderungen

- Mehr Beteiligte = mehr Anforderungen = mehr Aufwand an Service
  Wiederverwendbarkeit und Reduzieren von Redundanzen bedeuten auch, dass die Anforderungen weiterer Nutzer erfüllt werden müssen. Ein Service muss ggf. öfters angepasst werden, um die Anforderungen aller erfüllen zu können.

- Es müssen verschiedene Zielgruppen im Serviceportfolio unterstützt werden.
  Reduzieren des Engineering Gaps bedeutet auch, dass das Serviceportfolio mit rein fachlichen und rein technischen Services umgehen können muss. Das Serviceportfolio soll nicht nur für die Schnittmenge der Services gelten, die fachlich modelliert und technisch realisiert wurden. Die diversen Zielgruppen verwenden die gleiche Arbeitsplattform. Eine gute Strukturierung des Serviceportfolios ist nötig.

- Ein Serviceportfolio als zentrale Instanz bedeutet auch „Bürokratie".
  Z.B. Wiederverwendung oder Erstimplementierung eines Service sind stärker reglementiert. Diese Entscheidungen kosten Zeit. Zeit ist in Projekten oft Mangelware.

7.3.3 Die BPA Suite als Serviceportfolio

Wenn Sie die BPA Suite als Serviceportfolio nutzen, ist der größte Vorteil die Verknüpfungsmöglichkeit aller Informationen. Aufbauend auf einem bestehenden Prozessmodell kann die BPA Suite die Schritte „Serviceidentifikation", „Serviceklassifikation" und „Servicespezifikation" unterstützen und hält dabei alle Informationen in einem Repository.

Services werden in der BPA Suite in zwei große Kategorien eingeteilt: Geschäftsservices und Softwareservices. Zu beiden Kategorien existieren Übersichtsbäume. Gefunden werden können die Übersichten bei eingeschalteter Navigation (*Ansicht > Navigation*) auf den Reitern *Servicetypen* und *Softwareservices*. Wurden alle Elemente im Modell wie in Abbildung 7.4 verknüpft, so erhält man die umfangreichste Ansicht der Serviceübersichten. Ein einfaches Beispiel für die reduzierten Serviceansichten zeigt Abbildung 7.7.

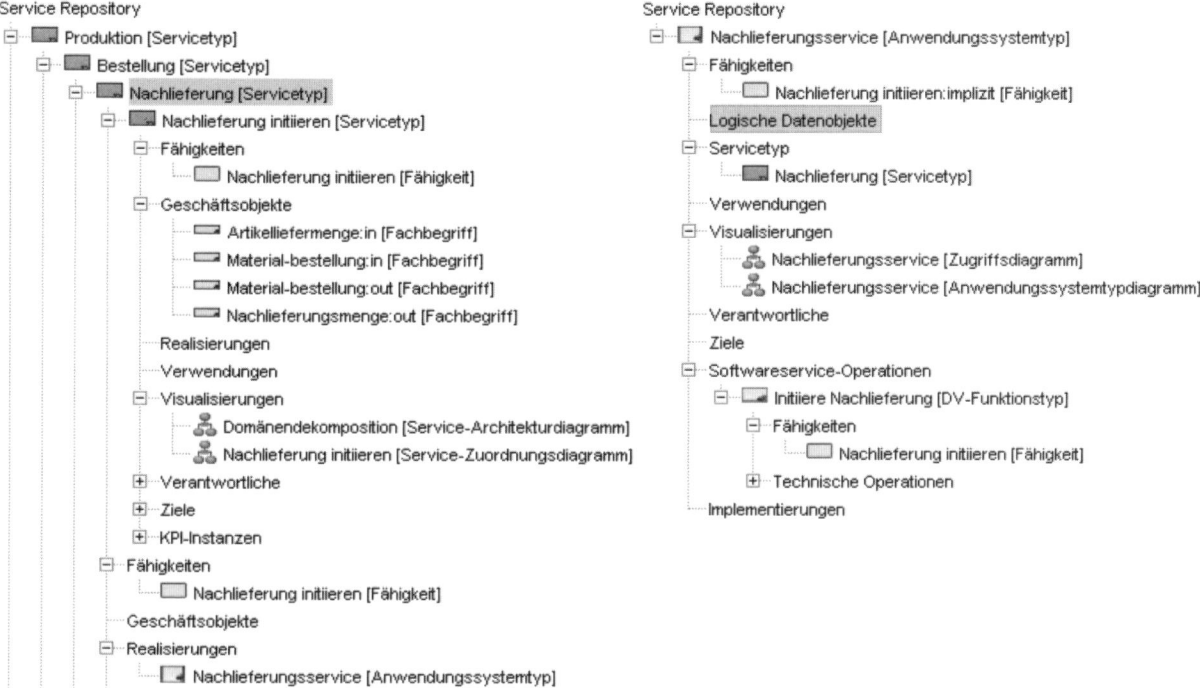

Abbildung 7.7 Übersicht für Geschäftsservices und Softwareservices

Einen Service findet man über eine Textsuche in der Navigation. Auch über das Kontextmenü können Services gesucht werden. Auf einer Funktion kann via Rechtsklick das Kontextmenü geöffnet werden, und unter dem Punkt *SOA > Servicetypen suchen* kann man eine Serviceauswahl einsehen. Dabei handelt es sich um eine eingeschränkte Ansicht auf die Serviceübersicht. Zur Einschränkung werden Modellinhalte an der Funktion genutzt. Z.B. werden bei modellierten Fähigkeiten und Fachbegriffen nur jene Services angezeigt, die die gleichen Fähigkeiten oder Fachbegriffe nutzen.

Wird ein Service in der Serviceübersicht neu angelegt, wird man durch einen Wizzard geführt und hat zum Beispiel die Möglichkeit, bestehende Fähigkeiten und Geschäftsobjekte schrittweise hinzuzufügen.

7.4 Serviceidentifikation

Bei der Serviceidentifikation müssen die vorhandenen Informationen aus dem Prozessmodell neu betrachtet, Services abgeleitet und richtig gekapselt werden. Um von einem Prozessmodell zu Services zu kommen, gibt es kein automatisiertes Verfahren. Es gibt jedoch Methoden, die die Serviceidentifikation erleichtern. Auf eine dieser Methoden gehen wir in diesem Abschnitt genauer ein.

7.4.1 Verschiedene Wege der Serviceidentifikation

In der Serviceidentifikation können verschiedene Ansätze unterschieden werden: Top-down, Bottom-up und Middle-out.

Top-down

Die Top-down-Ansätze starten aus der Vogelperspektive eines Unternehmens. Hierzu zählen die Serviceidentifikation über Prozessmodelle und die Domänendekomposition. Beide Ansätze betrachten auf oberster Ebene das Kerngeschäft und brechen dieses immer detaillierter herunter. In diesem Buch werden wir primär auf den Prozessmodellansatz eingehen. Die Domänendekomposition setzen wir zusätzlich ein, um die gefundenen Services zu hierarchisieren (siehe auch Abbildung 7.3).

Bottom-up

Bottom-up-Ansätze starten am anderen Ende und haben zum Ziel, viele Detailinformationen schrittweise zu aggregieren. Oft starten diese Ansätze auf der Ebene von Datenbanken bzw. Tabellen oder auf Systemebene. In diesem Buch gehen wir nicht weiter auf den Bottom-up-Ansatz ein. Wird er im Anschluss an den Top-down-Ansatz durchgeführt, kann er sehr gut als Gegenprobe verwendet werden. Services, die über einen Bottom-up-Ansatz identifiziert wurden, müssen auch in einem Top-down-Vorgehen gefunden werden.

Middle-out

Als dritte Gruppe gibt es die Middle-out-Ansätze. Hierzu zählen wir z.B. das Business Process Tracing. In diesem Ansatz werden lediglich Prozesse und keine Prozessmodelle beleuchtet. Man startet also nicht aus der Vogelperspektive, doch auch nicht auf einer so detaillierten Ebene wie beim Bottom-up-Ansatz. Hier werden die Ereignisse in der Geschäftsumgebung gesammelt und aggregiert. Über die Aggregate können Servicekandidaten abgeleitet werden. Da wir in diesem Buch von einem Prozessmodell ausgehen, beschreiben wir diesen Ansatz nicht genauer. Wir würden sonst auf die Informationen, die in einem Prozessmodell zusätzlich hinterlegt sind, verzichten.

7.4.2 Serviceidentifikation über den prozessorientierten Ansatz

Bei der Serviceidentifikation über den prozessorientierten Ansatz gehen wir von einem vorhandenen Prozessmodell aus. Damit stehen bereits viele Informationen in strukturierter Form zur Verfügung. Folgende Informationen sind besonders interessant:

- Prozesshierarchie
  Durch Prozesshierarchien ist die Komplexität des Unternehmens besser handhabbar.

- Informationen über Prozesse
  Ein Prozess existiert nicht „zum Spaß". Er erfüllt eine Aufgabe und soll dem Unternehmen einen Nutzen bringen. Die Aufgabe des Prozesses ist ebenfalls im Modell beschrieben.

- Prozesse
  Prozesse enthalten detaillierte Informationen über die Abläufe und Zusammenhänge im Unternehmen. Ein Prozess kapselt eine Menge an Einzelaufgaben.

- Funktionen
  Funktionen sind einzelne Prozessschritte. Sie enthalten sehr detaillierte Informationen über die Aufgabe, die dieser Schritt erfüllt.

- Globale Objekte und Geschäftsobjekte
  Geschäftsobjekte werden genutzt, um Objekte zu beschreiben und um sie als Eingabe und Ausgabe von Prozessen und Funktionen nutzen zu können.

- Gruppen, Rollen, Stellen oder Personen
  In einem organisatorischen Zweig eines Prozessmodells sind Prozesse oder einzelne Funktionen mit der Unternehmensorganisation verbunden.

- Methoden und Konventionen
  Ein Prozessmodell wurde unter einer bestimmten Methode mit Konventionen erstellt.

Herausforderungen

Bestehende Prozessmodelle konzentrieren sich primär auf Prozesse. Da wundert es nicht, dass einige Herausforderungen überwunden werden müssen, wenn über Prozessmodelle Services identifiziert werden sollen. Eine Herausforderung ist der Detaillierungsgrad. Das Prozessmodell wurde in verschiedene Hierarchieebenen unterteilt. Je tiefer die Ebene, umso detaillierter sind die darin enthaltenen Informationen. Aus Sicht der Serviceidentifikation wird man sich häufig genau eine Zwischenebene wünschen, da die Informationen auf der höheren Ebene zu grob und die auf der tieferen Ebene zu fein sind. Eine weitere Herausforderung ist die Strukturierung in Prozesse. Ein logischer Ablauf wurde als Prozess zusammengefasst. Services sollen jedoch prozessübergreifend verwendet werden. Ein Identifikationsweg, der lediglich einzelne Prozesse betrachtet, ist nicht empfehlenswert.

Diese Herausforderungen existieren einfach. Als Business Analyst muss man sich dessen bewusst sein. Die nachfolgenden Methoden werden dabei unterstützen, diese Herausforderungen zu meistern.

Grundsätzliches Vorgehen der Identifikationsmethoden

Die nachfolgenden Methoden haben etwas miteinander gemeinsam. Sie schränken die Gesamtmenge der Informationen auf einen Ausschnitt ein, der klein genug ist, um ihn als Mensch erfassen zu können. Wie er gewählt wird, hängt von der speziellen Methode ab. Wurde er gewählt, werden innerhalb dieses Ausschnittes Servicekandidaten identifiziert. Dabei müssen im Anschluss an eine Ausschnittbetrachtung die Ergebnisse in ein Gesamtergebnis, in diesem Fall unser Serviceportfolio, überführt bzw. zusammengeführt werden. Letztlich muss bei jeder Methode eine kreative Eigenleistung erbracht werden. Ein vollständig automatisiertes Vorgehen zur Serviceidentifikation existiert nicht.

Identifikation über Namen

Bei der Identifikation über Namen machen wir uns die Konventionen zu Nutze, mit denen das Prozessmodell erstellt wurde. Häufig kann für Funktionen die Namenskonvention „Substantiv + Verb" gefunden werden, z.B. *Bestellung reservieren*. Nach beiden Begriffen kann man im Prozessmodell suchen Das Suchergebnis muss nun auf Servicekandidaten untersucht werden. Gehören die gefundenen Funktionen fachlich zusammen, kann dies ein Servicekandidat sein. Z.B. wurden bei einer Suche nach *Bestellung* die Funktionen *Bestellung reservieren*, *Bestellung verschicken* und *Bestellung stornieren* gefunden. Ein erster Servicekandidat ist hier ein Bestellservice, der die gefundenen Prozessschritte als Leistungen kapselt und anbietet.

Identifikation über ein Repository

Viele Prozessmodelle verwenden ein Repository, in dem alle Elemente eines Modells hinterlegt sind. Ziel ist es, alle Elemente nur einmalig zu erstellen, um sie dann mehrfach in Diagrammen verwenden zu können. Schaut man sich eine Funktion in einem Diagramm an, dann kann exakt die gleiche Funktion auch in anderen Diagrammen vorkommen. Wird eine Funktion in mehreren Diagrammen verwendet, ist dies für uns ein Hinweis auf einen Servicekandidaten.

Identifikation über Geschäftsobjekte

Funktionen besitzen Eingabe- und Ausgabeobjekte. Über den Repository-Ansatz können auch die Funktionen gefunden werden, die auf anderen Diagrammen mit dem Objekt verbunden sind. Auf diesem Wege erhält man eine übersichtliche Anzahl an Funktionen, die man ebenfalls auf ihre Servicetauglichkeit hin betrachten kann. Diese Methode eignet sich besonders, um prozessübergreifende Services zu identifizieren.

Identifikation über Systeme

In Prozessmodellen werden ebenfalls IT-Systeme modelliert. Die Aussage einer Verbindung zwischen Funktion und IT-System besteht meist darin, dass die Funktion durch das IT-System unterstützt oder realisiert wird. Dabei folgen die modellierten IT-Systeme häufig schon dem Servicegedanken. Wenn z.B. die Schritte *Versandinformationen ermitteln*, *Versandinformationen an Spediteur übermitteln* und *Versandinformationen an Ausgangs-*

logistik übermitteln mit dem System *Versandplanung* verbunden sind, sollte auch über einen Service Versandplanung nachgedacht werden. Ein Vorteil dieser Methode ist, dass sich eine Wiederverwendungsmöglichkeit direkt erkennen lässt. Der Service existiert bereits, doch wurde er noch nicht als Service publiziert.

Ein Business Analyst könnte den Eindruck gewinnen, dass mit dieser Methode auch ein Bottom-up-Identifikationsvorgehen durchgeführt werden kann. Ein Bottom-up-Ansatz startet jedoch in einer noch tieferen Detailebene und kann nicht ausschließlich über die modellierten Systeme erfolgen. Das Modell lässt sich jedoch als zusätzliche Informationsquelle bei einem Bottom-up-Vorgehen verwenden.

Identifikation über organisatorische Gruppen

Häufig werden an Funktionen auch organisatorische Informationen modelliert, z.B. die Stelle oder Rolle, die diese Funktion durchführt. Ähnlich den Geschäftsobjekten kann man hier über das Repository erkennen, welche Funktionen ebenfalls über diese Stelle oder Rolle realisiert werden. Die gefundenen Funktionen lassen sich wieder auf ihre Servicetauglichkeit hin betrachten.

Servicegranularität

Bei der Serviceidentifikation tritt immer die Frage auf, welche Granularität die Services besitzen sollen. Von den extremen Varianten, bei denen ein Service alles kann oder bei denen es Millionen feingranularer Services gibt, ist abzuraten. Als grobe Empfehlung hat sich bewährt, dass ein Service nicht mehr als zehn Fähigkeiten bereitstellen soll. Weil die Erfahrungswerte in der Servicegranularität noch jung sind, kann sich dies in Zukunft ändern.

Die Servicegranularität hat Auswirkungen auf unser Serviceportfolio. Je feingranularer ein Service modelliert wird, umso höher ist die Wahrscheinlichkeit, dass diese Leistung andere Konsumenten wieder verwenden. Auch die Flexibilität wird verbessert, da Services schnell in einer anderen Reihenfolge verwendet werden können. Die Nachteile liegen in der höheren Komplexität und dem Pflegeaufwand. Fachlich und technisch sind Personen damit beschäftigt, den Service im Serviceportfolio zu pflegen (siehe auch Abbildung 7.6). Werden viele feingranulare Services technisch verwendet, senkt dies ebenfalls die Performance. Mehr Serviceaufrufe bedeuten mehr Kommunikation, und mehr Kommunikation bedeutet mehr technischen Aufwand.

Serviceidentifikation mit der BPA Suite

Die beschriebenen Identifikationsmethoden lassen sich alle in der BPA Suite realisieren. An dieser Stelle zeigen wir zwei exemplarisch.

Die Identifikation über **Namen** erfolgt durch eine Suche im Repository. *Rechtsklick auf dem Modell > Suchen ...* In der Maske können anschließend die Suchwerte eingegeben werden. Ein mögliches Vorgehen wäre:

1. Wir suchen eine Funktion in einem Prozess aus, die ggf. ein Servicebestandteil werden kann, z.B. *Nachlieferung initiieren*

2. Wir suchen nach dem Muster **lieferung** mit der Einschränkung, nur Funktionen finden zu wollen.

3. Das Ergebnis stellt einen kleinen Ausschnitt des Unternehmens dar, in dem wir entscheiden können, welche Funktionen wir ggf. zu einem Servicekandidaten zusammenfassen.

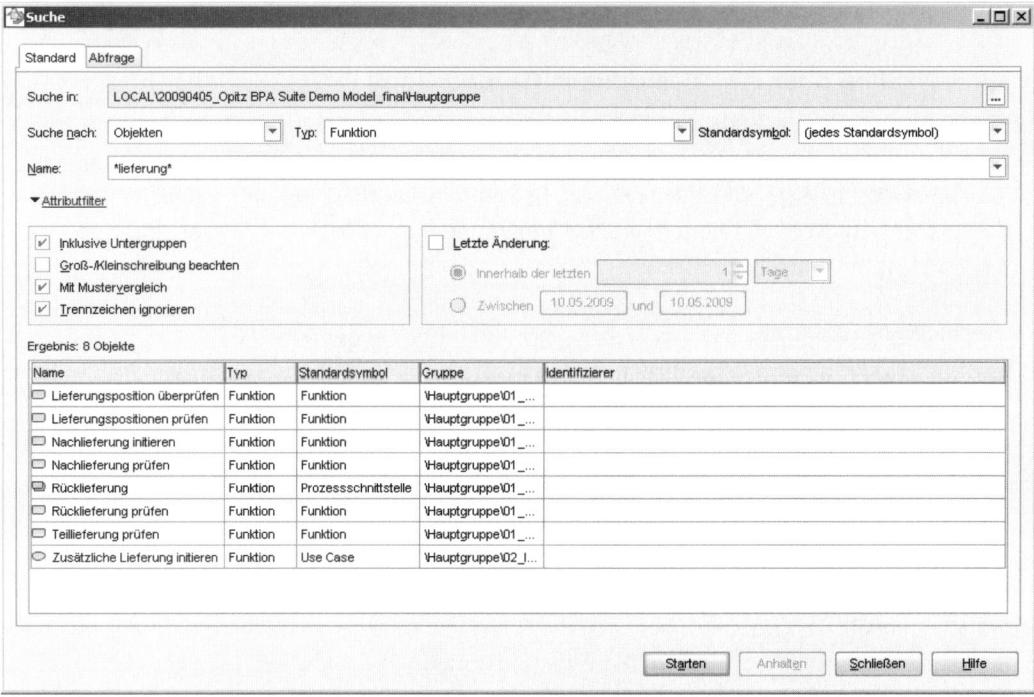

Abbildung 7.8 Serviceidentifikation über die Namenssuche in der BPA Suite

Im Suchergebnis finden wir verschiedene Funktionen, die irgendwie mit dem Thema Lieferung zusammenhängen. In der Auswahl passen z.B. die Funktionen *Teillieferung initiieren* und *Zusätzliche Lieferung initiieren* zu einem Servicekandidaten *Lieferung initiieren*. Die verschiedenen Varianten der Lieferungsprüfungen ergeben einen Servicekandidaten *Lieferungsprüfung*. Ob die Kandidaten auch zu einem Service werden, muss anhand der Gesamtbetrachtung des Serviceportfolios erfolgen.

Die Identifikation über **Geschäftsobjekte** erfolgt nicht über die Suche, sondern über die Eigenschaftenanzeige in der BPA Suite (*Ansicht > Eigenschaften*). Wurde ein Objekt im Modell ausgewählt, werden auf verschiedenen Reitern Informationen zum Objekt angezeigt. Haben wir beispielsweise das Geschäftsobjekt *Materialbestellung* markiert, können wir über den Reiter *Beziehungen* alle Objekte sehen, die eine Kante zwischen sich und der Materialbestellung besitzen.

| Attribute | Hinterlegungen | Ausprägungen | Beziehungen |

Beziehungstyp	Objektname
ist Input für	Bestellposition ändern
ist Input für	Bestellung aktualisieren
ist Input für	Lieferantenprozesse
ist Input für	Nachlieferung initiieren
ist Input für	Nachlieferung prüfen
ist Input für	Nachlieferung initieren
ist Input für	Rechnungsprüfung
ist Input für	Rücklieferung prüfen
ist Input für	Teillieferung prüfen
ist Input für	Testart bestimmen
ist Input für	Wareneingang buchen
ist Output von	Beschaffungsprozesse
ist Output von	Bestellposition ändern
ist Output von	Bestellung aktualisieren
ist Output von	Materialbestellung
ist Output von	Nachlieferung initiieren
ist Output von	Nachlieferung initieren
ist Output von	Select order (EN)
umfasst (encompasses)	Artikelnummer

Gehe zu   Anzeigen   Löschen

Abbildung 7.9
Beziehungen zu einem
Geschäftsobjekt

Die in Beziehung stehenden Objekte können auf Servicekandidaten hin betrachtet werden. Im Beispiel sind die verbundenen Objekte überwiegend dem Thema *Bestellung* zuzuordnen. Daraus können wir einen Servicekandidaten *Bestellung* ableiten.

7.5   Serviceklassifikation und Servicespezifikation

Die bisher identifizierten Services befinden sich noch unstrukturiert und ohne Dokumentation in unserem Serviceportfolio. Durch die Serviceklassifikation und Servicespezifikation sollen die Services strukturiert und dokumentiert werden. Erst in einer strukturierten Form kann das Serviceportfolio richtig genutzt werden. Bei einer kleinen Serviceanzahl ist eine saubere Strukturierung noch nicht so wichtig. Anders sieht es bei einem gewachsenen Serviceportfolio aus. Ohne weitere Strukturierung und Spezifikation können Services lediglich über ihren Namen aufgefunden werden. Ein Servicename ist jedoch nicht eindeutig genug. Konsumenten können Services ohne Detailinformationen nicht finden, und wird der Service doch gefunden, sind die Informationen zu dürftig, um ihn nutzen zu können. Genau dieser Zustand soll durch die weitere Anreicherung mit Informationen vermieden werden. Die Vorteile liegen nicht nur auf Konsumentenseite. Aus Anbietersicht machen wir unsere Services immer besser vergleichbar, was eine Entscheidungsfindung bei Servicefragen deutlich erleichtert.

7.5.1 Struktur durch die Domänendekomposition

Die Domänendekomposition ist ursprünglich eine eigenständige Methode zur Serviceidentifikation. Sie startet jedoch bei null und nutzt dementsprechend nicht die Informationen, die bereits im Prozessmodell hinterlegt sind. Ein Vorteil dieser Methode ist jedoch die gute Strukturierung der Services, die wir uns jetzt zunutze machen wollen. Da wir lediglich beabsichtigen, die Struktur zu übernehmen, werden wir eine vereinfachte Form der Domänendekomposition durchführen.

Bei der Domänendekomposition wird das Unternehmen aus der Vogelperspektive betrachtet. Auf oberster Ebene werden die Kerngeschäftsservices modelliert. Die Fragestellung lautet hier: Was sind die Kernleistungen des Unternehmens? Was ist zentraler Bestandteil des Unternehmens? Durch diese Fragen werden die Domänen gefunden, in die sich das Unternehmen aufteilt. Die Ebene der Domänen wird auch Ebene 0 genannt. Anschließend werden die Services auf Ebene 1 identifiziert. Jede Domäne wird jetzt für sich betrachtet. Die Services auf Ebene 1 haben eine eher strukturierende Aufgabe. Die Fragestellung lautet hier: Welche Kernleistungen werden in dieser Domäne angeboten? Das Vorgehen wird über mehrere Ebenen durchgeführt. Als grobe Richtlinie kann angenommen werden, dass ein Unternehmen in drei bis vier Ebenen modelliert wird.

Weil wir unsere Services schon über das Prozessmodell identifiziert haben, können wir die Domänendekomposition verkürzen. Wir müssen nur die strukturierenden Teile identifizieren und können anschließend unsere bereits gefundenen Services zuordnen.

> Business-Analysten denken bei einer Domänendekomposition sehr schnell wieder an Prozesse. Achten Sie jedoch darauf, dass hier Leistungsbereiche bzw. Services identifiziert werden sollen.

Vergleicht man die obersten Ebenen unserer Modelle (die Kerngeschäftsprozesse) und die Ebene 0 der Domänendekomposition, wird man viele Ähnlichkeiten feststellen. Auf dieser Ebene können jedoch nicht nur die Kerngeschäftsprozesse in ähnlicher Form wiedererkannt werden, sondern auch die globalen Objekte. Z.B. kann es eine Domäne Kunde geben, in welcher alle Services rund um Kunden enthalten sind.

Mit den Domänenmodellen haben wir jetzt eine prozessunabhängige Strukturierung und Hierarchisierung der Services (siehe auch Abbildung 7.3). Über diese Modelle können Servicekonsumenten navigieren, bis sie ihren gesuchten Service gefunden haben. Aus Sicht der Serviceanbieter bieten sich die gleichen Vorteile, die auch aus der Prozessmodellierung bekannt sind. So kann zum Beispiel ein Service einer Person zugeordnet werden, welche dann für den Service bzw. für alle Subservices verantwortlich ist.

Domänendekomposition in der BPA Suite

Ein Domänendekompositionsmodell lässt sich auch in der BPA Suite erstellen. Auf einem *Service-Architekturdiagramm* kann die Struktur mit den bekannten Geschäftsservices abgebildet werden.

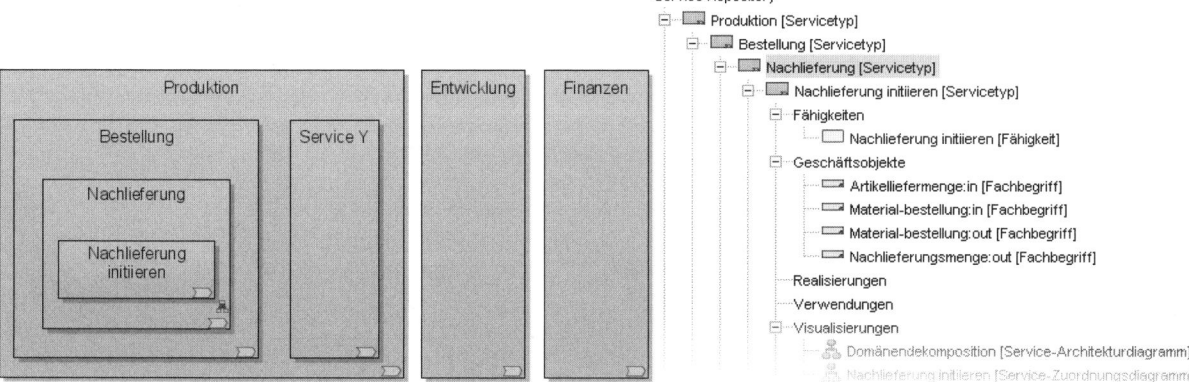

Abbildung 7.10 Domänendekomposition in der BPA Suite und geänderte Serviceübersicht

Im Beispiel aus Abbildung 7.10 wurden die Domänen *Produktion, Entwicklung* und *Finanzen* modelliert. Die Domäne Produktion haben wir exemplarisch durch zwei Services verfeinert: *Bestellung* und *Service Y*. Der Service Bestellung wird ein weiteres Mal verfeinert und enthält den Service *Nachlieferung*. Beim Einfügen eines neuen Service auf einem bestehenden wird eine Kante vom Typ *umfasst* modelliert. Diese Kante ist wichtig, damit unsere Serviceübersicht ebenfalls die neue Struktur enthält. In der Serviceübersicht kann jetzt ein Produktionsservice gefunden werden, der einen Bestellservice umfasst.

7.5.2 Arten der Serviceklassifikation

Mit der Serviceklassifikation sollen den Services weitere beschreibende Informationen hinzugefügt werden. Hierbei handelt es sich um strukturierte Informationen, die man auch bei Auswertungen verwenden kann. Aus Sicht von Entscheidern wird das Serviceportfolio besser vergleichbar, da alle Services in den gleichen Kategorien klassifiziert werden. Die folgenden Klassifikationsarten sind Beispiele. Welche Klassifikationen im Unternehmen sinnvoll sind, muss individuell betrachtet werden.

Servicestatus

Der Servicestatus beschreibt, in welchem Lebensstatus sich der Service aktuell befindet.

- Servicekandidat
  Bei der Serviceidentifikation wurde ein Service gefunden. Es wurde jedoch noch nicht entschieden, den Service auch als solchen bereitzustellen.

- Manueller Service
  Der Service wird von Menschen realisiert. Es gibt keine technischen Schnittstellen.

- Technischer manueller Service
  Der Service besitzt technische Schnittstellen und kann in Anwendungssystemen verwendet werden. Die Leistung wird jedoch manuell erbracht. Z.B. bearbeitet der Mitarbeiter Tasks aus seiner Worklist, die über die Serviceschnittstelle eingestellt wurden.

183

■ Automatisierter Service
Der Service wird vollständig in der IT realisiert.

Funktional orientierte Klassifikation

Funktional kann man verschiedene Klassen unterscheiden. Im Prozessmodell können fachlich folgende Klassen interessant sein:

■ Daten-Service
Services, die Daten zur Verfügung stellen. Es ist keine besondere Geschäftslogik hinter dem Service verborgen.

■ Geschäftslogik-Service
Der Service lagert eine Geschäftslogik aus. Der Service verfügt über keine eigene Datenbasis und kennt nur seine Eingabeinformationen.

■ Prozesskontroll-Service
Z. B. ein Genehmigungsprozess

■ Informationssystem-Service
Meistens eine Mischung aus Daten-Service, Geschäftslogik-Service und Prozesskontrollfunktionalitäten, z. B. eine gekapselte Funktionalität eines ERP-Systems.

Rein technische Services können ebenfalls klassifiziert werden. Aus Sicht des Business Analysten erscheinen diese Services vielleicht im ersten Augenblick überflüssig. Im Sinne einer Enterprise Architecture sind technische Services aber sehr interessant. So kann erkannt werden, welche Prozesse betroffen sind, wenn dieser technische Service ausfällt. Technische Klassifikationen können sein:

■ Infrastruktur-Service
Services, die durch Netzwerk- und EDV-Infrastruktur bereitgestellt werden, z. B. ein Druckservice.

■ Versorgungsservice
Z. B. ein Enterprise Service Bus, der technisch dazu verwendet wird, alle Services lose miteinander zu verbinden.

■ Oberflächen-Service
Der Service kann in einem Anwendungssystem auf der Benutzeroberfläche angezeigt werden und Benutzerdaten entgegennehmen.

Laufzeit

Die erwartete Servicelaufzeit kann klassifiziert werden. Eine Einordnung in kurz, mittel und lang sollte vermieden werden. Besser geeignet sind Zeitangaben wie „weniger als 10 Sekunden" oder „weniger als eine Woche".

Nutzenorientierte Klassifikation

In einer vereinfachten nutzenorientierten Klassifikation werden die Klassen hoher Nutzen, mittelmäßiger Nutzen und geringer Nutzen ausreichen. Eine schwierigere, aber zielgerichtetere Klassifikation führt über die Erstellung von unternehmensspezifischen Nutzenklassen. Diese Nutzenklassen werden in eine Reihenfolge gebracht und definieren somit, welche Klasse den höchsten und welche den geringsten Nutzen liefert. Die folgenden Klassen stellen ein Beispiel dar:

- Wettbewerbsvorteil
  Sichern oder Erlangen eines Wettbewerbsvorteils stellt wahrscheinlich in vielen Unternehmen die höchste Nutzenkategorie dar. In diesem Beispiel besitzt es den höchsten Nutzen.

- Return on Investment (ROI) erhöhen.

- Kosten
  Kosten senken ist eine der klassischen Nutzenkategorien. Die Kosten sollen gesenkt werden, Leistung und Qualität sollen jedoch gleich bleiben.

- Service Level Agreements (SLA)
  Die Verbesserung der Service Level Agreements kann einen Nutzen für das Unternehmen darstellen. Z.B. kann eine höhere Verfügbarkeit gewährleistet werden. In diesem Beispiel besitzt es den geringsten Nutzen.

Gegenüberstellungen

Die klassifizierten Services können jetzt leichter einander gegenübergestellt werden. Wurden z. B. zu den Services schon erste Kostenschätzungen abgegeben, lassen sich mühelos Entscheidungsmatrizen erstellen. Abbildung 7.11 zeigt ein Beispiel.

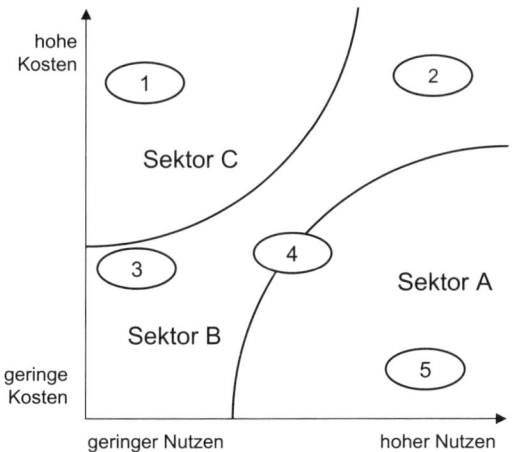

Abbildung 7.11
Servicegegenüberstellung Kosten/Nutzen

Die Gegenüberstellung kann z.B. die Entscheidungsfindung unterstützen, welcher Service zuerst implementiert werden soll. In diesem Beispiel ist der Sektor A am interessantesten. Die Services in diesem Sektor bieten einen hohen Nutzen und verursachen geringe Kosten. Dabei liegt die individuelle Definition der Sektoren beim Unternehmen.

7.5.3 Vervollständigen der Servicebeschreibung durch die Servicespezifikation

In der Servicespezifikation werden die Services mit immer mehr Detailinformationen angereichert. Unter anderem werden auch mehr technische Informationen gepflegt. Im Gegensatz zur Serviceklassifikation sind diese Informationen schwerer über Reports oder andere Automatismen auszuwerten, da die Informationen teilweise unstrukturiert (z.B. in Freitext) vorliegen.

Ziel der Servicespezifikation ist es, die Services im Serviceportfolio nutzbar zu machen. Servicekonsumenten sollen alle nötigen Informationen vorfinden, um den Service nutzen zu können. Alle Beteiligen (siehe auch Abbildung 7.6) nutzen und pflegen die Informationen der Servicespezifikation.

Welche Informationen spezifiziert werden, ist für jedes Unternehmen individuell zu entscheiden. Beispiele können sein:

Allgemeine Informationen zum Service

Information	Beschreibung	BPA Suite
Name	Name des Service	Attribut *Name* auf dem Objekt Geschäftsservice.
Servicetyp	z.B. die funktionale Klassifikation	Es muss ein benutzerdefiniertes Attribut auf dem Objekt Geschäftsservice angelegt werden. / Attribut *Service-Kategorie* auf dem Objekt Softwareservicetyp.
Serviceanbieter	Informationen zum Service-anbieter. Dabei kann es sich um einen internen oder einen externen Anbieter handeln.	Verbindung zwischen Geschäftsservice und einem organisatorischen Objekt (z.B. Stelle). Die Verbindung ist vom Typ *stellt bereit*.
Beschreibung	Beschreibung zum Service	Attribut: *Beschreibung/Definition* auf dem Objekt Geschäftsservice
Servicestatus	z.B. Servicestatus Klassifikation	Es muss ein benutzerdefiniertes Attribut auf dem Objekt Geschäftsservice angelegt werden.
Schlagworte	Stichworte, die zum Service passen und ggf. gesucht werden könnten	Die Schlagworte werden zum Großteil von den Fähigkeiten abgedeckt. Sollten mehr Schlagworte nötig sein, können neue Attribute auf dem Objekt Geschäftsservice angelegt werden.
Dokumentation	Hinweis/Link zu einer Service-dokumentation	Attribut *Quelle* auf dem Objekt Geschäftsservice
Projekt	Hinweis auf das Projekt, das den Service entwickelt	Es muss ein benutzerdefiniertes Attribut auf dem Objekt Geschäftsservice angelegt werden.
Nutzungs-freigabe	Wo darf der Service genutzt werden? Intern, extern?	Es muss ein benutzerdefiniertes Attribut auf dem Objekt Geschäftsservice angelegt werden. / Attribute *Extern* und *Intern* auf dem Objekt Softwareservicetyp.

Kaufmännische Informationen

Information	Beschreibung	BPA Suite
Nutzungsgebühr	Informationen zur internen oder externen Kostenrechnung	Es muss ein benutzerdefiniertes Attribut auf dem Objekt Geschäftsservice angelegt werden.
Nutzungs-häufigkeit	Einschränkung, wie häufig der Service genutzt werden darf	Es muss ein benutzerdefiniertes Attribut auf dem Objekt Geschäftsservice angelegt werden. / Attribut *Ausführungshäufigkeit* auf dem Objekt Softwareservicetyp.
Entwicklungs-kosten	Schätzung / Dokumentation der Entwicklungskosten	Attribut *Entwicklungsaufwand* und *Entwicklungskosten* auf dem Objekt Softwareservicetyp.
Business Case	Meist werden Services in Verbindung mit einem umfassenderen Geschäftsziel entwickelt. Hier kann ein Hinweis/Link zum Business Case hinzugefügt werden.	Der Business Case kann in einem neuen Modell beschrieben werden.

Organisatorische Informationen

Information	Beschreibung	BPA Suite
Service-besitzer	Verantwortliche Person oder Rolle.	Verbindung zwischen Geschäftsservice und organisatorischem Objekt (z.B. Stelle). Die Verbindung ist vom Typ *ist verantwortlich für.*
Service-designer	Business-Analysten, die den Service designt haben	Es muss ein benutzerdefiniertes Attribut auf dem Objekt Geschäftsservice angelegt werden.
Service-entwickler	Serviceentwickler, Entwicklungs-abteilung oder Dienstleister	Es muss ein benutzerdefiniertes Attribut auf dem Objekt Softwareservicetyp angelegt werden.
Service-konsumenten	Liste mit Konsumenten. Wenn die Konsumenten bekannt sind, ist eine Liste mit den Konsumenten zu empfehlen. So können Änderungen am Service rechtzeitig kommuniziert werden.	Verbindung zwischen Geschäftsservice und einem organisatorischen Objekt (z.B. Stelle). Die Verbindung ist vom Typ *kann Anwender sein.*
Domäne	Domäne, in der sich der Service befindet	Wird durch die Domänendekomposition abgebildet. Die Verbindung ist vom Typ *umfasst.*

Information	Beschreibung	BPA Suite
Domänen-besitzer	Verantwortliche Person oder Rolle der Domäne	Die Domäne wird durch ein Objekt vom Typ Geschäftsservice repräsentiert. Verbindung zwischen Geschäftsservice und einem organisatorischen Objekt (z.B. Stelle). Die Verbindung ist vom Typ *ist verantwortlich für*.
Ansprechpartner Betrieb	Person, Rolle oder für betriebsrelevante Dinge zuständige Abteilung	Es muss ein benutzerdefiniertes Attribut auf dem Objekt Softwareservicetyp angelegt werden.
Input/Output (Geschäfts-objekte)	Geschäftsobjekte, die als Input und als Output verwendet werden	Werden im Modell als Geschäftsobjekte mit dem Geschäftsservice verbunden.

Technologische Informationen

Information	Beschreibung	BPA Suite
Service ID	Technische ID des Service, mit der der Service auch in einem technischen Service-Repository gefunden werden kann	Attribut *Identifizierer* auf dem Objekt Softwareservicetyp
URI	Aufrufadresse des Service; besser geeignet ist ein Link zu einem technischen Schnittstellendokument.	Attribut *Quelle* auf dem Objekt Softwareservicetyp
Anwendungs-system	Das Anwendungssystem, welches den Service realisiert	Wird im Modell durch eine Verbindung mit einem Anwendungssystem dargestellt.
Plattform	Auf welcher Plattform ist der Service realisiert.	Es muss ein benutzerdefiniertes Attribut auf dem Objekt Softwareservicetyp angelegt werden.
Technologie	In welcher Technologie ist der Service realisiert.	Es muss ein benutzerdefiniertes Attribut auf dem Objekt Softwareservicetyp angelegt werden.
Einschränkungen	Ggf. Einschränkungen, die zu beachten sind	Es muss ein benutzerdefiniertes Attribut auf dem Objekt Softwareservicetyp angelegt werden.

Allgemeine und technische Informationen zu Serviceoperationen

Ein Service kann mehrere Operationen besitzen. Diese Informationen werden je Operation gepflegt.

Information	Beschreibung	BPA Suite
Operationsname	Name der Operation	Attribut *Name* auf dem Objekt Softwareservice-Operationstyp
Operations-beschreibung	Beschreibung zur Operation	Attribut *Beschreibung / Definition* auf dem Objekt Softwareservice-Operationstyp
Prozessaktivität	Funktion im Prozessmodell, welche durch diese Operation realisiert wird	Ist über die Verbindungen im Modell mit der Funktion verbunden.
Input/Output (Datenobjekte)	Technische Repräsentation der Input- und Output-Objekte. Besser geeignet ist ein Link zu einem technischen Schnittstellendokument.	Werden im Modell als Entitäten mit dem Softwareservice-Operationstyp verbunden.
Vorbedingungen	Voraussetzungen für die Ausführung der Operation	Es muss ein benutzerdefiniertes Attribut auf dem Objekt Softwareservice-Operationstyp angelegt werden.
Nachbedingungen	Auswirkungen der Operation	Es muss ein benutzerdefiniertes Attribut auf dem Objekt Softwareservice-Operationstyp angelegt werden.

7.6   Das Wichtigste in Kürze

Services kapseln Leistungen und machen sie für Konsumenten – über Abteilungs- oder Unternehmensgrenzen hinweg – nutzbar. Durch die Kapselung entstehen unternehmensweit Bausteine, die einzeln verwendet (wiederverwendet) oder in Prozessen zu höherwertigen Services ausgebaut werden können (siehe auch Kapitel 8).

Die erste Herausforderung besteht im Finden der bestehenden Services. Durch eine Serviceidentifikation auf Grundlage der bestehenden Prozessmodelle können bestehende Services gefunden und als solche gekapselt werden.

Die Grundlage, um Services unternehmensweit nutzen zu können, ist das Serviceportfolio. Es ermöglicht Konsumenten, benötigte Bausteine zu finden. Der Erfolg einer SOA hängt davon ab, ob Services gefunden werden. Die Serviceklassifikation und die Servicespezifikation stellen bei der Serviceportfolioerstellung wichtige Schritte dar, um potenziellen Konsumenten ausreichend Informationen über die Services bereitstellen zu können.

Hat ein Konsument einen Service gefunden, findet er alle nötigen Informationen zur Nutzung des Service im Serviceportfolio. Alle wichtigen Informationen sind im Portfolio hinterlegt oder referenziert.

8 Der prozessgetriebene SOA-Ansatz

8.1 Fragen, die dieses Kapitel beantwortet

- Was ist ein prozessbasierter SOA-Ansatz?
- Welchen Mehrwert bieten Prozessmodelle und ein methodisches Vorgehen für die Gestaltung serviceorientierter Architekturen und umgekehrt?
- Wie hängen Prozesse und Services aus fachlicher und technischer Sicht zusammen?
- Wie sieht ein mögliches Vorgehen für die Modellierung und IT-Spezifikation serviceorientierter Prozesse aus?
- Welche Zielgruppen, welchen Informationsbedarf und welche Ebenen hat eine prozessbasierte SOA-Modellierung?
- Wie kann die serviceorientierte Prozessmodellierung in der Oracle BPA Suite umgesetzt werden?

8.2 BPM, SOA: Teamwork in der Prozessautomatisierung

8.2.1 Fachliche SOA-Ansätze: Autobahn oder Sackgasse?

Das Thema serviceorientierte Architekturen (SOA) ist seit einigen Jahren allgegenwärtig. Viel diskutiert, entwickelte es sich zunächst zu einem regelrechten „Hype", bevor dann eine gewisse Ernüchterung aufkam. Anwender und SOA-willige Unternehmen mussten feststellen, dass es alles andere als trivial ist, eine serviceorientierte Architektur zielführend aufzubauen. Außerdem waren die Versprechungen vieler Softwarehersteller, die mit ihren SOA-Infrastruktur-Lösungen um die Gunst der Kunden werben, oftmals nicht einzuhalten oder aber nur mit hohem Zusatzaufwand umzusetzen. Die bestehenden und auf dem Markt erhältlichen Infrastrukturlösungen decken mittlerweile die Anforderungen an eine technische Implementierung einer SOA – beispielsweise auf der Basis von Web Services (WS-*)-Standards – recht umfangreich ab. Bei methodischen Vorgehensweisen – wie beispielsweise der Frage, worin die wirklichen fachlichen Dienste im Unternehmen bestehen oder wie man anwendbare Konzepte für die Implementierung fachlicher Prozesse bereitstellt – gibt es jedoch nach wie vor hohen Informations- und Strukturierungsbedarf.

8.2.2 Gründe für das Team „BPM und SOA"

Die Frage, ab wann ein Unternehmen wirklich eine serviceorientierte Architektur hat – bereits mit den ersten als Web Services implementierten Softwarekomponenten oder erst mit einem unternehmensweit dokumentierten Serviceportfolio und möglichst hohem Grad an Wiederverwendung –, soll hier nicht vertiefend diskutiert werden. Die praktischen Erfahrungen aus realen Projekten zeigen jedoch mittlerweile, dass serviceorientierte Ansätze, die im Unternehmen wirklichen Nutzen bringen sollen, ohne methodisches Vorgehen und strukturiertes Aufarbeiten der Informationen wenig Erfolg versprechend sind. In diesem Umfeld gilt es insbesondere, den Fokus auf die fachlichen Aspekte einer SOA zu lenken und die technische Implementierung in der IT bewusst auf diese fachlichen Anforderungen hin auszurichten.

Einen vielversprechenden und mittlerweile praxiserprobten Ansatz stellt dabei die Kombination der Serviceorientierung mit einem fachlichen Business Process Management (BPM) dar. Die systematische Analyse und Modellierung der fachlichen Prozesse im Unternehmen liefert vielfältige Informationen und methodische Ansätze für

- das Übertragen der wertschöpfenden Aktivitäten eines Unternehmens auf die IT(-Systeme) in Form implementierter Prozesse;

- das Identifizieren und Dokumentieren der erforderlichen fachlichen Dienste (vgl. Kapitel 7);

- das Erkennen gleichartiger Dienste über Domänen-, Bereichs- und Organisationsgrenzen hinweg und somit einen Indikator für mögliche Wiederverwendung (vgl. Kapitel 7);

- den Aufbau eines domänenbasierten Servicemodells und somit eine Grundlage für Taxonomie der Unternehmens- und Servicelandschaft und die Formulierung realistischer Service Level Agreements (SLA);

- die Sichtbarkeit der IT-Prozesse in den teilweise heterogenen Anwendungslandschaften, z. B. auf der Basis von Prozessautomatisierungssprachen wie BPEL[1];

- das systematische Übertragen fachlicher Anforderungen in die IT-Implementierung, das eine Reduktion der Kluft zwischen fachlich geforderten und technisch realisierten Anforderungen (Engineering Gap) anstrebt.

---

[1] Business Process Execution Language; Erläuterung siehe Kasten in Abschnitt 8.3.2.2.

8.2.3 Serviceorientierte Prozessautomatisierung

Dieses Kapitel befasst sich mit dem Thema Prozessautomatisierung, deren Zielsetzung – oder zumindest Vision – die verlustfreie Abbildung der wertschöpfenden Prozesse des Unternehmens in der Anwendungslandschaft ist. Prozesse oder Prozessfragmente sollen nach dem Muster der fachlichen Vorlage in der IT implementiert und als dedizierte Prozessinstanzen dort auch wieder erkennbar und auffindbar sein.

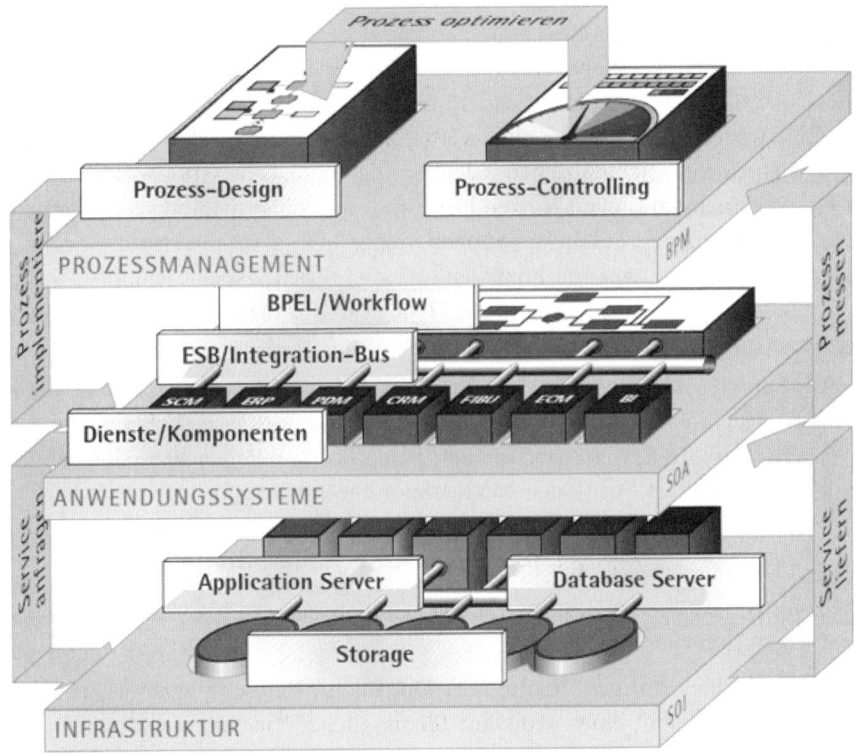

Abbildung 8.1 Prozessautomatisierung – vom Fachprozess zum prozessbasierten Anwendungssystem

Diesen Ansatz veranschaulicht Abbildung 8.1 grafisch: Auf der obersten der drei dargestellten Ebenen werden fachliche Prozesse im Rahmen eines Business Process Managements analysiert, modelliert, gestaltet und ggf. optimiert. Die Zielsetzung besteht nun darin, diese Prozesse auf die mittlere Ebene der Anwendungssysteme zu übertragen und somit die optimale IT-technische Unterstützung der wertschöpfenden Abläufe einer Unternehmung zu gewährleisten. Im Sinne der Serviceorientierung bestehen die Anwendungssysteme aus Komponenten, die als Bausteine zu Prozessen zusammengesetzt werden. Jede Komponente erfüllt eine definierte fachliche Funktionalität und hat darüber hinaus eine entsprechende Implementierung in der IT. Hier kommen Begrifflichkeiten wie Prozessorchestrierung – das Zusammensetzen einzelner fachlicher Dienste durch darüber laufende

Prozesse zu sinnvollen, wertschöpfenden Abläufen –, Workflow oder Integration in die Diskussion. Auf der dritten und untersten Ebene ist die erforderliche Infrastruktur abgebildet, die mit Application-Server, Datenbanken und anderen ähnlichen Komponenten das Rückgrat dieser Anwendungslandschaft bildet. Neben dem Weg „top down" von Prozessen zu Anwendungssystemen kommt der Rückkopplung von Informationen eine hohe Bedeutung zu: Die implementierten Komponenten und Prozesse der Anwendungsebene liefern Messwerte, die die Basis für die Ermittlung fachlicher Kennzahlen darstellen und auf der obersten Ebene der fachlichen Prozessgestaltung wertvollen Input für das Prozesscontrolling und die Prozessoptimierung bieten.

8.2.3.1 Gründe für Serviceorientierung in der Prozessautomatisierung

Wenngleich sich Prozesse auch ohne Serviceorientierung auf IT-Systeme übertragen lassen, weisen die modularen, dienstebasierten Artefakte einer SOA hohes Potenzial auf, die fachlichen Anforderungen besser zu strukturieren. Darüber hinaus wird auch die spätere Umsetzung der Servicelandschaft in der IT konsequent vorbereitet. Architekturparadigmen wie lose Kopplung und Virtualisierung, aber auch die vielbeschworene und sicherlich teilweise überbewertete Wiederverwendung werden konsequent von fachlicher Seite vorbereitet und unterstützt. Der in diesem Kapitel aufgezeigte Ansatz verfolgt speziell das Ziel, prozessbasierte SOA-Lösungen zu schaffen. Andere Teilgebiete des umfassenden Themas SOA – wie beispielsweise servicebasierte Enterprise-Application-Integration-Ansätze, Enterprise-Service-Bus-Konzepte oder die Spezifikation und Entwicklung elementarer Basisservices (z. B. in Java, .NET usw.) – werden nicht behandelt.

8.2.3.2 Anspruch und Wirklichkeit: Werkzeugunterstützung

Den Reiz der Idee einer prozessmodellbasierten Softwarespezifikation haben auch viele Softwarehersteller erkannt und Softwareprodukte auf den Markt gebracht, die durchgängige BPM-Lösungen meist auf der Basis serviceorientierter Ansätze versprechen. Wenngleich die aktuelle Produktlandschaft von dieser Vision der Implementierung ohne Programmierung noch ein gutes Stück entfernt ist, bieten Prozessmodell-basierte Ansätze dennoch einen erheblichen Mehrwert. Für die systematische Analyse und Modellierung fachlicher Prozesse – auch in Verbindung mit technischen Artefakten – existiert bereits eine beachtliche Zahl ausgereifter und praxistauglicher Werkzeuge mitsamt der erforderlichen Notationsstandards und Modellierungsmethoden.

8.2.3.3 Inhaltliche Abgrenzung dieses Kapitels

Im Folgenden wird gezeigt, wie ein methodisches Vorgehen zur Weiterverwendung eines fachlichen Business Process Managements bei der Implementierung prozessbasierter Anwendungssysteme ausgestaltet werden kann. Es wird dargestellt, wie die fachlichen Prozessinformationen in serviceorientierte Anwendungsbausteine überführt werden können. Dabei gilt es, korrekte und relevante Informationen zu erfassen und diese redundanzfrei in geeigneten Modellen aufzubereiten. Dies bildet die Basis für die Entwicklung technischer

Prozessanwendungen in der Unternehmens-IT und erhebt den Anspruch, dem SOA-Entwickler (zum Rollenverständnis vgl. Abschnitt 8.3.3) wesentliche implementierungsrelevante Informationen in modellbasierter Form zur Verfügung zu stellen.

8.3 Modellierung SOA-geeigneter Prozessmodelle

Vor dem Modell: Konzeption und Planung

Ein sinnvolles und zielführendes Vorgehen bei der Modellierung der serviceorientierten Prozesse erfordert eine strukturierte Vorbereitung. Welche Aspekte dabei betrachtet werden sollten, wird zunächst allgemein erläutert und dann konkret mit Beispielen definiert. Im Rahmen einer strukturierten Vorbereitung bei der Modellierung der serviceorientierten Prozesse sollten die in Abbildung 8.2 gezeigten Schritte beachtet werden.

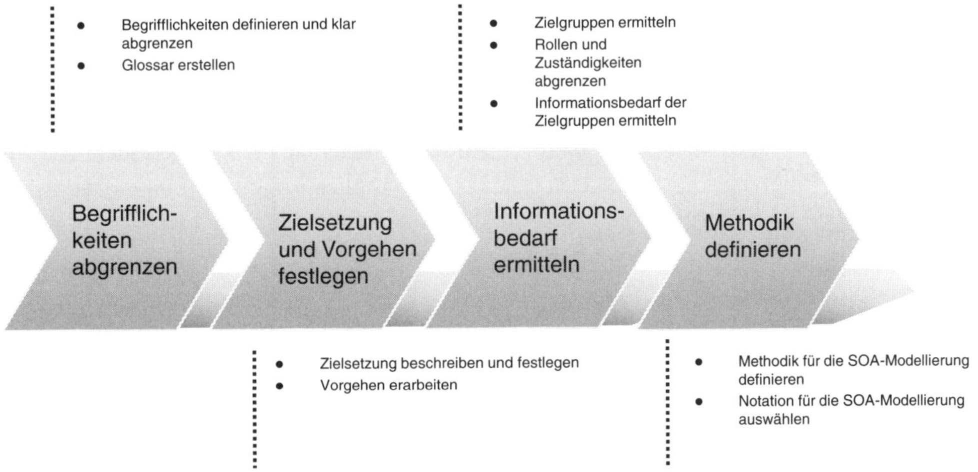

Abbildung 8.2 Konzeption und Planung serviceorientierter Prozessmodellierung

8.3.1 Begrifflichkeiten definieren

Was genau ist der Unterschied zwischen einem fachlichen und einem technischen Service? Muss ein Service im Sinne einer SOA immer eine technische Implementierung in der IT haben? Und was ist ein Servicekandidat? Bei der Diskussion einer methodischen Vorgehensweise im Projekt werden Antworten auf derartige Fragestellungen und eine detaillierte Definition der Begriffe unweigerlich benötigt. Da sie (bislang) nirgends eindeutig definiert wurden, ist es sinnvoll, sie im Vorfeld der Diskussionen voneinander abzugrenzen.

Nutzen Sie in Ihrem Projekt ein Wiki[2], in dem die Projektbeteiligten gemeinsam die Definition der Begriffe erarbeiten, diskutieren, zentral veröffentlichen und jederzeit nachlesen können.

Nachfolgend grenzen wir die Begriffe fachliches Detailmodell, fachliches IT-Modell, ausführbares IT-Modell, fachlicher Service und technischer Service voneinander ab. Dabei werden wesentliche Eigenschaften der Begriffe aufgelistet, um ähnliche Begriffe klarer voneinander zu unterscheiden. Diese Definitionen dienen uns als Basis für die folgenden Abschnitte. Die Abgrenzung der Begrifflichkeiten nimmt Bezug auf die in Abbildung 8.3 gezeigte Darstellung der Prozessdekomposition.

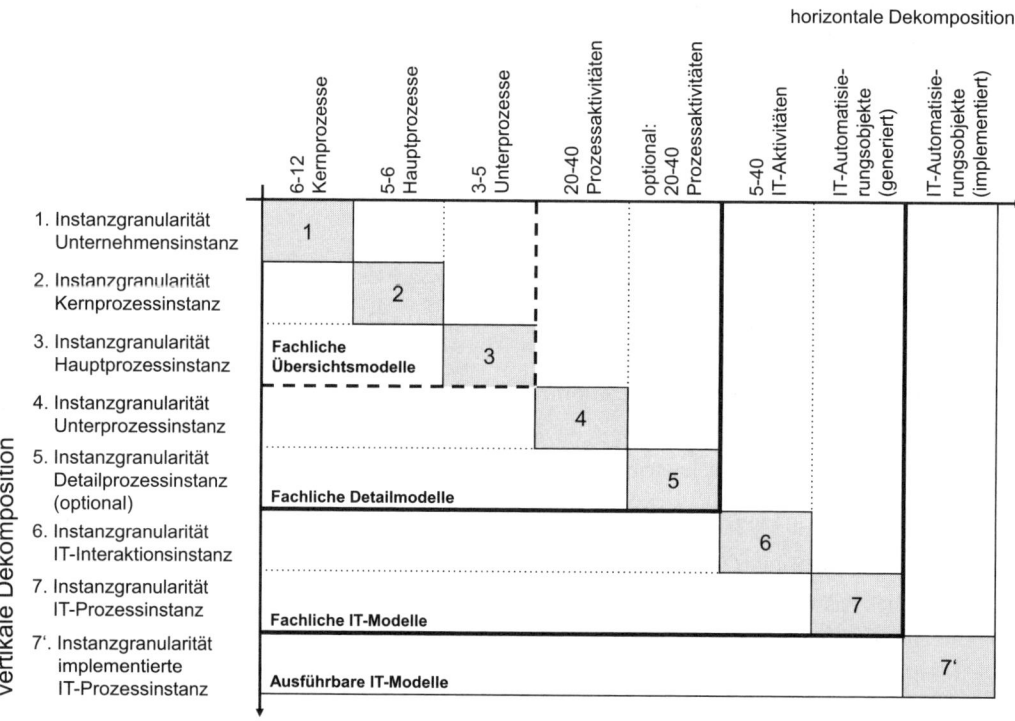

Abbildung 8.3 Horizontale und vertikale Prozessdekomposition

▨ Fachliches Detailmodell:

- ▪ Beschreibt die betriebswirtschaftlichen Abläufe im Unternehmen auf einer operativen Ebene aus fachlicher Sicht.
- ▪ Ist den Ebenen 4 und 5 „Fachliche Detailmodelle" der vertikalen Prozessdekomposition (s. Abbildung 8.3) zuzuordnen.
- ▪ Enthält keine IT-spezifischen Detailinformationen.

---

[2] Hypertext-System, in dem Benutzer Einträge lesen und online ändern können

- Enthält fachliche Services, wenn Prozessschritte durch Dienste unterstützt werden.
- Wird idealerweise als EPK- oder BPMN-Modell modelliert (zu den Notationen vgl. Abschnitt 8.3.5).

Fachliches IT-Modell:

- Beschreibt aus fachlicher Sicht die im ausführbaren IT-Modell zu automatisierenden Prozessschritte.
- Ist den Ebenen 6 und 7 (optional) „Fachliche IT-Modelle" der vertikalen Prozessdekomposition (s. Abbildung 8.3) zuzuordnen.
- Idealerweise als EPK- oder BPMN-Modell abgebildet.
- Enthält Informationen über die in den einzelnen Prozessschritten verwendeten technischen Services.
- Unterscheidet i. d. R. zwischen vollautomatisch ablaufenden und manuellen Prozessschritten.
- Die detaillierte Prozessbeschreibung eines fachlichen Service, wenn dieser IT-technisch umgesetzt wird.

Ausführbares IT-Modell:

- Ein von einer Process Engine ausführbares Prozessmodell.
- Der Ebene 7' „Ausführbare IT-Modelle" der vertikalen Prozessdekomposition (s. Abbildung 8.3) zuzuordnen.
- In einer ausführbaren Prozesssprache modelliert bzw. implementiert, z. B. BPEL, XPDL[3], diverse proprietäre Formate.
- Verwendet (z. B. orchestriert) technische Services zur Erbringung seiner Leistung.

Fachlicher Service (Business Service):

- Beschreibt eine (Dienst-)Leistung im Unternehmen.
- Über das Serviceportfolio (vgl. Kapitel 7) durch potenzielle Konsumenten auffindbar und nutzbar.
- Kann IT-technisch realisiert (vgl. Zielsetzung und Vorgehen dieses Kapitels) oder rein fachlicher Natur sein, also aktuell manuell erbracht werden.
- Wird im Vorgehen dieses Kapitels als fachliches IT-Modell spezifiziert und als ausführbares IT-Modell umgesetzt.
- Wird im fachlichen Prozess als Service auf Ebene 4 bzw. 5 „Fachliche Detailmodelle" der vertikalen Prozessdekomposition (s. Abbildung 8.3) an die Prozessmodelle modelliert.
- Kann mehrere Fähigkeiten bzw. Operationen zu einem Fachgebiet bereitstellen.

---

[3] XML Process Definition Language der Workflow Management Coalition (http://www.wfmc.org)

■ **Technischer Service:**

- ▪ Eine als IT-Komponente realisierte Funktionalität, die als Service (z. B. Web Service) bereitgestellt wird.

- ▪ Leistet elementare Dienste, die für sich alleine keinen fachlichen Service im Sinne der von einer Domäne nach außen zur Verfügung gestellten Dienste darstellt (enthält keine betriebswirtschaftliche Logik).

- ▪ Kann mehrere Operationen haben.

- ▪ Bildet beim ausführbaren IT-Modell im Zusammenspiel mit anderen technischen Services die Leistung des fachlichen Dienstes ab.

- ▪ Wird in einer für die gewählte Programmiersprache geeigneten Notation spezifiziert (z. B. UML für objektorientierte Entwicklung).

- ▪ Konkret ein in Java, .NET o. ä. implementierter (Web) Service.

8.3.2 Zielsetzung klären und festlegen

Bei einer fachlichen Prozessmodellierung hat die mit dem Modellierungsprojekt und den dabei erstellten Modellen verfolgte Zielsetzung Einfluss auf verschiedene Parameter der Projekte. Dies betrifft beispielsweise die Gestaltung der Modellierung, den Grad der Detaillierung oder eingesetzte Methoden und Modelle. So wird die Modellierung für eine fachlich-organisatorische Prozessdokumentation anders ausgestaltet sein als eine Modellierung mit der Zielsetzung der Prozessoptimierung oder eben der Prozessautomatisierung. Wichtig für die Wirtschaftlichkeit und Übersichtlichkeit eines Projektes ist letztlich ein pragmatisches Vorgehen, das die relevanten Informationen erfasst und nicht benötigte Details ausblendet. Dies erfordert die Kenntnis der Zielsetzung des Modellierungsansatzes.

Auch bei der Modellierung serviceorientierter Prozessmodelle gibt es Unterschiede in der konkreten Ausgestaltung der Modellierung. Daher sollte zunächst geklärt werden, welche Zielsetzung die serviceorientierte Modellierung in dem vorliegenden Projekt verfolgt. Unterschiedliche Zielsetzungen können beispielsweise sein:

■ Einsatz der Prozesse zur Identifikation fachlicher Services (vgl. Kapitel 7)

■ Zusammenführen der fachlichen und technischen Unternehmenssicht bzw. -modelle auf der Basis von Services

■ Spezifikation technischer Services

■ Technische Implementierung fachlicher Services in der IT

> Dieses Kapitel verfolgt das Ziel, fachliche Services auf der Basis prozessbasierter Spezifikationen technisch zu implementieren.

8.3.2.1 Vorgehen zur prozessbasierten Implementierung fachlicher Services

In dem hier dargestellten Vorgehen wird ein fachlicher Service analog zu der in Abschnitt 8.3.1 definierten Begrifflichkeit (auch Business Service) als Baustein verstanden, der einen Schritt oder eine Funktion in einem fachlichen Geschäftsprozess unterstützt bzw. IT-technisch umsetzt. In der Regel wird dieser fachliche Dienst selber aus mehreren zusammengehörigen Einzelschritten bestehen. Daher wird vorausgesetzt, dass der Inhalt (oder die Leistung) des Business Service als Abfolge von Schritten in Form eines Prozesses dargestellt werden kann. Darüber hinaus besteht die ausdrückliche Zielsetzung, diesen Service technisch zu implementieren und als IT-Komponente zur Verfügung zu stellen.

8.3.2.2 Zusammenhang und Hierarchie der SOA-Modelle

Abbildung 8.4 verdeutlicht diese Zusammenhänge und stellt das methodische Vorgehen dieses Ansatzes grafisch dar. Die einzelnen Schritte dieses Vorgehens, die dabei genutzten Modelle und ihre Details werden in den nächsten Abschnitten vorgestellt. Im fachlichen Detailmodell werden an diejenigen Prozessschritte, die von Services unterstützt sein sollen, fachliche Services modelliert. Diese fachlichen Services werden jeweils als Prozess spezifiziert und anschließend in der IT – in BPEL, XPDL o. ä. – umgesetzt. Die ersten beiden Schritte dieses Vorgehens, die Erstellung des fachlichen Detailmodells und des fachlichen IT-Modells, sind Fokus dieses Kapitels. Zwischen diesen beiden Modellen verläuft darüber hinaus auch die Grenze zwischen den Zuständigkeiten der Rollen SOA-Business-Analyst und SOA-Entwickler (zum Rollenverständnis vgl. Abschnitt 8.3.3).

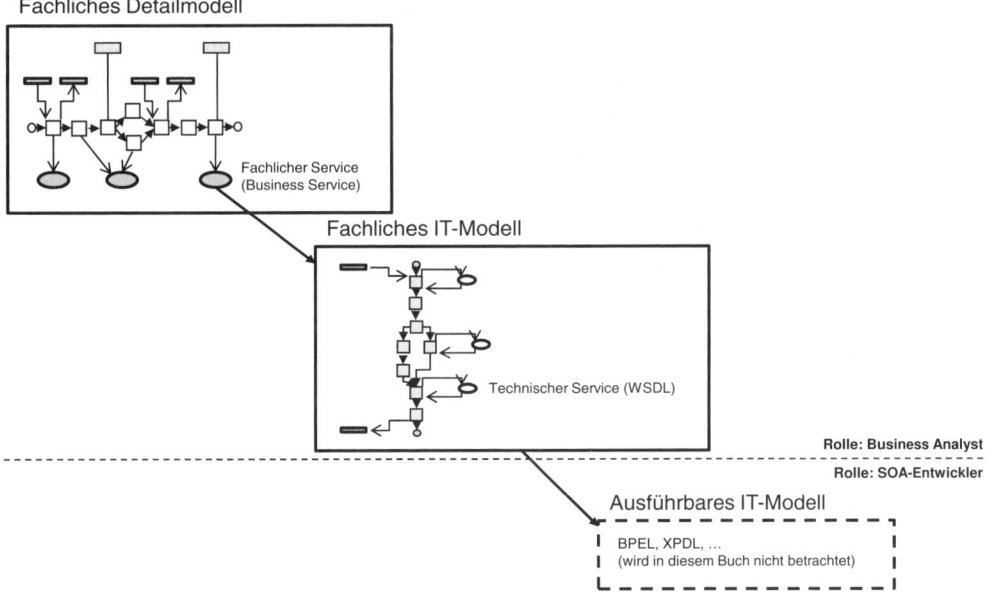

Abbildung 8.4 Methodisches Vorgehen des prozessbasierten SOA-Ansatzes

Da grundsätzlich verschiedene Prozessausführungssprachen zur Verfügung stehen (z. B. BPEL oder XPDL) und diese im Detail unterschiedliche Implementierungsansätze verfolgen, sei darauf verwiesen, dass dieses Kapitel eine Implementierung in BPEL (vgl. Kasten) verfolgt. Die Unterscheidung zwischen verschiedenen technischen Zielsprachen wird allerdings nur bei der absolut implementierungsnahen Modellierung auf unterster Ebene relevant. Die übrigen vorgestellten Modellierungsansätze abstrahieren von der konkreten Ausführungssprache – was auch als klare Empfehlung für die Modellierung gelten kann.

Exkurs: Business Process Execution Language (BPEL)

■ Spezifikation einer Sprache zur Definition ausführbarer Prozesse im XML-Format

■ Web Service (WS-*)-Standard, standardisiert bei OASIS

■ Nutzt Web-Service-Aufrufe zum Zugriff auf implementierte Funktionalitäten

■ Ausführungskomponenten (Process Engines) für BPEL von verschiedenen Softwareanbietern verfügbar

■ Spezifikation und weitere Informationen unter http://www.oasis-open.org

---

8.3.3 Zielgruppen und Zuständigkeiten abgrenzen

Nun gilt es, die relevanten Informationen zur Erreichung der Zielsetzung zu ermitteln, diese anschließend zu sammeln und in Form von Modellen zielgruppengerecht aufzubereiten. Im ersten Schritt werden dazu die relevanten Zielgruppen benannt und bezüglich ihrer Zuständigkeiten und Aufgabengebiete voneinander abgegrenzt.

Welche Sachverhalte muss ein SOA-Modell enthalten, das die Zielsetzung verfolgt, fachliche Services prozessbasiert zu implementieren, und wie können diese zielführend und wirtschaftlich in Modellen abgebildet werden? Die Antwort auf diese Frage liefert die Überlegung, welche Zielgruppe mit dem Modell arbeiten wird und welche Inhalte diese Zielgruppe beim Einsatz des Modells erwartet und benötigt. Für ein Modell, das bei der technischen Implementierung fachlicher Services eingesetzt werden soll, besteht die Zielgruppe aus zwei Anwenderkreisen: SOA-Business-Analysten und SOA-Entwickler.

8.3.3.1 SOA-Business-Analyst

Erstellt und gestaltet wird das Modell vom SOA-Business-Analysten, einem fachlich orientierten Modellierer. Der SOA-Business-Analyst interessiert sich vorwiegend für die fachliche Leistung des abzubildenden Prozesses und der unterstützenden Dienste. Bei den Diensten (fachliche Services) interessiert er sich also für die Funktionalität, die diese später einmal technisch implementierten Services zur Verfügung stellen. Wichtig sind hier folglich fachliche Attribute wie die Beschreibung des Dienstes, Leistung und Inhalt, wesentliche In- und Outputs in Form von Geschäftsobjekten und die Verbindung der fachlichen Services zu den Geschäftsprozessen im Unternehmen. Die vom SOA-Business-Analysten erstellten Modelle werden in der Regel von Fachbereichen im Unternehmen genutzt. Daher sollten sie so gestaltet sein, dass sie die fachlichen Abläufe korrekt und möglichst intuitiv verständlich abbilden.

8.3.3.2 SOA-Entwickler

Die zweite Zielgruppe stellt der SOA-Entwickler dar, der den fachlichen Service technisch implementiert. Die Anforderungen, die dieser an das serviceorientierte Prozessmodell stellt, sind stärker (IT-) technisch orientiert. Nicht alle Informationen, die für die Umsetzung eines Service in der IT erforderlich sind, lassen sich angemessen und sinnvoll in einem fachlichen IT-Modell abbilden. Wichtige, jedoch technisch spezialisierte Aspekte – wie beispielsweise Anforderungen an transaktionales Verhalten der Prozesse und Services oder die Performanz zur Laufzeit – sind dem Zuständigkeitsbereich des SOA-Entwicklers bzw. IT-Architekten zuzuordnen. Sie können und sollen im fachlich orientierten Modell vom SOA-Business-Analysten nicht berücksichtigt werden.

8.3.4 Informationsbedarf der Zielgruppen ermitteln

Die konkreten Informationen über die Prozesse und Dienste im Unternehmen, die im Rahmen der Modellierung erfasst werden, müssen verschiedene Anforderungen erfüllen: sie sollen korrekt, vollständig, aktuell und redundanzfrei sein. Die Modellbildung und insbesondere das Erstellen eines Metamodells, welches die zu ermittelnden Informationen und deren Darstellung in Modellen festlegt, helfen, diese Anforderungen zu erfüllen. Um den Aufwand der Modellierung überschaubar zu halten und eine wirtschaftliche Modellierung durchzuführen, empfiehlt sich ein pragmatischer Ansatz. Hinterfragen Sie immer wieder, ob zur Modellierung vorgesehene Informationen wirklich benötigt werden. In der Praxis findet man häufig Modellierungsansätze, bei denen Informationen erfasst werden, die im aktuellen Projektkontext gar nicht relevant sind. Das erhöht den Aufwand, ohne einen Mehrwert zu bieten.

8.3.4.1 Informationsbedarf des SOA-Business-Analysten

Die Aufgaben, die der SOA-Business-Analyst im Rahmen SOA-Modellierung wahrnimmt, beginnen auf der vierten Ebene mit den fachlichen Detailmodellen (vgl. Abbildung 8.3). Die darüber liegenden Übersichtsmodelle sind grundsätzlich für unsere Zielsetzung optional. Dies bedeutet, dass die SOA-Modellierung durchaus mit den operativen Prozessketten begonnen werden kann. Die Analyse der darüberliegenden Wertschöpfungsketten, in die sich diese Prozesse einordnen, empfiehlt sich dennoch. Auf diesem Wege lassen sich die Modelle in den Unternehmenskontext einordnen sowie bereichs- und domänenübergreifende Prozesse, Services und deren Abhängigkeiten darstellen. Im günstigsten Falle werden diese Modelle bereits durch das integrierte Enterprise-Architecture-Vorgehen (vgl. Kapitel 2) vorgegeben.

Der SOA-Business-Analyst entwirft zunächst ein fachliches SOA-Prozessmodell. Dieses Vorgehen ist weitgehend identisch mit der Modellierung allgemeiner fachlicher Prozessmodelle. Unterschiede gibt es – nicht weiter verwunderlich – bei der Abbildung der Dienste, die die fachlichen Prozessschritte als Services unterstützen und umsetzen sollen. Abbildung 8.5 zeigt die Informationen, die es auf dieser Ebene der Modellierung zu erfassen gilt.

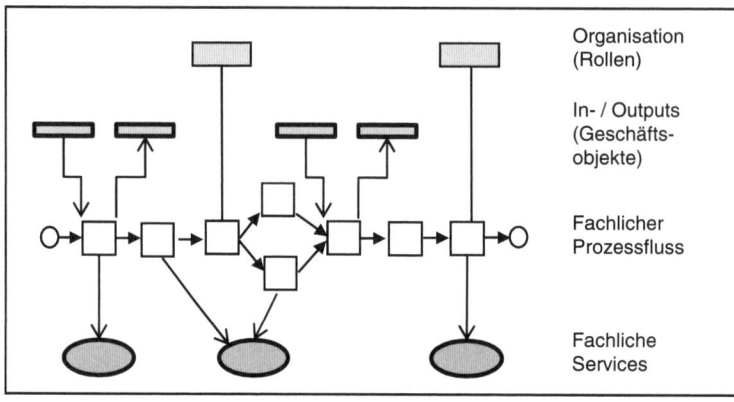

Abbildung 8.5
Schematische Darstellung des Informationsbedarfs für das fachliche Detailmodell

Fachlicher Prozessfluss

Im Kern besteht der fachliche SOA-Prozess wie alle anderen Prozesse aus dem fachlichen Prozessfluss. Dieser beinhaltet die fachlichen Prozessschritte, die zur Abarbeitung des Vorgangs durchlaufen werden müssen (Beispiel: Lieferungsposition überprüfen). Hinzu kommt der so genannte Kontrollfluss des Prozesses, der die Abfolge der fachlichen Prozessschritte – beipielsweise sequentiell, parallel oder alternativ – beschreibt.

Organisation

Da ein fachliches SOA-Prozessmodell in den seltensten Fällen vollständig automatisiert abläuft, sollen auch die organisatorischen Aspekte berücksichtigt werden. Dazu wird in Form von Rollen die organisatorische Zuordnung der Verantwortlichkeiten erfasst.

Fachlicher Service

Die von einem Service im Sinne der SOA unterstützten Prozessschritte erhalten im fachlichen Detailmodell eine Verbindung zu eben diesem Service. Der Business Service beschreibt die fachliche Leistung, die er erbringt und die zur Bearbeitung des fachlichen Prozessschrittes erforderlich ist. „Hinter" der symbolischen Darstellung des fachlichen Services liegt in dem hier beschriebenen Vorgehen wieder ein Prozess, der beschreibt, wie die Leistung des Service konkret erbracht wird. Er entspricht damit dem fachlichen IT-Modell (vgl. Abbildung 8.3). Ein fachlicher Service stellt in der Regel mehrere zusammengehörige Leistungen zur Verfügung. Beispiel aus dem Anwendungsfall dieses Buches: Der Service „Wareneingang" bietet die Operationen „Lieferungsposition überprüfen" und „Wareneingang verbuchen" an.

Ein sauberes fachliches SOA-Modell sollte außerdem von den IT-Systemen des Unternehmens, welche gewiss einen Teil der im Prozess benötigten Funktionalitäten beinhalten, abstrahieren. Daher werden im fachlichen Detailmodell keine Anwendungssysteme modelliert. Das Modell abstrahiert an dieser Stelle bewusst im Sinne einer serviceorientierten Kapselung der Funktionalität von den eingesetzten IT-Systemen.

Hinweis: Die in den IT-Systemen implementierten Funktionalitäten werden später aus dem implementierten fachlichen IT-Modell über technische Serviceschnittstellen aufgerufen.

Messpunkte

Optional können im fachlichen Detailmodell (und später auch im fachlichen IT-Modell) noch wesentliche Messpunkte als Basis für die Berechnung von KPIs modelliert werden (vgl. Kapitel 9).

8.3.4.2 Informationsbedarf des SOA-Entwicklers

Im nächsten Schritt gilt es, die fachlichen Services, die im fachlichen Detailmodell einzelne Prozessschritte unterstützen, modellbasiert mit weiteren technischen Details zu spezifizieren (vgl. Abbildung 8.4). Diese technischen Prozessmodelle sind die Basis, auf der der SOA-Entwickler die IT-seitige Implementierung der fachlichen Services vornimmt. Die hier erstellten Modelle werden den Ebenen 6 und (optional) 6' „Fachliche IT-Modelle" (vgl. Abbildung 8.3) zugeordnet. Grundsätzlich ist die Gestaltung dieser Modelle Aufgabe des SOA-Business-Analysten, weil die Prozesse fachliche Abläufe darstellen und eine fachliche Leistung zur Unterstützung der Prozesse erbringen.

> Für die Definition der fachlichen IT-Modelle ist Grundlagenwissen über technische Aspekte einer SOA – wie beispielsweise Kenntnisse über Web Services, BPEL, ESB – von Vorteil, da die im Modell zu erfassenden Informationen die Arbeit des SOA-Entwicklers möglichst weitreichend vorbereiten sollen.
>
> Wegen der Verknüpfung fachlicher und technischer Kenntnisse fällt die Gestaltung dieser Modelle für den Service ggf. einer neu zu definierenden Rolle zu (situiert zwischen der des klassischen Business-Analysten und der des Entwicklers).

Abbildung 8.6 zeigt die in fachlichen IT-Modellen zu erfassenden Informationen. Grundsätzlich muss ein solches IT-Modell vollständig automatisierbar sein, wobei manuelle Tätigkeiten trotzdem vorkommen können und dann beispielsweise von Human-Workflow-Lösungen abgebildet werden.

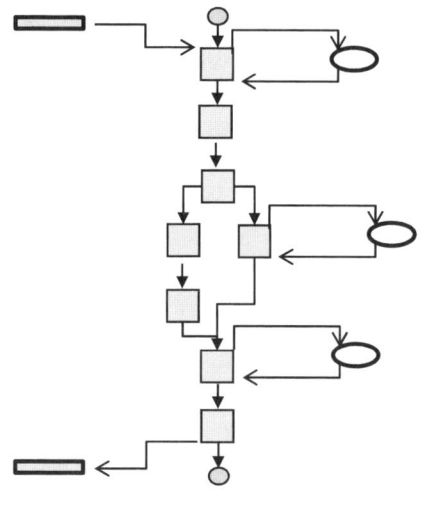

Datenobjekte (In- / Output)	Technischer Prozessfluss	Technische Services	**Abbildung 8.6** Schematische Darstellung des Informations- bedarfs für das fachliche IT-Modell

Technische Prozessschritte (Aktivitäten) und technische Services

Die Prozessschritte des fachlichen IT-Modells erbringen ebenso wie die des Fachprozesses eine Leistung im Sinne des Prozesses. Sie sind dabei in der Regel durch die Aufrufe technischer Services (z. B. über WSDL[4]-Schnittstellen) realisiert. Als Spezifizierung dieser Service-Aufrufe dienen dem Entwickler die Angabe der Lokation (z. B. URI) sowie der aufzurufenden Serviceoperation und die erwarteten In- und Output-Parameter des technischen Service. Diese Zusammenhänge werden in Abschnitt 8.4 an einem konkreten Modellierungsbeispiel für die Oracle BPA Suite vertieft.

Im idealtypischen SOA-Modell sollte nicht unterschieden werden, wie die Leistung des Service erbracht wird – ob also beispielsweise ein vollautomatisierter Systemzugriff erfolgt oder hinter dem Service-Aufruf eine manuelle Tätigkeit liegt. Eine manuelle Tätigkeit könnte dem Benutzer etwa über eine Human-Workflow-Anwendung zugewiesen werden. Dieses Abstrahieren vom WIE der Serviceumsetzung stellt ein wichtiges Paradigma der Serviceorientierung dar. Generell erfolgt jeder Zugriff auf implementierte Funktionalität über Services, weshalb auch die Abbildung von IT-Systemen im fachlichen IT-Modell nicht erforderlich ist, da deren Funktionalität in Services gekapselt wird. So weit die Theorie.

In Praxisprojekten zeigt sich jedoch häufig, dass die Unterscheidung zwischen automatischen und manuell ausgeführten Prozessschritten für die spätere Umsetzung in der IT pragmatisch und zielführend ist. Auch das Ergänzen des Modells um die IT-Systeme, die ihre Funktionalität in Form von Services bereitstellen, kann sinnvoll sein, um einen besseren Überblick zu gewährleisten oder Zusammenhänge zu verdeutlichen. Beide Ansätze unterstützt die Oracle BPA Suite durch entsprechende Objekte in der Modellierung.

---

[4] Web Services Description Language, Schnittstellenbeschreibung für Web Services im XML-Format

Technischer Kontrollfluss

Der Kontrollfluss legt die Abfolge der Aktivitäten fest und kann wie im fachlichen Detailmodell beispielsweise sequentielle, parallele und alternative Pfade enthalten. Bei der Abbildung der Kontrollflüsse gilt es nun aber die Fähigkeiten der Prozessimplementierungssprachen bezüglich bestimmter Kontrollflüsse zu beachten. Häufig lassen sich nicht alle in fachlichen Modellen (z. B. EPK, BPMN) möglichen und erlaubten Kontrollflüsse auf die Implementierung in der IT (z. B. BPEL) übertragen. Eine Hilfestellung zum Abgleich der Prozesssprachen bieten die Workflow Patterns von van der Aalst et al. (vgl. Kasten und [Aals00]). Im Vorfeld der Modellierung vereinbarte Modellierungskonventionen helfen, die Prozesse so zu gestalten, dass eine Übertragung in die IT möglich ist.

Datenfluss (In-/Outputs)

Auch auf technischer Ebene kommen Datenflüsse zum Tragen – als In-/Outputs sowohl für den gesamten IT-Prozess wie auch beim Aufruf der technischen Services aus dem IT-Prozess heraus. Das Modell soll hier eine möglichst gute Vorlage für die technischen Datenstrukturen liefern. Bei Web-Service-basierten Implementierungen wie BPEL werden die Datenobjekte im XML-Format abgebildet und basieren auf XML-Schema-Definitions (XSD). Ideal ist der Einsatz eines unternehmens- oder projektweit gültigen Datenmodells (Business Object Model) und ggf. die Anlehnung an branchenspezifische, standardisierte Datenmodelle.

Organisation

Wird im fachlichen IT-Modell zwischen automatisch ausgeführten und manuellen Prozessschritten unterschieden, empfiehlt sich die organisatorische Abbildung auf der Basis von Rollen: Den manuellen Tätigkeiten werden im fachlichen IT-Modell die ausführenden Rollen zugewiesen. Diese Information kann vom Entwickler bei der Umsetzung der Human-Workflow-Lösung genutzt werden.

Workflow Patterns (Control Flow Patterns)

- Entwickelt und veröffentlicht von Prof. v. d. Aalst et al.
- Jedes Pattern beschreibt einen Kontrollfluss, der in Prozessen vorkommen kann.
- Patterns sind strukturiert von einfach bis komplex.
- Patterns werden u. a. zur Bewertung der Kontrollflusseigenschaften von Prozessnotationen eingesetzt.
- Dokumentation und Beispiele unter http://www.workflowpatterns.com.

8.3.5 Methodik und Notation auswählen

Wenn die zu erfassenden Informationen bekannt sind, kann auf dieser Basis die Auswahl der geeigneten Modellierungsmethodik und -notation erfolgen. Die eingesetzte Modellierungsnotation muss die Abbildung der erforderlichen Informationen aus Sicht der jeweiligen Zielgruppe unterstützen. Im Falle der SOA-Modellierung bedeutet dies, dass in den relevanten Modellen alle im vorigen Abschnitt gelisteten Informationsanforderungen abbildbar sein müssen. Die Oracle BPA Suite bietet zur Prozessmodellierung die Notationen „Ereignisgesteuerte Prozesskette" (EPK) und die „Business Process Modeling Notation" (BPMN) an. Unterschiede sowie Vor- und Nachteile dieser Notationen können auszugsweise der folgenden Aufstellung entnommen werden:

Ereignisgesteuerte Prozesskette	Business Process Modeling Notation
▪ Gut geeignet zur Darstellung und Diskussion fachlicher Abläufe	▪ Gut geeignet zur Modellierung vielfältiger (auch technischer) Details
▪ Einfache, intuitiv verständliche Notation	▪ Detaillierte Modelle haben ggf. höhere Komplexität.
▪ Sichtenmodell zur Strukturierung der Informationen (ARIS-Methodik)	▪ Keine abstrakten Übersichtsmodelle verfügbar
▪ Überblicksmodelle für abstrakte betriebswirtschaftliche Modellierung vorhanden (WKD)	▪ Strukturierung der modellierten Inhalte über Swimlane-Darstellung
▪ Eingeschränkte Unterstützung der IT-Modellierung (vgl. Workflow Patterns)	▪ IT-nahe Prozesssprache
▪ Proprietäres Format (ARIS)	▪ Zukünftig ggf. direkt ausführbar
	▪ Offener Standard der Object Management Group (OMG)

Die aus der ARIS-Methodik stammende EPK-Notation bietet den Vorteil, dass die Modellierung der fachlichen Detailmodelle mit den darüber liegenden Überblicksmodellen verknüpft und somit ein sauberer Top-down-Ansatz in der Modellierung realisiert werden kann. Zudem eignet sich die intuitiv verständliche Notation sehr gut zur Diskussion fachlicher Abläufe mit den Vertretern der Fachbereiche.

Der im amerikanischen Raum weit verbreitete Modellierungsstandard BPMN setzt sich im Bereich der technisch orientierten Prozessmodellierung auch in Europa immer stärker durch. Die BPMN ist für die Modellierung der fachlichen IT-Modelle interessant, da sie mehr technisch relevante Prozessszenarien abbilden kann als die EPK-Notation (vgl. Abbildung 8.7). So bietet die BPMN beispielsweise standardmäßig Symbole, die die wiederholte Ausführung von Aktivitäten (Loop) ausdrücken. Auch komplexe Entscheidungen lassen sich zusätzlich zu den standardmäßigen OR und XOR-Entscheidungen im Prozessfluss abbilden, es existieren viele verschiedene Arten von Ereignissen (Events), und bei Datenobjekten kann modelliert werden, ob diese gelesen, geschrieben oder bearbeitet werden. BPMN bietet somit eine bessere Unterstützung beim Übergang vom fachlichen zum ausführbaren Modell.

	EPK	BPMN	BPEL		EPK	BPMN	BPEL
Basic Control Patterns				**Multiple Instances Patterns**			
Sequence	+	+	+	MI without synchronization	-	+	+
Parallel Split	+	+	+	MI with a priori known design time knowledge	-	+	+
Synchronization	+	+	+				
Exclusive Choice	+	+	+	MI with a priori known runtime knowledge	-	+	-
Simple Merge	+	+	+				
				MI with no a priori known runtime knowledge	-	-	-
Advanced Branching and Synchronization Patterns							
Multiple Choice	+/-	+	+	**State-based patterns**			
Synchronizing Merge	+/-	+	+	Deferred Choice	-	+	+
Multiple Merge	-	+	-	Interleaved Parallel Routing	-	-	+/-
Discriminator	-	+	-	Milestone	-	-	-
N-out-of-M Join	-	+	-				
				Cancellation Patterns			
Structural Patterns				Cancel Activity	-	+	+
Arbitrary Cycles	+	+	-	Cancel Case	-	+	+

Abbildung 8.7 Gegenüberstellung der Umsetzbarkeit von Workflow Patterns in EPK und BPMN, basiert auf „Standard Evaluations" auf der Website www.workflowpatterns.com

Im weiteren Verlauf dieses Kapitels werden die beiden Notationen für die SOA-Prozessmodellierung kombiniert eingesetzt: die EPK auf der Ebene der fachlichen Detailmodelle und die BPMN für die fachlichen IT-Modelle. Dieses Vorgehen wird von der Oracle BPA Suite unterstützt und bietet die Möglichkeit, die Stärken der Notationen ideal auszunutzen. Zudem kann sich der Leser selber ein Bild von der Arbeit mit den beiden unterschiedlichen Notationen machen. Dies soll bei der Bewertung und Auswahl für eigene Projekte helfen.

Gegen den kombinierten Einsatz unterschiedlicher Modelle und Notationen lässt sich einwenden, dass hierdurch kein durchgängiges Modell von der fachlichen Modellierung bis zur Umsetzung in der IT zur Verfügung steht. Ein in diesem Sinne durchgängiges Modell würde Änderungen am fachlichen Modell direkt auf das IT-Modell übertragen und umgekehrt. Diese Kritik ist durchaus berechtigt, lässt sich aber bezogen auf das hier dargestellte Vorgehen entkräften. Zum einen stellt die Methodik jeder Zielgruppe das für sie passende Modell in einer optimalen Form und Notation zur Verfügung. Zum anderen entkoppelt die in Abbildung 8.4 dargestellte Hierarchiebildung über das Konstrukt der fachlichen Services die fachlichen und IT-technischen Anforderungen voneinander. Die Anforderungen an die Umsetzung in der IT werden in den fachlichen Services gekapselt und als separates Prozessmodell detailliert. Daher wirken sich Änderungen am fachlichen IT-Modell nicht auf das fachliche Detailmodell aus und umgekehrt.

Letztlich obliegt die Entscheidung für die Notation(en) Ihrem Projektvorhaben. Dabei ist es natürlich auch möglich, beide Ebenen (fachliches Detailmodell und fachliches IT-Modell) in nur einer Notation zu modellieren.

8.4 SOA-Prozessmodellierung in der Oracle BPA Suite

Nachdem in den vorigen Abschnitten der konzeptionelle Ansatz und das Vorgehen einer prozessgetriebenen SOA-Modellierung allgemein und eher theoretisch erläutert wurden, soll es nun konkreter werden. Im Mittelpunkt steht fortan die Frage, wie die Hierarchie der serviceorientierten Prozessmodelle und die relevanten Informationen in der Modellierung der SOA-Prozesse mit dem Werkzeug Oracle BPA Suite abgebildet werden können. Während die Modellierung auf der Ebene der fachlichen Detailmodelle (vgl. Abbildung 8.4) nahezu immer einem einheitlichen Schema folgt, bieten sich auf den darunter liegenden Ebenen der fachlichen IT-Modelle alternative Ansätze der Modellierung an. Dazu später mehr.

8.4.1 Stets zu Diensten: Fachliche Services im Prozessablauf

Die SOA-Prozessmodellierung beginnt – wie bereits zuvor erwähnt – auf der vierten Ebene (vgl. Abbildung 8.4) mit dem so genannten fachlichen Detailmodell. Für dieses Modell empfiehlt sich in der Oracle BPA Suite der Einsatz der Ereignisgesteuerten Prozesskette (EPK) als Notation (vgl. Abschnitt 8.3.5). Die einzelnen fachlichen Prozessschritte haben auf dieser Ebene der Modellierung noch einen recht groben Detaillierungsgrad. Zusätzlich zu den in der Oracle BPA Suite als Funktionen modellierten Prozessschritten werden die in Abschnitt 8.3.4.1 genannten relevanten Informationen erfasst. Der Fokus aus Sicht der SOA-Prozessmodellierung liegt hierbei auf den fachlichen Services. Die zusätzlichen Informationen können direkt im EPK-Prozessmodell ergänzt werden. Alternativ können sie – wie hier dargestellt – auf einer „Zwischenstufe" in einem Funktionszuordnungsdiagramm (vgl. Abbildung 8.9) modelliert werden. Dies bietet den Vorteil, dass das EPK-Modell nicht mit den zusätzlich modellierten Informationen überfrachtet und dadurch unübersichtlich wird. Außerdem lassen sich bei der automatisierten Auswertung des integrierten EA- und SOA-Modells die unterschiedlichen Ebenen der Modellierung sauber voneinander trennen.

Fachlicher Prozessfluss

Abbildung 8.8 zeigt den rein fachlichen Prozessfluss der „Lieferungspositionsprüfung" aus unserem Beispiel der Wareneingangsprozesse. Darin erfasst ist neben den Prozessschritten (BPA-Objekt: Funktion) auch der fachliche Kontrollfluss. Dieser wird in der EPK dargestellt durch die Verbindungen (Kanten) zwischen den Funktionen und Ereignissen und die so genannten Konnektoren (AND, OR, XOR), die über parallelen oder alternativen Ablauf der Prozessschritte entscheiden. Wie bereits erwähnt, werden die weiteren relevanten Informationen in einem gesonderten Modell (Funktionszuordnungsdiagramm, vgl. Abbildung 8.9) erfasst. Am Beispiel der Funktion „Nachlieferung prüfen" ist dies für Organisation, In-/Outputs und fachliche Services gezeigt.

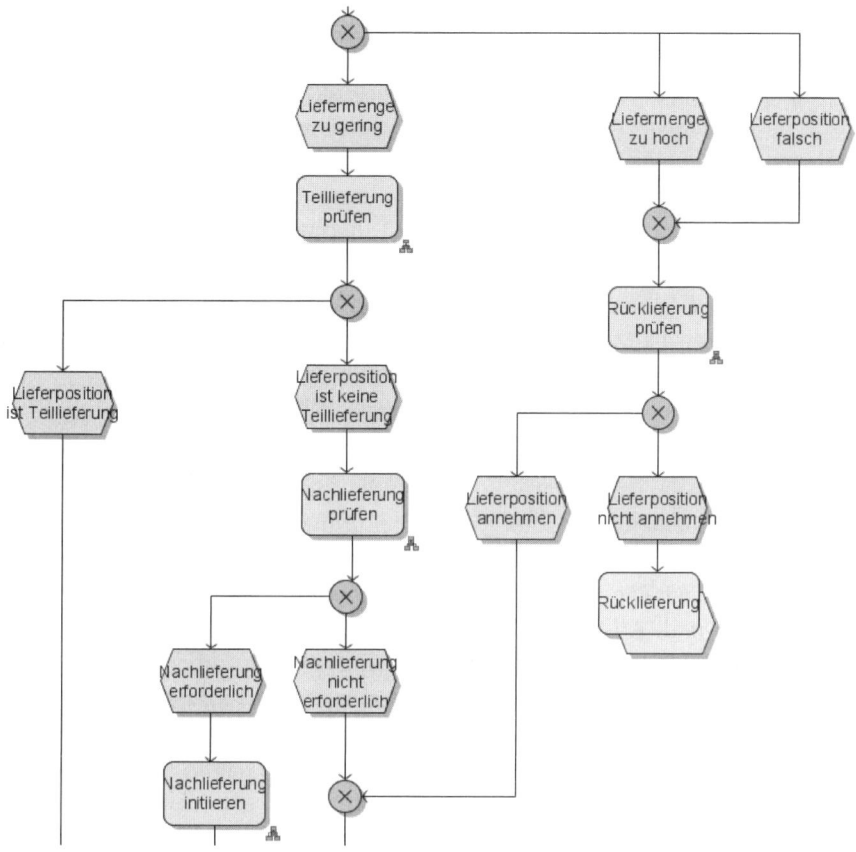

Abbildung 8.8 Fachliches Detailmodell als EPK in der Oracle BPA Suite

Organisation

Verantwortlichkeiten werden als Rollen im Modell erfasst (BPA-Objekt: Personentyp). Dabei kann im fachlichen Modell die Unterscheidung zwischen verschiedenen Formen der Verantwortlichkeit, wie etwa ausführende Verantwortung oder Ergebnisverantwortung, interessant sein. Dies lässt sich über unterschiedliche Kantentypen („führt aus", „ist fachlich verantwortlich", „wirkt mit bei", „muss informiert werden über") im Sinne einer RA-CI[5]-Darstellung abbilden. Wird der Prozessschritt durch einen Service unterstützt und dementsprechend in einem fachlichen IT-Modell als Prozess detailliert, wird in diesem Modell auch die Detaillierung der Rollen und Verantwortlichkeiten abgebildet. Die Modellierung der organisatorischen Verantwortung auf dieser Ebene ist trotzdem empfehlenswert, um einen schnellen Überblick über organisatorische Aspekte aus fachlicher Sicht zu gewährleisten.

---

[5] Vorgehen zur Darstellung von Verantwortlichkeiten (Responsible, Accountable, Consulted, Informed)

Datenfluss (In-/Outputs)

Informations- bzw. Datenflüsse werden als Geschäftsobjekte modelliert (BPA-Objekt: Fachbegriff). Die Geschäftsobjekte entsprechen häufig real existierenden Objekten. Sie sind auf dieser Ebene nur grob zu erfassen (vgl. „Materialbestellung", „Bedarfsplanung"). Ggf. können noch die einzelnen Attribute der Geschäftsobjekte aus einer rein fachlichen Sicht mit aufgeführt werden. Eine detaillierte Auflistung der Attribute, Merkmale und Datentypen erfolgt auf einer feineren Ebene der Modellierung, wenn es an die Abbildung von IT-Datenobjekten geht. Zusätzlich zu den Geschäftsobjekten kann die Erfassung wichtiger Dokumente als In- oder Output der Funktionen erfolgen (BPA-Objekt: Dokument). Häufig werden in diesen Dokumenten die verwendeten Geschäftsobjekte abgebildet. Der „Bestellschein" wäre ein konkretes Beispiel für ein in unserem Prozess eingesetztes Dokument. Im Dokument Bestellschein sind dann Geschäftsobjekte wie Kunde, Produkt usw. aus Sicht der Bestellung abgebildet.

Die In- und Outputs des fachlichen Prozessschrittes werden auch als Parameter für den fachlichen Service und somit für das dahinter liegende fachliche IT-Modell genutzt. Der als Prozess detaillierte fachliche Service erhält als ein- und ausgehende Parameter die Geschäftsobjekte des Prozessschrittes, den er unterstützt.

Fachliche Services

Die aus Sicht der Serviceorientierung wichtigsten Informationen in diesem Modell sind natürlich die Services. Zur Erinnerung: Die identifizierten fachlichen Services sollen als Prozess (fachliches IT-Modell) spezifiziert und anschließend in der IT implementiert werden.

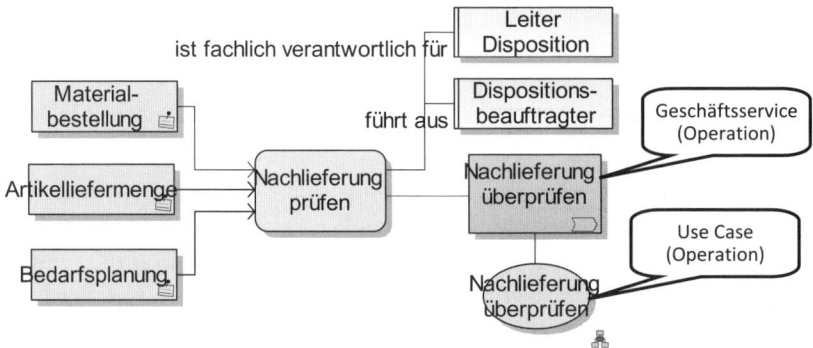

Abbildung 8.9 Detaillierung des fachlichen Detailmodells im Funktionszuordnungsdiagramm

Der SOA-Business-Analyst erfasst im Modell fachliche Services, welche die Prozessschritte durch Leistungen ihrer Operationen unterstützen (vgl. Abschnitt 8.3.4.1). Dazu greift er idealerweise auf das fachliche Serviceportfolio zurück und verwendet die dort aus einer statischen Sicht modellierten Services. Abbildung 8.9 zeigt in Form eines Funktionszuordnungsdiagramms die Modellierung der fachlichen Detailinformationen zum Prozessschritt „Nachlieferung prüfen" (BPA-Objekt: Funktion). Für die Abbildung der fachlichen

Serviceunterstützung wird das Geschäftsservice-Objekt „Nachlieferung überprüfen" mit dem Prozessschritt „Nachlieferung prüfen" verbunden. „Nachlieferung überprüfen" ist eine Operation des Geschäftsservice „Lieferungskontrolle" (vgl. Abbildung 8.10).

Dem Geschäftsservice können in der BPA Suite in Form von Attributen verschiedene Eigenschaften zugeordnet werden: Typ, Beschreibung, Daten (In-/Output), Verantwortliche, KPI-Instanzen. Die Modellierung der Geschäftsservices, ihrer Operationen und Fähigkeiten aus einer statischen Sicht erläutert Kapitel 7.

Die Modellierung der Services über das Objekt „Geschäftsservice" hat jedoch eine Schwäche in Bezug auf das angestrebte Vorgehen, in dem fachliche Services durch Prozessmodelle spezifiziert werden sollen: dem Objekt „Geschäftsservice" kann in der Oracle BPA Suite kein Prozessmodell hinterlegt werden. Daher bedient sich die abgebildete Modellierung eines zusätzlichen Objekts vom Typ „Use Case", das redundant zur Operation des Geschäftsservices modelliert wird (vgl. „Nachlieferung überprüfen" in Abbildung 8.9). Weil das Use Case-Objekt vom Typ „Funktion" ist, können Prozessmodelle sowohl als Ereignisgesteuerte Prozesskette (EPK) als auch als Business Process Diagram (BPD) der BPMN in der Oracle BPA Suite hinterlegt werden. Mit diesem Modellierungsansatz lässt sich das hier geschilderte Vorgehen umsetzen.

Ein Service soll in der Regel nicht nur eine einzelne Funktionalität anbieten, sondern über Operationen mehrere zusammengehörige Dienstleistungen kapseln. Diesen Zusammenhang zeigt das Servicezuordnungsdiagramm in Abbildung 8.10. Der Service „Lieferungskontrolle" bietet die Operationen „Nachlieferung überprüfen" und „Nachlieferung reklamieren" an. Der Service „Lieferungskontrolle" könnte darüber hinaus weitere Operationen wie „Teillieferung prüfen" oder „Rücklieferung prüfen" bereitstellen und würde somit vielfältige fachliche Funktionalität zur Prüfung einer Lieferung kapseln.

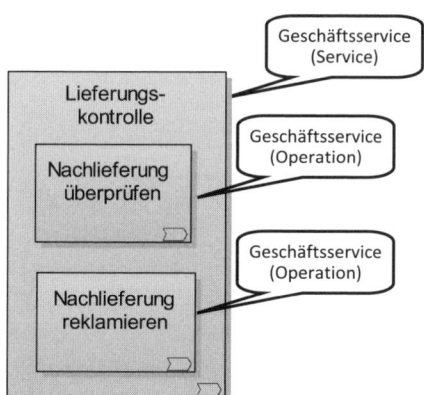

Abbildung 8.10
Geschäftsservice mit Operationen
im Servicezuordnungsdiagramm

Damit ist die SOA-Prozessmodellierung auf der Ebene des fachlichen Detailmodells abgeschlossen. Eine weitere Detaillierung der identifizierten fachlichen Services und deren Operationen ist vorbereitet. Die modellierten Services und Operationen sollten darüber hinaus in den Attributen der BPA-Objekte fachlich detailliert in Textform beschrieben sein, was wiederum den Ansatz eines fachlichen Serviceportfolios unterstützt (vgl. Kapitel 7).

8.4.2   Vorstufe zum automatisierten Prozess: Das fachliche IT-Modell

Die im fachlichen Modell identifizierten und grob beschriebenen fachlichen Services und deren Operationen sollen im nächsten Schritt weiter detailliert werden. Dies erfolgt wieder in Form eines Prozessmodells und geschieht auf der sechsten Ebene der Prozessdekomposition als so genanntes fachliches IT-Modell (vgl. Abbildung 8.3).

> In unserem Vorgehen erzeugt das fachliche IT-Modell einen neuen fachlichen Service durch die sinnvolle Verknüpfung (Orchestrierung) mehrerer elementarer Funktionalitäten (technische Services). Die technischen Services unterstützen mit ihren Operationen die einzelnen Prozessschritte im fachlichen IT-Modell.

Die fachlichen IT-Modelle können in der BPA Suite grundsätzlich wieder als Ereignisgesteuerte Prozesskette (EPK) oder als Business Process Diagram (BPD) in BPMN modelliert werden. Wegen der in Abschnitt 8.3.5 diskutierten Stärken der BPMN bei der Abbildung technisch orientierter Prozessmodelle wird in dem nachfolgend vorgestellten Ansatz die BPMN eingesetzt.

Zur Automatisierung der fachlichen Services lassen sich in der Oracle BPA Suite unterschiedlich detaillierte Modellierungsansätze realisieren. Die Entscheidung, wie das fachliche IT-Modell ausgestaltet wird, obliegt dabei dem jeweiligen Projekt und wird sich entsprechend der gewählten Zielsetzung voneinander unterscheiden. Im Wesentlichen hängt die Unterscheidung davon ab, wie stark sich die Modellierung an der später in der IT-Implementierung genutzten Produktplattform und deren Eigenschaften orientiert. Dieses Kapitel konzentriert sich auf einen Modellierungsansatz in der Oracle BPA Suite, der von der IT-Produktplattform abstrahiert. Die BPA Suite bietet über diesen Ansatz hinaus zusätzliche Funktionalitäten, die eine Modellgestaltung für die Übertragung in die Oracle SOA Suite ermöglichen. Auf diese Möglichkeiten wird abschließend kurz eingegangen.

8.4.2.1   Das pragmatische fachliche IT-Modell

Das pragmatische fachliche IT-Modell dient in erster Linie dazu, dem SOA-Entwickler die benötigten Informationen für die Umsetzung des abgebildeten Prozesses in der IT zur Verfügung zu stellen. Die in Abschnitt 8.3.4.2 allgemein vorgestellten relevanten Informationen sollen dabei so weit wie möglich in Prozess- und Servicemodellen abgebildet werden.

Technische Prozessschritte (Aktivitäten) und technische Services

Die Prozessschritte werden in BPMN als Task-Objekte modelliert (BPA-Objekt: Funktion). Der SOA-Entwickler benötigt für die Implementierung des ausführbaren Modells die Information, welche elementaren Services in den einzelnen technischen Prozessschritten aufzurufen sind. Das fachliche IT-Modell gibt die Anordnung (Orchestrierung) dieser technischen Services vor.

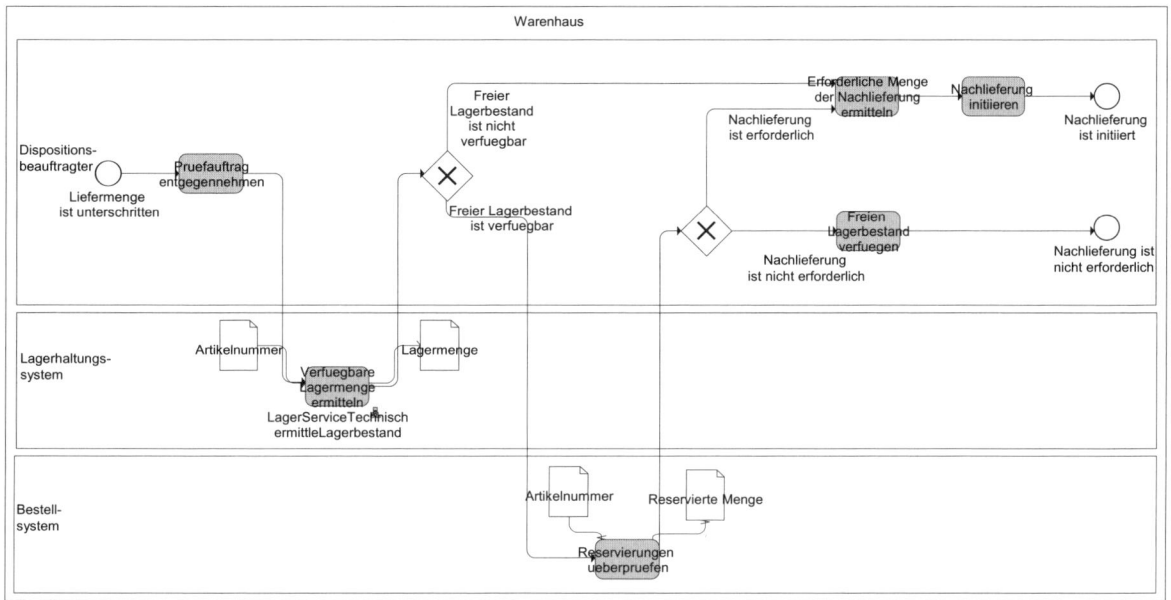

Abbildung 8.11 Fachliches IT-Modell in BPMN-Notation in der Oracle BPA Suite

Wie bereits bei den fachlichen Services in Abschnitt 8.4.1 gesehen, gibt es auch hier wieder einen Bezug zur Modellierung des Serviceportfolios (vgl. Kapitel 7). Dort werden die in der IT umgesetzten technischen Services aus einer statischen Sicht als Softwareservices mit Softwareservice-Operationen im Modell abgebildet.

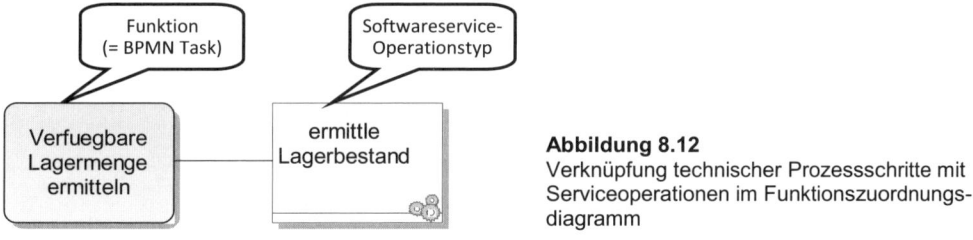

Abbildung 8.12
Verknüpfung technischer Prozessschritte mit
Serviceoperationen im Funktionszuordnungs-
diagramm

Ziel ist nun, die Prozessschritte im Business Process Diagram der BPMN (vgl. Abbildung 8.11) mit den aufzurufenden Softwareservice-Operationen zu verbinden. Diese Verknüpfung stellt im Modell die Information zur Verfügung, welche Serviceoperation zur Automatisierung des Prozessschrittes genutzt wird. Da das Business Process Diagram (BPMN) in der Oracle BPA Suite keine entsprechenden Objekte vorsieht, können die Softwareservice-Operationen nicht direkt auf diesem Diagrammtyp modelliert werden. Alternativ kann aber ein Funktionszuordnungsdiagramm als Hinterlegung am technischen Prozessschritt (BPMN: Task, BPA-Objekt: Funktion) erzeugt werden (vgl. Abbildung 8.12). In diesem Diagramm kann die Verbindung des Prozessschrittes mit der aufzurufenden Softwareservice-Operation im Modell abgebildet werden. Nun fehlt lediglich noch die Verknüpfung

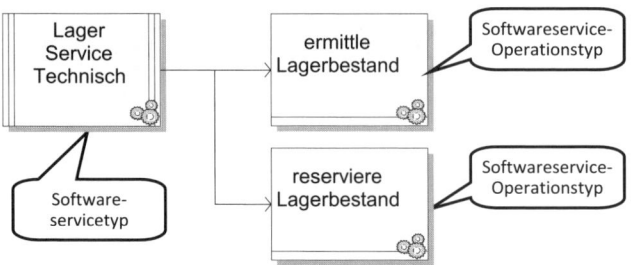

Abbildung 8.13
Modellierung eines technischen Service mit Operationen im Zugriffsdiagramm

der Softwareservice-Operation zu ihrem Softwareservice. Dieser Zusammenhang kann in einem Zugriffsdiagramm (vgl. Abbildung 8.13) modelliert werden. Hierin werden dem technischen Service (Softwareservicetyp) seine Operationen (Softwareservice-Operationstyp) zugeordnet, was wiederum Bestandteil der statischen Servicemodellierung (vgl. Kapitel 7) ist. In diesem Diagramm wird darüber hinaus ersichtlich, welche Operationen der technische Service kapselt.

Der Modellierungsaufwand dieses Vorgehens ist relativ groß und benötigt zudem Konventionen und eine Qualitätssicherung, um eine einheitliche Modellierung zu gewährleisten. Wird kein modellbasiertes Serviceportfolio in der BPA Suite gepflegt oder erscheint der Aufwand zu hoch, kann alternativ ein pragmatischer Ansatz genutzt werden. Bei automatisiert ablaufenden Prozessschritten können die Informationen zur technischen Schnittstelle in den Attributen der BPA-Objekte erfasst werden. In den Attributen des BPA-Objekts

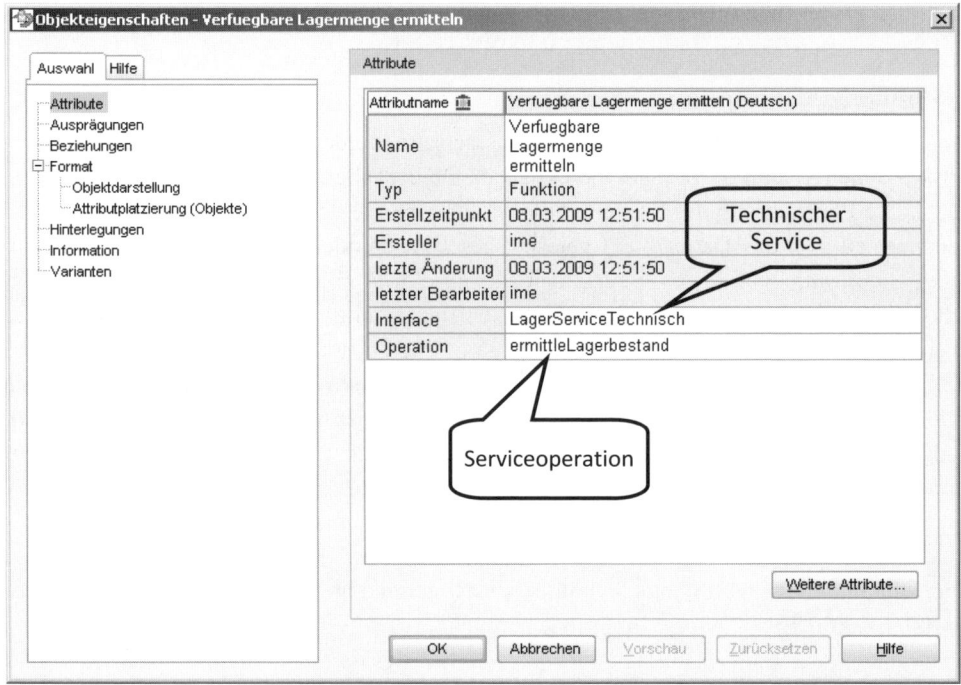

Abbildung 8.14 Pflege von Service und Serviceoperation in den Attributen einer Funktion

„Funktion" lassen sich der zu nutzende Service und die zugehörige Operation hinterlegen (vgl. Abbildung 8.14). Diese Informationen können in der BPA Suite auch auf dem Diagramm angezeigt (vgl. „Verfuegbare Lagermenge ermitteln" in Abbildung 8.11) oder in Form eines Reports zusammen mit der Grafik des Prozessmodells als Dokument ausgegeben werden.

Technischer Kontrollfluss

Der technische Kontrollfluss wird, ähnlich wie bei der EPK, über die Verbindungen zwischen den Prozessschritten (Tasks) abgebildet. In BPMN wird der Hauptprozessfluss als „Sequence Flow" bezeichnet. Zusätzlich stehen auch hier Konnektoren zur Abbildung des Kontrollflusses zur Verfügung. In BPMN werden die Konnektoren „Gateway" genannt, neben paralleler (AND) und alternativer (OR, XOR) Verarbeitung erlaubt die BPMN auch so genannte „Complex Gateways", denen – wie der Name schon sagt – komplexe Bedingungen zugeordnet werden können. Außerdem existieren spezielle BPMN-Symbole, die beispielsweise eine wiederholte Verarbeitung (Loop) oder das Erzeugen einer erst zur Laufzeit definierten Anzahl von Instanzen eines Tasks erlauben (Multiple Instances). Detaillierte Informationen über Elemente und Notation der BPMN finden sich in [BPMN09].

> Bei der Gestaltung des Kontrollflusses im BPMN-Modell kann die Unterstützung des Kontrollflusses in der gewählten technischen Zielumgebung wichtig sein.
> Für den Abgleich der in BPMN möglichen Kontrollflüsse mit den Fähigkeiten ausführbarer Prozesssprachen wie BPEL empfiehlt sich der Einsatz der in Abschnitt 8.3.5 erwähnten „Workflow Patterns".

Datenfluss (In-/Outputs)

Bei der Bearbeitung der technischen Prozessschritte werden Daten benötigt. Die Datenflüsse können in BPMN mit dem Objekt „Data Object" abgebildet werden (vgl. Abbildung 8.11). Die Pfeilrichtung der Kanten, die die Datenobjekte mit den Prozessschritten verbinden, sagt aus, ob das Datenobjekt gelesen, geschrieben oder bearbeitet wird. Aus technischer Sicht wäre auf dieser Ebene eine detaillierte Abbildung der Datenobjekte wünschenswert, so dass der SOA-Entwickler sein technisches Datenmodell daraus ableiten kann (z. B. als XML-Schema Definition). Allerdings bieten sowohl die BPMN-Notation als auch das Werkzeug Oracle BPA Suite aktuell nur eingeschränkte Möglichkeiten zur Abbildung technischer Datenmodelle. Hier kann die Pflege der technischen Daten in UML und ein entsprechender Verweis auf diese Modelle – beispielsweise in den Attributen der Objekte in der BPA Suite – sinnvoll sein.

> **TIPP**: Nutzen Sie bei der Abbildung der Datenstrukturen ein einheitliches, unternehmens- oder projektweit gültiges Datenmodell (Business Object Model). Häufig können diese Datenmodelle auf offiziell verfügbaren Branchenreferenzmodellen basiert werden. Dies erhöht die Austauschbarkeit und das Potenzial bei der Integration „fremder" Services.

Organisation

In BPMN werden Verantwortlichkeiten und Rollen über die Konstrukte „Pool" und „Lane"
abgebildet. Dies ergibt das für BPMN typische Swimlane-Layout, bei dem die Schwimm-
bahnen jeweils für eine ausführungsverantwortliche Organisationseinheit bzw. Rolle oder
auch für ein IT-System stehen.

Das in Abbildung 8.11 dargestellte Prozessmodell enthält eine BPMN-Lane für die Rolle
des Dispositionsbeauftragten, welcher für die abgebildeten Prozessschritte ausführungs-
verantwortlich ist. Andere Schritte in diesem Prozess werden von den IT-Systemen „Lager-
haltungssystem" oder „Bestellsystem" ausgeführt, die ebenfalls in BPMN-Lanes abgebildet
sind.

> Nutzen Sie diesen Modellierungsansatz, wenn
> - Sie eine mit wesentlichen IT-relevanten Details angereicherte Vorlage für den
>   SOA-Entwickler erstellen wollen;
> - Sie ein bezogen auf die IT-Umsetzung plattformneutrales Modell benötigen;
> - Sie im fachlichen IT-Modell die Abgrenzung zwischen ausführungsverantwort-
>   lichen Rollen und IT-Systemen darstellen möchten;
> - Sie die in der BPA Suite erfassten technischen Services mit dem Prozess im
>   Modell verbinden wollen.

8.4.2.2 Das fachliche IT-Modell für Oracle BPEL

Der zweite Modellierungsansatz abstrahiert nicht mehr vollständig vom in der IT-Implementierung genutzten Produkt. Vielmehr nutzt er die von Oracle in der BPA Suite bereit-
gestellten Funktionalitäten zur Spezifikation eines Modells für die Oracle Laufzeitumge-
bung Oracle BPEL Process Manager (BPEL PM). Der BPEL PM ist die Laufzeitkompo-
nente für ausführbare BPEL-Prozesse von Oracle und Bestandteil der Oracle SOA Suite.
Die nach diesem Ansatz in der BPA Suite modellierten Prozesse können über einen Gene-
rierungs- und Importmechanismus in die Entwicklungsumgebung Oracle JDeveloper übertragen und dort weiterbearbeitet werden. Nach der Implementierung durch den SOA-
Entwickler kann der BPEL-Prozess per Deployment in den BPEL PM übertragen und anschließend dort ausgeführt werden.

Dieser Modellierungsansatz erfasst, verglichen mit der zuvor erläuterten Vorgehensweise,
deutlich mehr technische Details. Das WIE der Umsetzung wird hierbei ausführlicher betrachtet und im Modell abgebildet. Daher benötigt der SOA-Business-Analyst einerseits
für die Erstellung dieser Form des fachlichen IT-Modells deutlich mehr technisches Hin-
tergrundwissen. Dies betrifft beispielsweise Kenntnisse des BPEL-Standards und die
Struktur von BPEL. Insbesondere bei der automatisierten Übertragung der Modelle von
EPK oder BPMN nach BPEL in der Oracle BPA Suite dürfen Prozesse nur Konstrukte
(z. B. Kontrollflüsse) enthalten, die der BPEL-Standard unterstützt (vgl. hierzu die Ausführungen zu Workflow Patterns in Abschnitt 8.3.5). Andernfalls ist die Generierung eines
BPEL-Modells nicht möglich. Der Modellierer sollte darüber hinaus auch die Oracle-

spezifischen Erweiterungen des BPEL-Standards kennen. Beispiel: die Human Workflow-Anwendung, die Bestandteil des Oracle BPEL PM ist und die im fachlichen IT-Modell als „Manuelle Aufgabe" modellierten Prozessschritte umsetzt.

Andererseits wächst bei diesem Ansatz der Pflegeaufwand, da Änderungen an den erfassten technischen Details im Modell nachgezogen werden müssen. Die Stabilität des Modells wird entsprechend geringer. Ein automatischer Abgleich der Änderungen im Modell des SOA-Entwicklers (BPEL im JDeveloper) mit dem Modell des SOA-Business-Analysten (BPMN oder EPK in der BPA Suite) ist vom Werkzeughersteller Oracle vorgesehen. Der Einsatz dieses Vorgehens sollte jedoch sorgfältig überdacht werden. Dies gilt beispielsweise für die Fragestellung, ob der SOA-Entwickler Einfluss auf die Gestaltung des fachlichen Prozesses nehmen können soll. Grundsätzlich stellt die Spezifikation der für den SOA-Entwickler relevanten Informationen in Form eines (Prozess-)Modells unbestritten einen zielführenden und in der Praxis bewährten Ansatz dar.

Die wichtigsten Informationen werden im fachlichen IT-Modell für Oracle BPEL wie folgt abgebildet:

Technische Prozessschritte (Aktivitäten)

Auch in diesem Modell sind die technischen Prozessschritte Funktionen in der Oracle BPA Suite. Mit Blick auf die Zielumgebung Oracle BPEL PM bietet die Oracle BPA Suite allerdings die Möglichkeit, zwischen verschiedenen Ausprägungen einer Funktion zu unterscheiden. Wie in Abbildung 8.15 zu erkennen, werden durch unterschiedliche Symbole beispielsweise manuelle Tätigkeiten (Manuelle Aufgabe) und vollständig automatisierte Prozessschritte (Automatisierte Aufgabe) voneinander abgegrenzt.

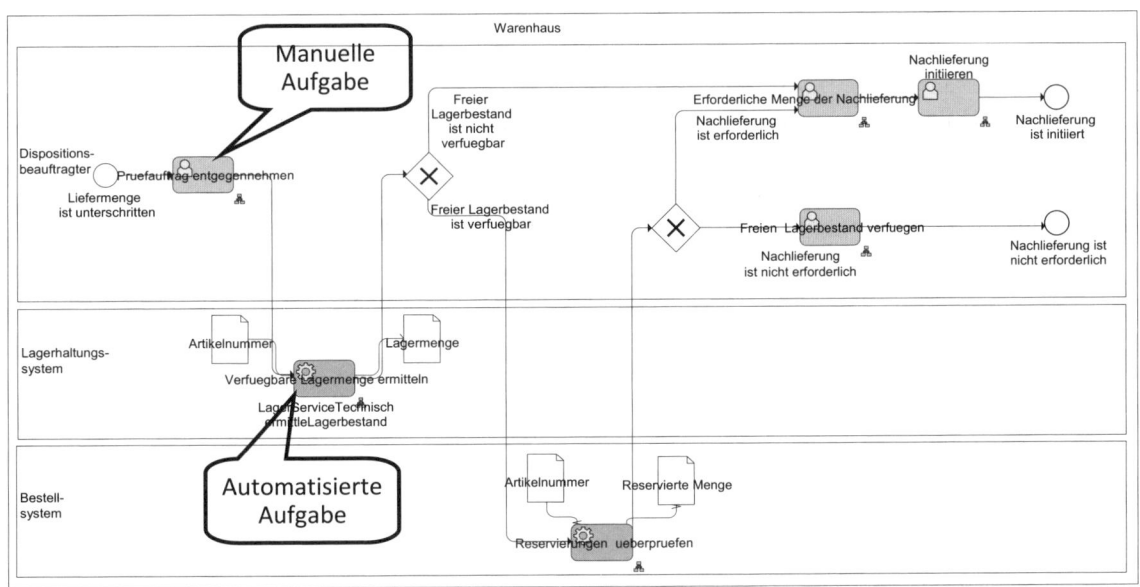

Abbildung 8.15 Fachliches IT-Modell für Oracle BPEL in BPMN-Notation in der Oracle BPA Suite

Eine als „Manuelle Aufgabe" modellierte Funktion wird in der Oracle BPEL-Implementierung als Aufgabe abgebildet, die in die Aufgabenliste („Postkorb") der definierten Rolle eingestellt wird. Eine „Automatisierte Aufgabe" setzt BPEL als Aufruf eines Web Service um. Hierzu kann bereits im fachlichen IT-Modell die Web-Service-Schnittstelle (WSDL) mit der Funktion verknüpft werden. Darüber hinaus stehen weitere Implementierungsmöglichkeiten für Funktionen zur Verfügung, die im Rahmen dieses fachlich orientierten Vorgehens nicht näher betrachtet werden. Weitere Informationen dazu enthält die Hilfe der Oracle BPA Suite.

Technischer Kontrollfluss

Die Modellierung des technischen Kontrollflusses entspricht der des „pragmatischen" fachlichen IT-Modells (vgl. Abschnitt 8.4.2.1).

Datenfluss (In-/Outputs)

Die Modellierung der Datenflüsse entspricht der des „pragmatischen" fachlichen IT-Modells (vgl. Abschnitt 8.4.2.1).

Organisation

Die organisatorischen Verantwortlichkeiten werden wie im „pragmatischen" Modell in Form von BPMN-Pools und -Lanes dargestellt. Zusätzlich wird durch die zuvor erläuterte Symbolik der Funktionen in der Oracle BPA Suite ausgedrückt, ob es sich um „Manuelle Aufgaben" oder automatisierte Service-Aufrufe handelt (Automatisierte Aufgabe).

Modellieren Sie im fachlichen IT-Modell als Vorlage für die Implementierung in Oracle BPEL fachlich abgegrenzte Prozessschritte (Beispiel „Reservierungen überprüfen" in Abbildung 8.11). Die konkrete Implementierung dieses Prozessschrittes, die unter Umständen mehrere Web-Service-Aufrufe, Datentransformationen usw. beinhalten kann, sollte dem SOA-Entwickler überlassen werden. Bei Einsatz des Generierungsmechanismus in der Oracle BPA Suite können die fachlichen abgegrenzte Prozessschritte in BPEL-Scope-Aktivitäten übertragen werden. Den Inhalt dieser Scope-Aktivitäten kann der SOA-Entwickler dann entsprechend seinen technischen Anforderungen füllen, ohne Einfluss auf das fachlich spezifizierte Modell zu nehmen.

Nutzen Sie diesen Modellierungsansatz, wenn

- Sie ein Modell als Vorlage für die IT-technische Umsetzung im Oracle BPEL Process Manager erstellen möchten;
- Sie implementierungsspezifische Details wie Web-Service-Schnittstellen oder Konfigurationen für die Workflow-Anwendung (Human Task) in der Oracle BPA Suite hinterlegen möchten;
- Sie den Generierungsmechanismus „BPMN zu BPEL" (oder alternativ „EPK zu BPEL") in der Oracle BPA Suite nutzen möchten.

8.4.3 Überblick Objekttypen der SOA-Prozessmodellierung

Die folgende Übersicht (vgl. Tabelle 8.1) listet abschließend die im vorgestellten Vorgehen zur serviceorientierten Prozessmodellierung in der Oracle BPA Suite genutzten Objekte auf. Die Tabelle gibt auch Auskunft über die eingesetzten Diagrammtypen und die Verbindungen (Kanten), die Objekte miteinander verbinden. Grundsätzlich ist der Einsatz anderer Objekte und Kanten möglich, was je nach Zielsetzung der Modellierung angebracht und erforderlich sein kann.

Tabelle 8.1 Diagramm- und Objekttypen der SOA-Prozessmodellierung

Diagrammtyp	Quellsymbol	Zielsymbol	Beziehung
Fachliches Detailmodell			
Funktionszuordnungsdiagramm	Fachbegriff	Funktion	ist Input für
Funktionszuordnungsdiagramm	Personentyp	führt aus	Funktion
Funktionszuordnungsdiagramm	Personentyp	ist fachlich verantwortlich für	Funktion
Funktionszuordnungsdiagramm	Personentyp	wirkt beratend mit	Funktion
Funktionszuordnungsdiagramm	Personentyp	muss informiert werden über	Funktion
Funktionszuordnungsdiagramm	Geschäftsservice (Operation)	unterstützt	Funktion
Funktionszuordnungsdiagramm	Use Case (Operation)	unterstützt	Geschäftsservice (Operation)
Fachliches IT-Modell			
Business Process Diagram (BPMN)	Data Object (Typ Informationsträger)	liefert Input für	Funktion
Business Process Diagram (BPMN)	Funktion	erzeugt Output auf	Data Object (Typ Informationsträger)
Business Process Diagram	Diverse weitere laut BPMN-Spezifikation und BPA Suite zugelassene Verbindungen		
Funktionszuordnungsdiagramm	Softwareservice-Operationstyp	unterstützt	Funktion
Zugriffsdiagramm	Softwareservicetyp	ruft auf	Softwareservice-Operationstyp

9 Entwurf und Aufbau prozess-getriebener Kennzahlensysteme

9.1 Fragen, die dieses Kapitel beantwortet

- ■ Was ist Process Controlling überhaupt?
- ■ Aus welchen Komponenten bestehen die IT-Systeme für das Process Controlling?
- ■ Wie sieht die Systemarchitektur aus?
- ■ Welche Schritte müssen Sie für eine erfolgreiche Modellierung durchführen?
- ■ Wie erfolgt eigentlich die Modellierung?
- ■ Was sind typische Lessons-Learned aus Projektbeispielen?

9.2 Die Herausforderung im Process Controlling

In der Fachpresse tauchen häufig Begriffe wie „Corporate Performance Management", „Enterprise Performance Management" oder „Process Excellence" auf. Sie beziehen sich auf einen bislang vernachlässigten Bereich der operativen Exzellenz des Unternehmens – die Geschäftsprozesse.

Geschäftsprozessmanagement wurde in den letzten Jahren von den Unternehmen als Chance erkannt, um ihre Effektivität und Effizienz der wertschöpfenden Prozesse zu steigern. Dies bestätigt Rolf Schumann, Director Customer Advisory Office, SAP AG: „Das Problem der Unternehmen heute besteht oftmals darin, dass sie in ihrer IT gefangen sind. Die Flexibilität, die nötig ist, um beispielsweise auf äußere Einflüsse rasch reagieren und Prozesse anpassen zu können, ist größtenteils nicht gegeben. Prozessanpassungen sind viel zu aufwändig." Die Organisationsstrukturen wurden häufig auch auf eine Prozessorganisation ausgerichtet, um die notwendige Agilität zu erreichen, aber die Ermittlung von Daten und Kennzahlen zu den Prozessabläufen – und das auch noch in Echtzeit – wurde häufig vernachlässigt. Eine besondere Bedeutung in diesem Zusammenhang wird dem Process Controlling zuteil.

Im Rahmen der organisatorischen Implementierung des Process Controlling werden mit Hilfe von IT-Systemen Kennzahlen für die Prozesse ermittelt, um die Prozesse transparenter und steuerbarer zu machen. Je nach Grad der Realisierung des Process Controlling können sogar Kennzahlen in „Echtzeit" für die operativen Prozesse ermittelt und somit der Ansatz des „Real Time Enterprise" unterstützt werden.

Die Herausforderung liegt in der technischen Implementierung der Messung der benötigten Prozesskennzahlen und somit in einem Aufbau einer konsolidierten Datenbasis für die „Real Time"-Steuerung (IT-System „Process Monitoring") und der Prozessanalyse (IT-System „Process Mining").

Reifegradmodell für das Process Controlling

Das Process Controlling kann in unterschiedlichen Unternehmen verschiedene Reifegrade haben.

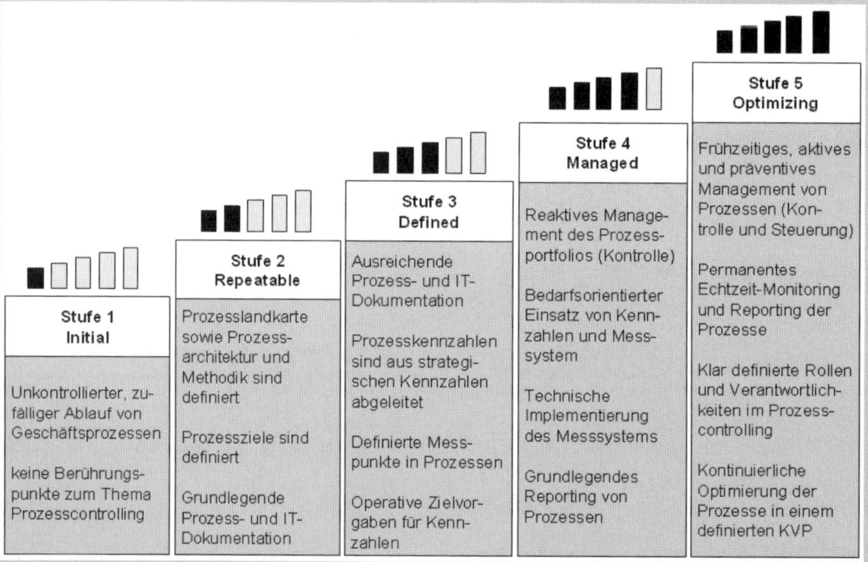

Abbildung 9.1 Reifegradmodell des Process Controlling

Die tatsächliche Realisierung des Process Controlling beginnt in diesem Modell auf Stufe 3 „Defined". Im Folgenden werden die Stufen „Defined" und „Managed" und teilweise die Stufe „Optimizing" betrachtet. Das Befinden auf Stufe 3 bedeutet, dass Kennzahlen strategischer und operativer Art im Unternehmen schon identifiziert wurden und dass auch bekannt ist, an welchen Stellen der Prozesse die Kennzahlen ermittelt werden können [Schm03, S. 194 ff.].

Dieses Kapitel liefert einen Überblick zum Themengebiet Process Controlling und legt den Schwerpunkt auf die Modellierung der benötigten Kennzahlen auch hinsichtlich der Anforderungen für eine Implementierung. Unterwegs geben wir einige praktische Tipps und Best-Practices, um den Einstieg in die Modellierung zu vereinfachen. Das genutzte Vorgehen bei der Modellierung lehnt sich an die in Abbildung 9.2 dargestellten unterschiedlichen Ebenen der Modellierung an. Wir beschreiben das Vorgehen bei der Modellierung der Ziele, Maßnahmen, Kennzahlen und der Organisation. Anschließend verfeinern wir die Modelle für die eigentlichen Prozesse zur Etablierung der organisatorischen Maßnahmen beim Process Controlling. Abschließend erfolgt die Modellierung der notwendigen IT-Systeme zur Unterstützung der Prozesse des Process Controlling.

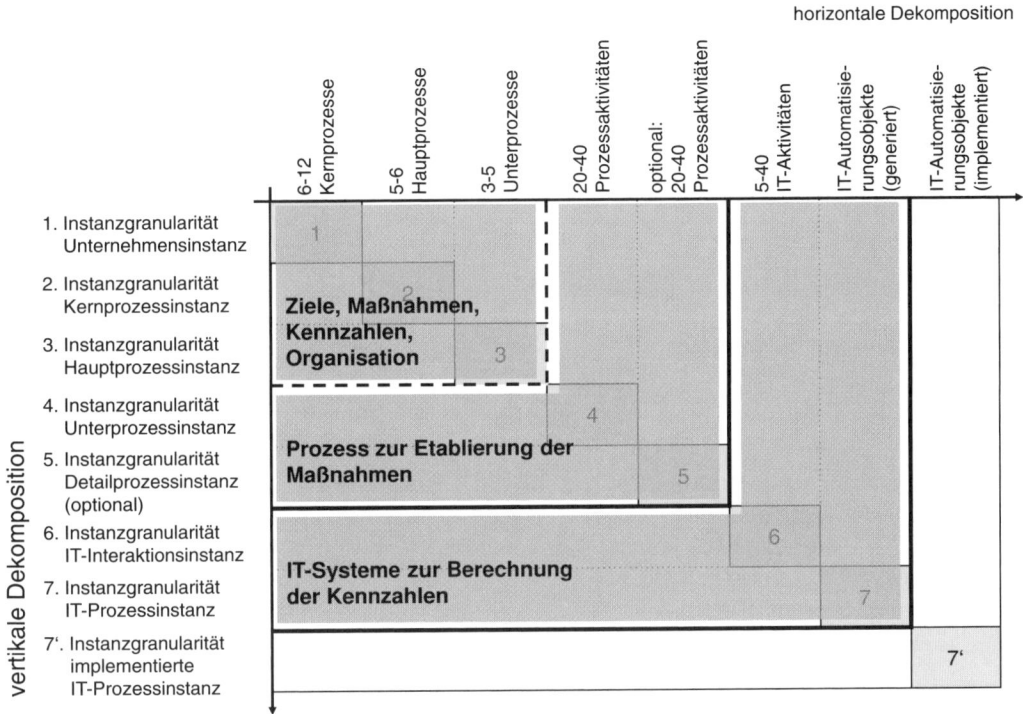

Abbildung 9.2 Übersicht der unterschiedlichen Detail-Stufen bei der Modellierung

Ferner zeigen wir die Methoden und Vorgehensweisen am Beispiel des Prozesses der Wareneingangskontrolle (WEK) auf. In Abschnitt 9.6 gehen wir intensiv auf die Modellierung ein und nutzen hierfür den geschilderten WEK-Prozess (siehe Kapitel 1).

223

Vision und Realität

Wie könnte die Zukunft aussehen?

Unternehmen implementieren in Zukunft verstärkt die Prozessabläufe flexibel in ihren IT-Systemen. Die fachlichen Prozessmodelle werden schrittweise um die IT-spezifischen Inhalte zur Steuerung der Prozesse durch IT-Systeme verfeinert. Diese Prozessmodelle werden mit einer Workflow-/Prozess-Engine implementiert und die IT-Komponenten aus dem „geführten" Prozess heraus automatisch angesprochen. Der wesentliche Vorteil liegt hierbei in den generischen Sonden/Adaptern innerhalb der Workflow-/Prozess-Engine, die die Prozesskennzahlen und Fakten unabhängig von einem Eingriff in die untergelagerten operativen Systeme liefern können. Die benötigten Informationen (Fakten) liegen bei den Workflow-Systemen und Systemen zur Prozessautomatisierung im so genannten „Payload" bereits vor (Daten, die von einem Prozessschritt zum nächsten übermittelt und aktualisiert werden). In der Spezifikation „Audit und Monitoring (INTERFACE5)" des Referenzmodells der Workflow Management Coalition (WfMC, seit 1993, 220 Mitglieder) liegt eine Spezifikation des Audit-Trails des Workflow-Systems vor [WFMC95]; damit ist das Monitoring von Workflows in einem Unternehmen unabhängig von speziellen Implementationen des Workflowmanagementsystems möglich. In der Spezifikation werden die wesentlichen Statuswechsel, Zeitstempel und involvierten Ressourcen festgehalten.

Wie sieht die Realität aus?

Die Realität sieht jedoch meist anders aus. Der notwendige Grad an Prozessautomatisierung für die geschilderten generischen Ansätze ist bei vielen Unternehmen nicht gegeben, da die genutzten Anwendungssysteme überwiegend noch funktional ausgerichtet und oft von Medien-Brüchen durch Systemwechsel geprägt sind. Gleichwohl ist es zielführend, auch in heterogenen Systemlandschaften mit vielen Systemwechseln und „Medienbrüchen" ein Process Controlling für ausgewählte Kernprozesse, die einen wesentlichen Beitrag zur Wertschöpfung leisten, zu implementieren.

9.3 Die zentralen Begriffe

Durch den Einsatz des Process Controlling soll die Lücke im Regelkreis des Geschäftsprozessmanagements (GPM) beim Übergang von der Prozessimplementierung zur Prozessoptimierung geschlossen werden. Ziel des Process Controlling ist die kontinuierliche Verbesserung der Qualität und Effizienz der ablaufenden Geschäftsprozesse wie auch die Near-Real-Time-Steuerung der aktuell laufenden Prozesse. Im Rahmen des Process Controlling werden zwei unterschiedliche Aufgabenstellungen betrachtet, die nebeneinander existieren und unterschiedliche Zielsetzungen verfolgen:

- **das Process Monitoring** mit dem Ziel der operativen Steuerung der aktuell ablaufenden Geschäftsprozesse und
- **das Process Mining** mit dem Ziel der Ex-post-Analyse der abgelaufenen Geschäftsprozesse.

Diese Zusammenhänge werden in Abbildung 9.1 dargestellt.

Das Process Controlling mithilfe von IT-Systemen ist eine neue Disziplin. Dies erkennt man leider daran, dass es in der Literatur keine allgemein gültigen Begriffsdefinitionen gibt. Im Folgenden definieren wir die zentralen Begriffe entsprechend ihrer Verwendung im vorliegenden Kapitel.

9.3.1 Process Controlling

Process Controlling

> **Definition „Process Controlling":**
> Beschaffung, Aufbereitung und Analyse von Daten zur Vorbereitung zielsetzungsgerechter Entscheidungen zur Verbesserung von Geschäftsprozessen. [Riep96]

Im Folgenden sollen die Komponenten des Process Controlling kurz erläutert werden:

- Die Beschaffung beschäftigt sich mit der Erschließung, Evaluation und Auswahl der benötigten Datenquellen. Hierbei stehen letztlich die Prozessmodelle und -repositories, die Datenquellen der operativen Anwendungssysteme sowie die Audit Trails/Log-Files der eingesetzten Workflow- oder BPM-Engines (Oracle BPEL Process Manager, IBM, SAP, Inubit etc.) im Mittelpunkt.

- Die Aufbereitung erfolgt unter Einbeziehung der Metadaten aus den Prozessmodellen in Form eines klassischen ETL-Prozesses (Prozess der Datenbewirtschaftung eines Data Warehouse, der aus den Phasen Extraktion/Transformation/Laden (ETL) besteht). Der Schwerpunkt liegt hier in der Zusammenführung der Prozessdaten mit den Informationen zu den referenzierten Geschäftsobjekten.

- Die Analyse beruht auf den Auswertungen zur Ermittlung von Schwachstellen, Soll-Ist-Vergleichen, Erkennung von Mustern und Wirkungsmechanismen (Process Mining) und Analyse von Key Performance Indikators (KPI's).

In den obigen Aufgaben spiegeln sich bereits die wesentlichen Kernaufgaben des „klassischen" Data-Warehouse-Projektes wider: ein ETL-Prozess und eine Oberfläche für flexible Auswertungen. Die grundlegende Architektur eines Data Warehouse wird in Abschnitt 9.5 aufgegriffen und hinsichtlich der Anforderungen des Process Controlling ausgestaltet [Sche02].

In Abbildung 9.3 erkennt man, dass das Process Controlling Teil des Regelkreises des Geschäftsprozessmanagements ist. In der Regel setzt man mit der Prozessanalyse auf. Die Prozessanalyse versucht durch Zerlegen einer Prozesskette in seine einzelnen Vorgänge und Analyse dieses Prozesses Schwachstellen und Verbesserungspotenziale zu erkennen.

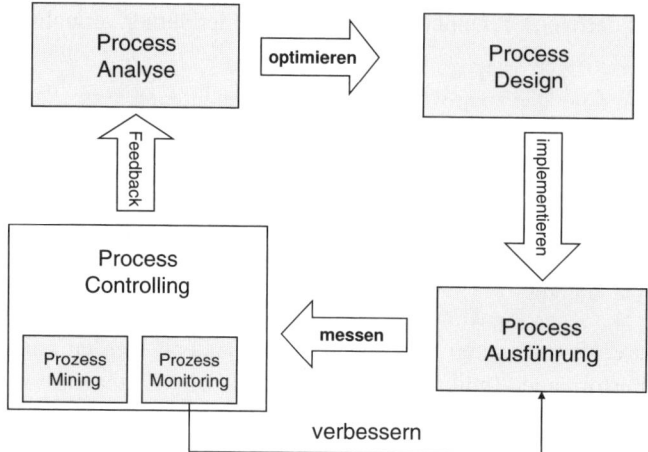

Abbildung 9.3
Regelkreis Geschäftsprozessmanagement

Optimierungspotenziale werden an das Prozessdesign übergeben. Hier erfolgen Modellierung bzw. Reengineering des Prozesses, anschließend die Implementation des Prozesses in der Organisation.

Dies hat neben den organisatorischen Konsequenzen auch technische Implikationen hinsichtlich der unterstützenden IT-Systeme. Das Process Controlling hat nun die Aufgabe, Daten zu liefern, die Entscheidungen zur Verbesserung von Geschäftsprozessen unterstützen. Hiermit schließt sich der Regelkreis des Geschäftsprozessmanagements.

Process Monitoring

Das Process Monitoring und seine Umsetzung mittels IT-Lösungen (häufig auch Business Activity Montoring (BAM) genannt) wird bewusst vom Process Mining abgegrenzt. Das liegt zum einen daran, dass das Process Monitoring die aktuelle Prozessinstanz betrachtet und das Process Mining eine Analyse der abgelaufenen Prozesse ist. Der zeitliche Bezug der Nutzung ist hier ein wichtiges Kriterium für den Aufbau der benötigten IT-Syste-me und der Implementierung von unterstützenden organisatorischen Strukturen und Prozessen.

> **Definition „Process Monitoring"**
> Die Aufbereitung von Kennzahlen und Darstellung von Daten für die Leistungs-messung und die Beobachtung des zeitlich aktuellen Ablaufgeschehens von Prozessen.

Die technische Implementierung von IT-Lösungen zur Abbildung der Process Monitoring-Funktionen wird üblicherweise als Business Activity Monitoring (BAM) bezeichnet. Somit ergibt sich folgende Definition:

> **Definition Business Activity Monitoring (BAM)**
> Beschaffung, Aufbereitung und Speicherung von Daten in Echtzeit, um notwen-dige Kennzahlen und Indikatoren für das Process Monitoring zu erhalten.

In der Definition wurde bewusst auf eine implizite technologische Empfehlung verzichtet, weil die BAM-Implementationen im Markt recht unterschiedlich sind. Die Datenhaltung reicht von XML-Datenbanken über Ablagen in RDBMS bis zu In-Memory-Datenhaltung, um dem Anspruch auf „Echtzeit" mit dem notwendigen Datendurchsatz gerecht zu werden [Crum06], [Koch05].

Process Mining

Der Begriff „Process Mining" wird in der Literatur in unterschiedlichen Bedeutungen genutzt. Das Process Mining soll hier analog zum Data Mining als Methode zur Gewinnung von Einsicht über die verfügbaren Prozessdaten verstanden werden. Somit werden beim Process Mining vordefinierte Performance-Indikatoren gebildet und nach Zeitbezug und Dimensionen flexibel analysiert. Ziel ist die Erkennung von Trends, Wirkungsanalysen oder strukturellen Schwachstellen. Diese Ergebnisse fließen als strategische Aspekte der Prozessoptimierung in die Geschäftsprozessmodellierung ein [Aals03].

Definition Process Mining:
Aufbereitung von Performance-Indikatoren und Analyse von Prozessdaten nach Zeitbezug und Dimensionen zur Analyse der abgelaufenen Geschäftsprozesse.

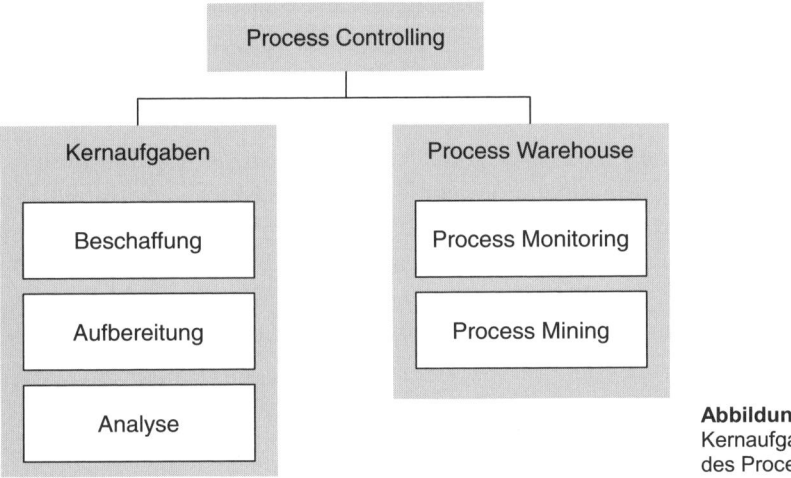

Abbildung 9.4
Kernaufgaben und Bausteine des Process Controlling

Process Warehouse

Die Aufgabenbereiche Process Monitoring und Process Mining und deren IT-Lösungen müssen aus IT-technischer Sicht zusammengefasst werden. Die Zusammenfassung aller IT-Komponenten für das Process Controlling soll als „Process Warehouse" verstanden werden. Oft wird das „Process Warehouse" als die Ablage aller Prozess-relevanten Informationen für die Organisation betrachtet. Diese Aufgabe bezieht sich eher auf die interne Prozessdokumentation und Publizierung der Prozessmodelle nebst den abgeleiteten Arbeitsanweisungen. Eine weitere Definition bezieht das Process Warehouse nur auf das zugrunde liegende Data Warehouse: „The Process Warehouse is a separate read-only analytical database that is used as the foundation of a process-oriented decision support system, which aims to analyze and improve business processes continuously " [List00].

Wir fassen den Begriff des Process Warehouse deutlich weiter:

Definition „Process Warehouse"
Beschaffung, Aufbereitung und Speicherung von Daten in einem IT-System, die für die Aufgaben des Prozess Controllings, bestehend aus Process Monitoring und Process Mining, benötigt werden.

9.3.2 Abgrenzung

Tabelle 9.1 verdeutlicht die unterschiedlichen Ansätze und Anforderungen von Process Monitoring und Process Mining.

Tabelle 9.1 Process Monitoring und Mining im Vergleich (Tabelle ist angelehnt an die Kriterien und Darstellung von [zMüh00]).

Kriterium	Process Monitoring	Process Mining
Zeitbezug	Real-Time	Ex-Post
Präsentation	aktive Benachrichtigung	Ex-post-Analysen
Ziel	Behebung aktueller operativer Schwachstellen	Analyse von Optimierungspotenzial
Scope	Einzelsatz: Prozessinstanz, Aktivität	Mengen: Prozesskette, -gruppen
Prozessstatus	laufende Prozesse	abgelaufene Prozesse
Aggregation	Prozessinstanz	Hierarchien, Dimensionen
Datenmodell	objektorientiert	MOLAP
Dimensionen	nein	ja
Daten Scope	aktuelle Prozessinstanz	Prozess, Business-Objekte

Zusammenfassend lässt sich das Process Monitoring als Echtzeit-Überwachung der aktuell ablaufenden Prozessinstanzen sehen. Wesentliche Aufgabe ist es, zeitnah auftretende bzw. potenzielle Probleme und Engpässe (proaktive Alerts) zu erkennen. Hier können sodann Gegenmaßnahmen eingeleitet werden, sofern das BAM-System keine automatisierten Regeln (etwa automatisierte Reallokation der Ressourcen) vornimmt.

Im Gegensatz dazu werden im Process Mining vordefinierte Performance-Indikatoren gebildet und nach Zeitbezug und Dimensionen flexibel ausgewertet. Ziel ist die Erkennung von Trends, Wirkungsanalysen oder strukturellen Schwachstellen. Diese Ergebnisse fließen im Rahmen der strategischen Aspekte der Prozessoptimierung im Rahmen des Regelkreises des Geschäftsprozessmanagements (GPM) ein.

9.4 Ziel des Process Controlling

Das strategische Ziel des Process Controlling ist die Steigerung der Anpassungsfähigkeit des Unternehmens an Veränderungen in der Um- und Innenwelt. Dieses übergeordnete Ziel wird im Folgenden nicht weiter vertieft. Wir konzentrieren uns auf die wesentlichen operativen Ziele. Das Process Controlling wird betrachtet

- als wesentlicher Bestandteil des Prozessmanagements und
- als Lieferung von Analysen und Daten zur Sicherstellung, dass die Unternehmensprozesse effizient ausgeführt und die zur Verfügung stehenden Ressourcen effizient genutzt werden.

Im Folgenden leiten wir aus Aufgaben des Process Controlling die Anforderungen für die unterstützenden IT-Systeme ab. In Abschnitt 9.7 greifen wir diese Anforderungen im Rahmen der Modellierung auf.

9.4.1 Anforderungen an die IT-Systeme

Die wesentlichen Anforderungen an ein Process Warehouse (siehe auch: Definition des Process Warehouse als die „Beschaffung, Aufbereitung und Speicherung von Daten in einem IT-System, die für die Aufgaben des Process Controlling benötigt werden") lassen sich hieraus ableiten und decken sich mit den folgenden Funktionen:

Beschaffung, Sammlung und Aufbereitung der aktuellen Prozessdaten

Das IT-System muss in der Lage sein, die aktuellen Prozessinstanzen zu „kennen". Insbesondere bedeutet dies, dass die Informationen zum Prozess-Status und den Daten zu den behandelten Business-Objekten aus den Quellesystemen „beschafft" werden müssen. Die Datenbewirtschaftung muss anschließend diese Informationen sammeln und persistent ablegen. Damit die entsprechenden Analyse- und Berichtsysteme performant und für den Anwender verständlich sind, müssen die Informationen für die jeweilige Zielgruppe aufbereitet werden.

Schaffung eines Zusammenhangs zwischen den aktuellen Prozessdaten und den angesprochenen Geschäftsobjekten

Die aktuelle Prozessinstanz kennt in der Regel nur das Ablaufregelwerk der einzelnen Prozessschritte und den aktuellen Status des Prozesses. Für Analysen bzgl. des Status der Prozesse mag diese Information kurzfristig ausreichen. Für weiterführende Analysen der Kosten, eingesetzter Produktionsmittel/Ressourcen und beteiligter Organisationseinheiten müssen Informationen der im Prozess angesprochenen Business-Objekte gesammelt werden. Diese Informationen benötigt man auch für die Bildung von Dimensionshierarchien.

Transformation, Berechnung und Aggregation der Prozessdaten zu Prozessindikatoren

Bei der Sammlung und Aufbereitung der Prozessdaten muss das IT-System parallel die geforderten Kennzahlen ermitteln. Diese Kennzahlen haben eine unterschiedliche Komplexität hinsichtlich der Aufbereitung. Für Kennzahlen zu Prozesskosten werden weitere Systeme als Quelle herangezogen. Für Kundenzufriedenheits-Indikatoren im Zusammenhang mit den Prozessdaten wird man die Kennzahlen erst mit einem erheblichen zeitlichen Versatz ermitteln, da erst die Kundendaten erhoben werden müssen.

Bereitstellung von Werkzeugen zur flexiblen, multidimensionalen Analyse und Navigation innerhalb des Process Warehouse

Das IT-System muss neben der Bereitstellung der konsistenten Daten auch die Werkzeuge zur Analyse bereitstellen. Unterschiedliche Akteure werden unterschiedliche Auswertungs-Tools nutzen. Dies geht über Monitoring und Alerting Cockpits für eine „Near-Real-Time"-Überwachung bis hin zu Tools, die die qualitativen Datenanalysen in Sinne des Data Mining unterstützen, um „verborgene" Wirkungsketten zu erkennen.

Verteilung, Präsentation und Verwertung der Analyseergebnisse

Die Analyseergebnisse sind für eine Vielzahl von Beteiligten in der Organisation relevant. Die spezifische Präsentation und Verteilung legt die Nutzung von Prozessportalen oder entsprechenden Portalen angereichert mit Prozessauswertungen nahe.

9.4.2 Rollen

Als Nächstes betrachten wir die unterschiedlichen Rollen im Rahmen des Process Controlling. Jede Rolle hat unterschiedliche Anforderungen an die Process Controlling-Komponente des Process Warehouse.

Diese Rollen wollen wir in das Modell mit einbeziehen, um organisatorische Zuständigkeiten und auch notwendige System-seitige Zugriffsbeschränkungen zu implementieren.

Im Folgenden werden die wesentlichen drei Rollen mit ihren Anforderungen beschrieben:

- **Top-Management:** Senior-Management bzw. der C-Level;
- **Prozess-Owner:** Abteilungs-/Bereichsleiter bzw. Personen, die für den Prozess übergreifend verantwortlich sind, und
- **Prozessverantwortliche:** für die aktuelle Prozessinstanz Verantwortliche.

Einen Überblick über Anforderungen der einzelnen Rollen an die Processcontrolling-Komponente zeigt Tabelle 9.2.

Tabelle 9.2 Anforderungen der unterschiedlichen Rollen

Anforderung	Top-Management	Prozess-Owner	Prozess-Verantwortliche
Zeitbezug	Ex-Post	Ex-Post	Real-Time
Präsentation	Aggregierte Kennzahlen	Berichte, Analysen	Alerts Monitoring
Ziel	Überblick operativer Stand der Prozesse	Analyse von Optimierungspotenzial	Behebung operativer Schwachstellen
IT-Lösungen	KPI–Cockpits	Ad-hoc-Analysen	BAM, Alerting
Einordnung	EPM, Dashboards	Process Mining	Process Monitoring

TOP-Management

Das Top-Management fordert einen Überblick über die operativen Prozesse in Form von aggregierten Kennzahlen. Als IT-Unterstützung wählt man in der Regel ein „Prozess-Cockpit", in dem die wesentlichen Indikatoren über Ampelfunktionen oder ähnliche grafische Elemente dargestellt werden. Diese IT-Systeme lassen es in der Regel zu, aus einer Übersicht heraus die einzelnen grundlegenden Datensätze zu betrachten. Hierdurch wird die Analyse durch Einbeziehung von Detailsichten verbessert. Diese Anwendergruppe muss nicht die einzelne Prozessinstanz überprüfen können. In Einzelfällen wird sie den Bedarf haben, Informationen über Ad-hoc-Analysemöglichkeiten zu hinterfragen und zu analysieren.

Prozess-Owner

Prozessorientierte Organisationen verfügen über die Rolle des „Process Owner". Er ist für die Effektivität und Effizienz eines gesamten Prozesses (end-to-end) verantwortlich, auch wenn die Prozessabwicklung mehrere Abteilungen oder sogar externe Partner betrifft. Diese verantwortlichen Personen müssen nicht die aktuellen Prozesse überwachen, wohl aber in der Lage sein, ex-post die Qualität der operativen Prozesse messen, bewerten und verbessern zu können. Die Analyse von Optimierungspotenzial ist eine wesentliche Aufgabe. Dies erfolgt über Ad-hoc-Analysen und Data-Mining-Verfahren bezüglich der konsolidierten Prozessdaten.

Prozessverantwortliche

Der für bestimmte Prozessinstanzen verantwortliche Prozessbeteiligte benötigt eine Near-real-time-Überwachung „seiner" Prozesse. Hier sendet in der Regel das Process Monitoring-System über „Alerts" (systemseitig generierte Nachrichten) die kritischen Prozessdaten an den Anwender als SMS, E-Mail oder Voice-Mail. Diese Nachrichten machen den Prozessverantwortlichen auf mögliche Eskalationen aufmerksam. Sodann erfolgt eine Analyse des Problems durch die Detailsicht der jeweiligen Prozessinstanz. Die fachliche Lösung nehmen dann, basierend auf dem definierten Regelwerk, die Prozessverantwortlichen vor.

9.4.3 IT-Systeme für das Process Controlling

Die Systeme zur Darstellung und Analyse der Prozessinformationen lassen sich hinsichtlich der Anwendergruppen und ihrer Aufgaben in drei Gruppen unterteilen:

■ **Monitoring und Alerting (Process Monitoring):**

- Aufgabe/Anforderung: Client-orientierte Implementierungen von Systemen, die operative Daten im Rahmen des Process Monitoring „Near-Real-Time" in Form eines Prozessleitstandes anzeigen und Nachrichten bei Eskalationen an die Verantwortlichen übermitteln.
- Anwenderkreis: Operative Prozessverantwortliche

■ **Ad-hoc-Analysen (Process Mining):**

- Aufgabe/Anforderung: schwergewichtige, meist clientseitige Implementation von Ad-hoc-Analyse-Tools, teilweise Nutzung von statistischen Methoden zur explorativen Datenanalyse; komplexe, leistungsfähige Systeme für Spezialisten.
- Anwenderkreis: Process Owner, Prozessanalytiker

■ **Berichte und Dash-Boards (Prozess-Cockpits)**

- Aufgabe/Anforderung: meist Web-basierende Prozessportale zur Anzeige gezielter Kennzahlen, meist entsprechend grafisch aufbereitet; einfache Bedienung, aber eingeschränkte Flexibilität bei der Anzeige und Auswahl der Daten. Möglichkeit eines Benchmarks über die interne Verbesserung.
- Anwenderkreis: Management

9.5 Architektur

Der Architekturentwurf für ein Process Warehouse entspricht im Wesentlichen den klassischen Architekturmodellen im Business-Intelligence-Umfeld. In den Abbildungen 9.5 und 9.6 wird die Systemarchitektur dargestellt. Die einzelnen Bereiche der Architektur sehen wir uns im Folgenden näher an und legen dabei den Schwerpunkt auf das Process Warehouse.

9.5.1 IT-Systeme zur Extraktion und Transformation

Bei der Extraktion der Zustandsdaten der Prozesse benutzt man so genannte „Sonden". Diese Sonden sind spezifische IT-Komponenten, die zu wohldefinierten Zeitpunkten Daten über den Zustand eines Prozesses extrahieren und an nachfolgende Systeme weiterleiten. Die Sonden werden in den IT-Systemen (Datenquellen) implementiert, welche die Zustandsdaten zu den Prozessen liefern müssen. Die Extraktion der Daten kann entweder durch ein PULL- oder ein PUSH-Verfahren erfolgen:

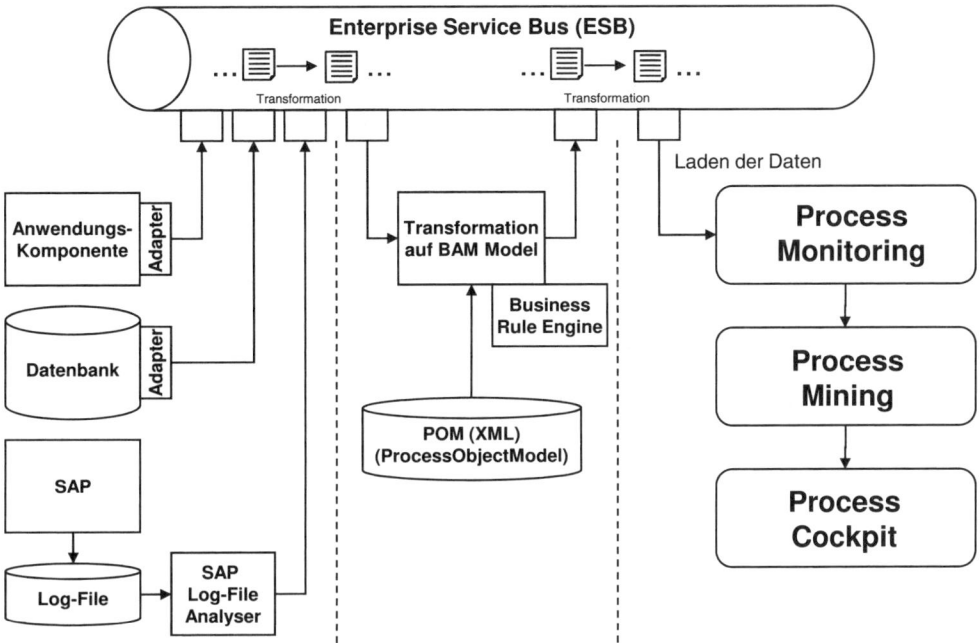

Abbildung 9.5 Architekturmodell des Process Warehouse (1) – Extraktion/Transformation

- Beim **PUSH-Verfahren** werden Informationen aus einzelnen Transaktionen von den operativen Systemen an das Process Warehouse gemeldet. Dies ist sinnvoll, wenn ein Echtzeit-orientiertes Monitoring erwünscht ist. Das Datenvolumen pro Transformation ist erheblich geringer als beim Pull-Verfahren, weil nur die Daten der Transaktion übertragen werden; die Frequenz ist aber deutlich höher.

- Das **Pull-Verfahren** ist der klassische Ansatz der Datenbewirtschaftung in einem Data Warehouse. Hier werden die benötigten Daten zeitversetzt aus den Quellsystemen exportiert und in einem mengenorientierten Verfahren in das Data Warehouse eingespielt. Dabei nutzt man in der Regel die Bulk-Inserts der Datenbanksysteme.

Die Sonden übermitteln die Daten an einen Enterprise Service Bus (ESB). Hier erfolgen die notwendigen Transformationen und die Aufbereitung auf ein Schnittstellenformat, das zum Aufbau eines Process Warehouse benötigt wird. Im Wesentlichen muss ein eindeutiger Schlüssel gebildet werden, der die Prozessinstanz beschreibt und den Prozessschritt festhält. Das System ermittelt ferner den Vorgänger dieser Prozessinstanz und speichert diese Information ab, damit eine Serialisierung der Prozessschritte möglich ist.

In unserem Beispiel brauchen wir einen Datensatz für jeden zu messenden Event im Prozess der Wareneingangskontrolle (WEK), insbesondere den eindeutigen Startpunkt und das eindeutige Ende. Hieraus können wir die Kennzahl PDauer WEK (= Prozessdurchlaufzeit bei der WEK) berechnen.

Diese Sonden benötigen wir später bei der Modellierung in Abschnitt 9.7.3.4, um einen Zusammenhang der IT-Komponente mit den fachlichen Kennzahlen herzustellen.

9.5.2 IT-Systeme für die Analyse

Auf Grundlage der Extraktion und der Transformationen werden nun pro Prozessinstanz die „Messwerte" in die Datenbank für das „near-realtime"-Process Monitoring gespielt. Das „Echtzeit"-Process Monitoring, also die Situationsanalyse der in Abarbeitung befindlichen Geschäftsprozesse, wird über BAM-Ansätze verfolgt. Die Daten werden kurzzeitig (meist nur bis zum Ende des Prozesses) vorgehalten und dienen der Überwachung der ablaufenden Prozesse.

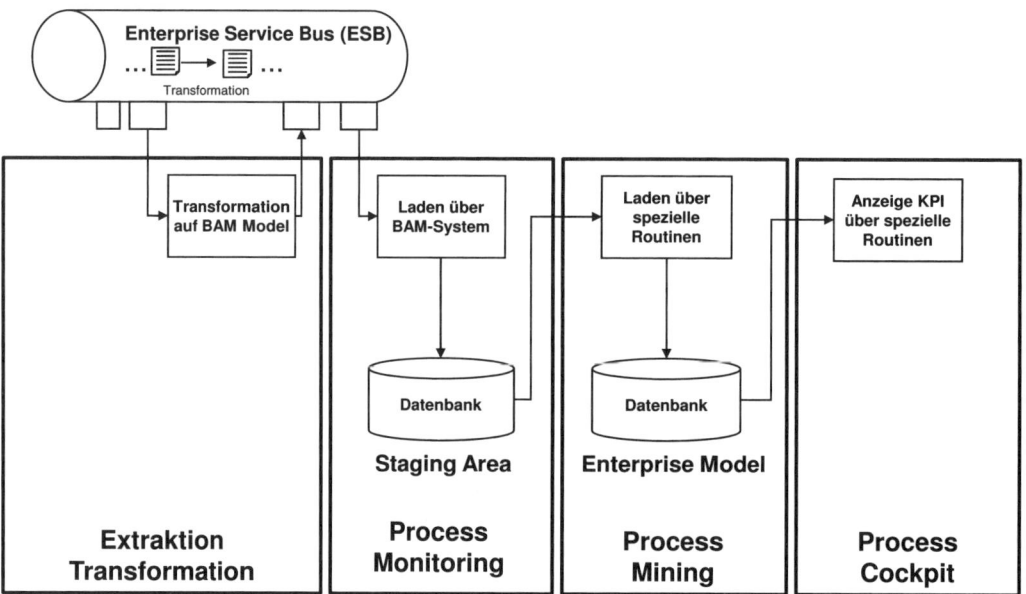

Abbildung 9.6 Architekturmodell des Process Warehouse (2) – Anwendungssysteme

Die Daten fließen – anders als bei den klassischen, eher mengenorientierten ETL-Prozessen – transaktionsbezogen in „Echtzeit" in das System für das Process Monitoring (in der Praxis meist BAM-Systeme). Es erscheint sinnvoll, die Datenablage des Process Monitoring-Systems als spezifische Staging-Area[1] für das eigentliche Process Warehouse zu betrachten [STA07]. Hierfür werden in letzter Zeit verstärkt In-Memory-Datenbanken genutzt, um den geforderten Durchsatz hinsichtlich der Transaktionsdaten zu gewährleisten.

Das Ex-post-Process Mining setzt auf dem Enterprise-Modell oder auf entsprechenden subjektbezogenen Datensammlungen (so genannten Data Marts) auf. Das Enterprise-Modell hält Prozessinformationen mit der normalisierten und hinsichtlich der Zeitbezüge

---

[1] Staging-Area: Dieser Begriff entstammt dem Umfeld von Business Intelligence/Data Warehouse und bezeichnet einen Sammelplatz der extrahierten Daten in der feinsten Granularität. Die Daten werden meist „gereinigt", d.h. hinsichtlich der Datenqualität untersucht und Korrekturen vorgenommen. Von dieser Stelle aus erfolgt die Aggregation der Daten in die spezifischen Datenstrukturen für (meist) multidimensionale Analysen.

optimierten Datenablage fest. Dieses Modell eignet sich für die klassischen Ad-hoc-Analysen oder einen eher explorativen Ansatz zur Datenanalyse (Data Mining).

Bei Bedarf kann man Daten in einen themenspezifischen Data Mart – meist mit einem geeigneten multidimensionalen Datenmodell (MOLAP-Modell) implementiert – überführen. Dies ist immer dann sinnvoll, wenn bestimmte Fragestellungen und fachliche Anforderungen durch spezifische Systeme gut gelöst werden können, aber das – eher schwergewichtige – Datenmodell im Enterprise-Modell diese Fragestellungen nicht oder nur unzureichend unterstützt.

Das Prozess-Cockpit ist meist Teil einer Unternehmensportallösung. Die Darstellungskomponente für das Prozess-Cockpit berechnet aus dem Datenpool die relevante Kennzahl zur Prozessdurchlaufzeit der Wareneingangskontrolle. Diese aggregierte Kennzahl wird sodann im Dashboard meist in einer visuell ansprechenden Form dargestellt.

9.6 Prozesskennzahlen

Prozesskennzahlen dienen im Wesentlichen dazu, die Effektivität und Effizienz der operativen Geschäftsprozesse zu messen. Hieraus lassen sich die Auswirkungen auf das wirtschaftliche Ergebnis ablesen. Darüber hinaus können Messgrößen der Prozessausführung auch zur Unterstützung von Führungsentscheidungen und zur kontinuierlichen Prozessverbesserung herangezogen werden. Nach Kaplan und Norton [Kapl97] sollten prozessorientierte Kennzahlen möglichst direkt mit übergeordneten strategischen Unternehmenszielen in Verbindung stehen. Tabelle 9.3 listet die grundlegenden Prozesskennzahlen [Schm03, S. 153 ff] für die Bewertung eines Prozesses sowie deren fachliche Bedeutung auf.

Tabelle 9.3 Problemkreise und deren Kennzahltypen

Kennzahltypisierung	Problemkreis/Fragestellung
Kundenzufriedenheit	Wie zufrieden sind die (externen und/oder internen) Kunden mit dem Ergebnis des Prozesses?
	Die von den Kunden geforderte Leistung bedingt die Termintreue, Qualität und Effizienz der Prozesse. Über direkte oder auch indirekte Messungen wird die Zufriedenheit gemessen und an den Prozessen überprüft.
Prozessqualität	Wie effizient werden die Kundenanforderungen und -erwartungen erfüllt?
	Die Messung der Prozessqualität erfolgt durch die Ermittlung der Fehlerraten und der hierdurch verursachten Mehrkosten.
Prozesskosten	Welche Kosten (bzw. Ressourcenaufwand) fallen für die Erstellung der Leistung an?
	Die Prozesskostenrechnung dient der kaufmännischen Bewertung des Prozesses durch Verbindung von Leistung, Ressourcen und wirtschaftlichem Ergebnis.

Kennzahltypisierung	Problemkreis/Fragestellung
Termintreue	Wie gut werden die vereinbarten Termine eingehalten?
	Die Termintreue spiegelt eine mangelhafte Planung, Überlastung oder mangelnde Prozesseffizienz wider. Die Kennzahl muss in Verbindung mit der Prozesszeit bewertet werden.
Prozesszeit	Wie hoch/niedrig sind die Durchlaufzeiten des Prozesses?
	Analyse und Optimierung der Prozesszeiten dienen der Verbesserung von Prozesseffektivität und -effizienz.

9.6.1 Ermittlung von Prozesskennzahlen

Die Kennzahlen Kundenzufriedenheit, Prozesskosten und Prozessqualität lassen sich in der Regel weder aus einem einzigen operativen System noch zeitnah zur Prozesslaufzeit ermitteln. Für die Ermittlung der meist komplexen Kennzahlen Kundenzufriedenheit und Prozesskosten benötigen wir Informationen aus weiteren operativen Systemen (siehe Abbildung 9.7). Die Berechnung dieser beiden Kennzahlen kann erst bei der Übertragung in den Ex-post-Datenbestand des Enterprise-Modells im Process Warehouse stattfinden.

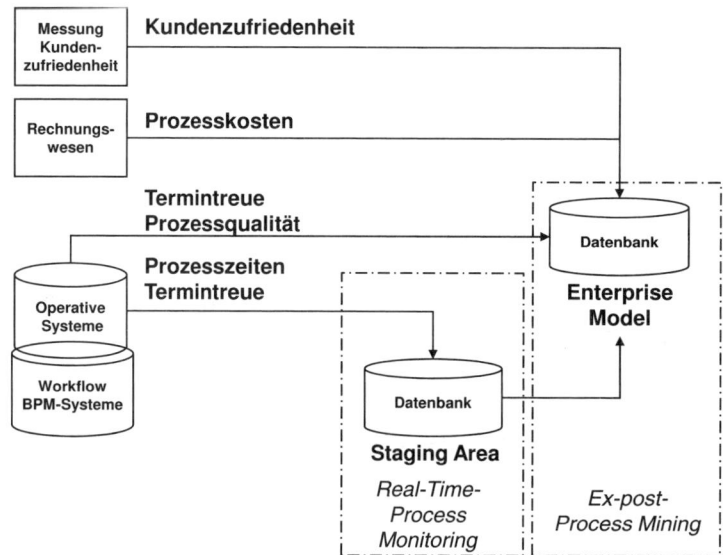

Abbildung 9.7
Informationssysteme für die Ermittlung der Prozesskennzahlen

Im Gegensatz dazu können und müssen die Kenndaten zur Termintreue und Prozesszeit (Durchlaufzeit) zeitnah ermittelt werden. Diese Kennzahlen werden zur Überwachung der laufenden Prozessinstanzen im Rahmen des Process Monitoring benötigt. Die Berechnung und Ablage der Kennzahl erfolgt zur Laufzeit und mit der Beziehung zum identifizierenden Business-Objekt (Auftrag, Wareneingang, Bestellung etc.), um einen Verweis auf die „reale" Prozessinstanz zu haben.

Die Prozesskosten inkl. der finanziellen Bewertung der benötigten Ressourcen sind entscheidende Kennzahlen, da diese die Verbindung der operativen Geschäftsprozesse mit dem Geschäftsergebnis herstellen, lassen sich aber nur ex-post berechnen. Für eine genauere Beschreibung der Prozesskennzahlen und Methoden der Ermittlung sei auf [Schm03] verwiesen.

9.6.2 Prozessdurchlaufzeit (PDauer)

Eine wesentliche Kennzahl für das Process Monitoring ist die Durchlaufzeit. Grundlegend lassen sich unterschiedliche Zeiten messen, um hieraus (je nach Anforderung) unterschiedliche Prozesslaufzeiten zu ermitteln. Abbildung 9.8 gibt dazu einen Überblick.

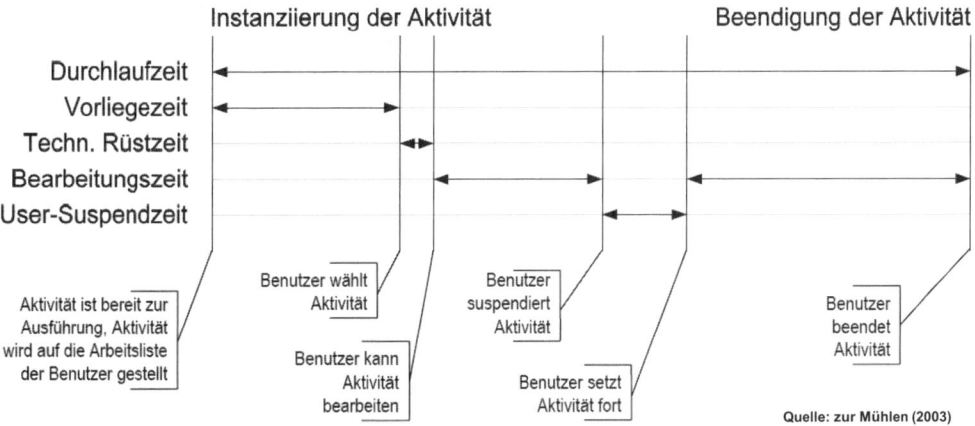

Abbildung 9.8 Mögliche Zustandsübergänge einer Aktivität

Diese einzelnen Zeitintervalle werden auf der Ebene einer zu messenden Aktivität festgehalten und bilden einzeln oder aggregiert die Basis der Kennzahl Prozessdauer.

9.7 Modellierung des Prozess Controlling mit der Oracle BPA Suite

Bislang haben wir uns recht detailliert mit der Definition eines Process Warehouse, mit dem Begriff des Prozess Controlling, den unterschiedlichen Anforderungen der beteiligten Rollen und sinnvollen Kennzahlen-Typen für das Process Controlling beschäftigt. Und präsentierten einen „Architektur-Blue-Print" der IT-Systeme für das Process Controlling.

Im nächsten Schritt gilt es die folgenden Objekte in Modellen transparent und zusammenhängend zu pflegen:

■ die Geschäftsziele und abgeleiteten Kennzahlen;

■ die zu steuernden Prozesse inkl. ihrer Prozessmodelle;

■ die Regeln zur Ermittlung der spezifischen Kennzahlen und die Bedeutung der Kennzahlen;

■ die Sonden zur Ermittlung der Zustandsdaten der Prozessinstanzen;

■ den Zusammenhang der Sonden mit den Geschäftsobjekten und

■ die IT-Systeme zur Beschaffung der Zustandsdaten (Sonden).

Diese Modelle machen die Analyse der Auswirkungen und Abhängigkeiten möglich. Außerdem werden die Modelle durch IT-Objekte angereichert und dienen somit als Grundlage für die eigentliche Implementierung. Wir empfehlen, diese Modellinformationen in einem Repository (etwa dem Produkt Oracle Suite) zentral abzulegen und somit konsistent zu halten.

Abbildung 9.9 stellt diese Zusammenhänge dar und soll uns als Leitfaden für die Modellierung in der Oracle BPA Suite dienen.

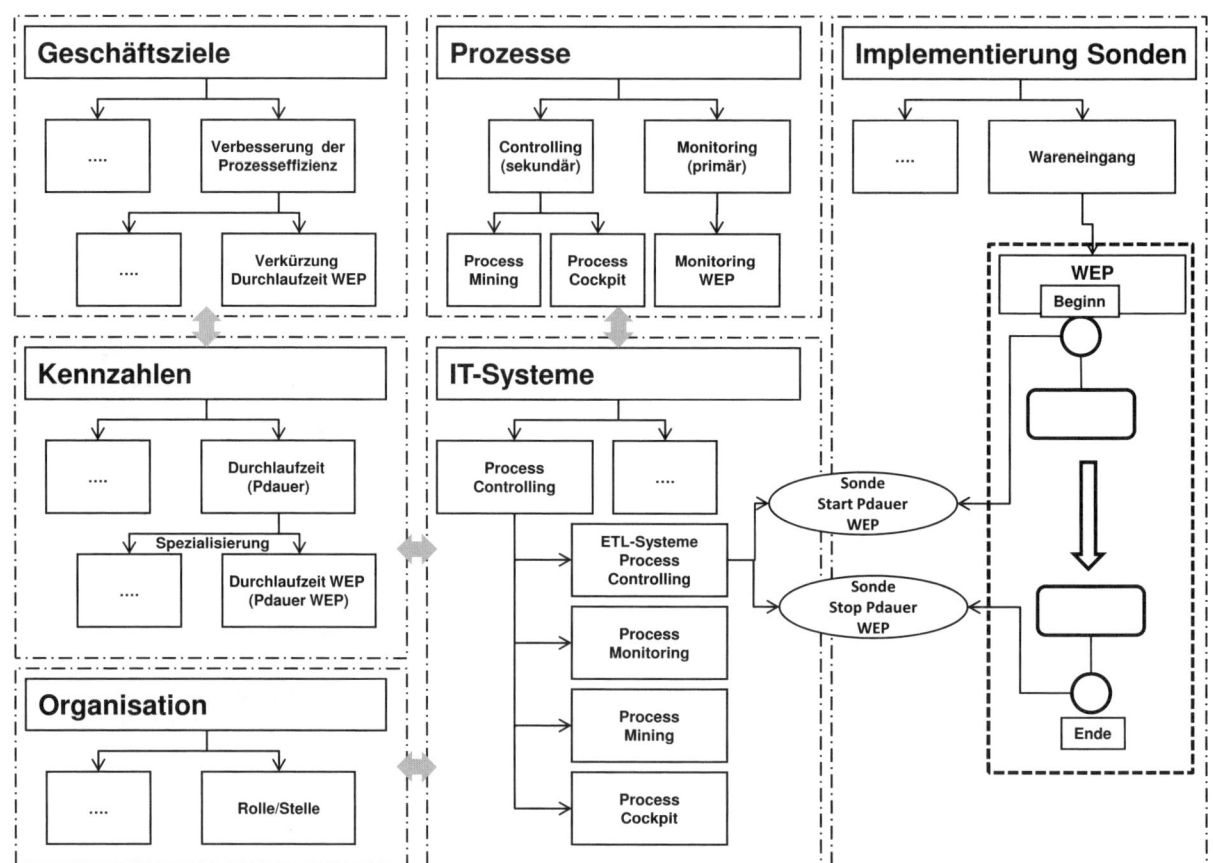

Abbildung 9.9 Zusammenhänge der unterschiedlichen Domänen bei der Modellierung

Wir verfolgen bei der Modellierung der Kennzahlen einen klassischen Top-down-Ansatz, damit wir die notwendige Ausrichtung (neudeutsch: „Alignment") der IT-Systeme an den Geschäftszielen erreichen können.

Als Beispiel modellieren wir folgende Anforderung:

> Die Geschäftsleitung will die operative Excellence erhöhen und setzt als Ziel, den Durchsatz bei der Wareneingangskontrolle (WEK) um 20% zu erhöhen.
>
> Als Kennzahl soll die „durchschnittliche Prozessdurchlaufzeit" dienen.

Hieraus leiten sich einige Erfolgsfaktoren (Initiativen und Maßnahmen zur Erreichung der Ziele) ab:

1. Probleme in einer Prozessinstanz sollen schneller erkannt und behoben werden (Process Monitoring).

2. Es soll die Möglichkeit der Analyse des WEK geschaffen werden, um Optimierungspotenzial zu erkennen (Process Mining).

3. Über ein Dashboard sollen die relevanten Kennzahlen dargestellt werden, um über ein Benchmark für die Verbesserungen beim WEK zu verfügen (Prozess-Cockpit für einen Benchmark).

Wir empfehlen die in Abbildung 9.10 dargestellte Vorgehensweise für die Modellierung der relevanten Inhalte für das Process Controlling.

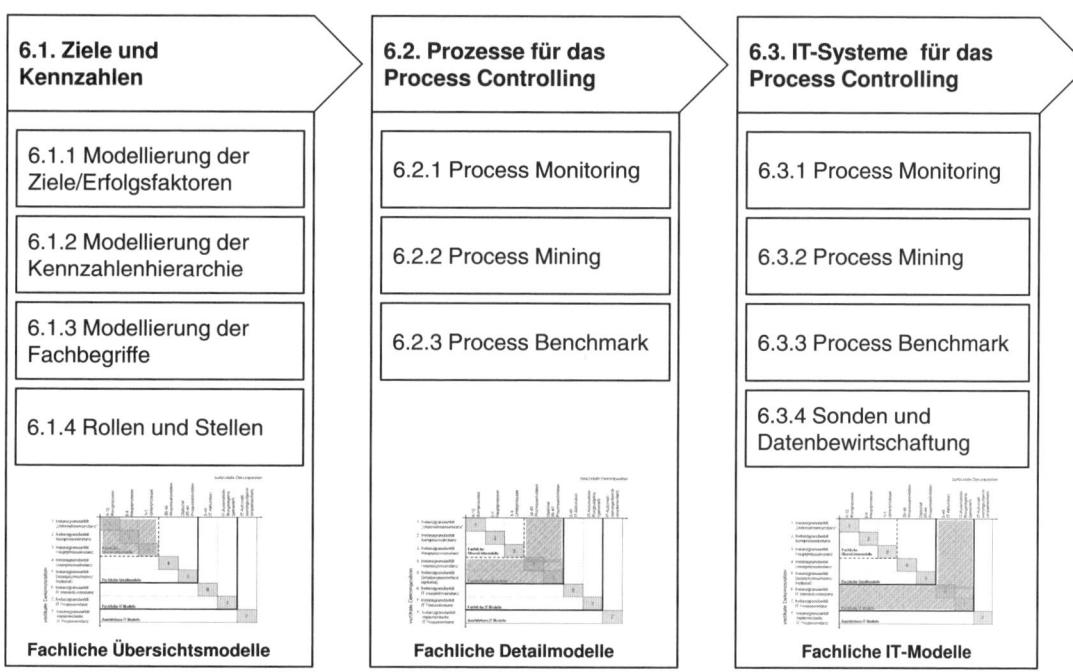

Abbildung 9.10 Vorgehensweise bei der Modellierung

Im Folgenden werden wir die einzelnen Schritte erläutern und die Modellierung in der Oracle BPA Suite beschreiben. Wir folgen dabei der bereits ausführlich erläuterten Vorgehensweise: Modelle über fachliche Übersichtsmodelle zu fachlichen Detailmodellen zu verfeinern, um anschließend die IT-Modelle aus der fachlichen Sichtweise zu modellieren.

Vorbereitung: Einen organisatorischen Rahmen schaffen

Als Vorbereitung empfehlen wir, einen organisatorischen Rahmen für die Modellierung zu schaffen. Im Navigator der Oracle BPA Suite fügen wir dafür eigene „Strukturknoten" zur übersichtlichen Gliederung der Process Controlling-Modelle hinzu. Abbildung 9.11 beschreibt eine Gliederung, die sich an den Strukturen der vorangegangenen Kapitel orientiert.

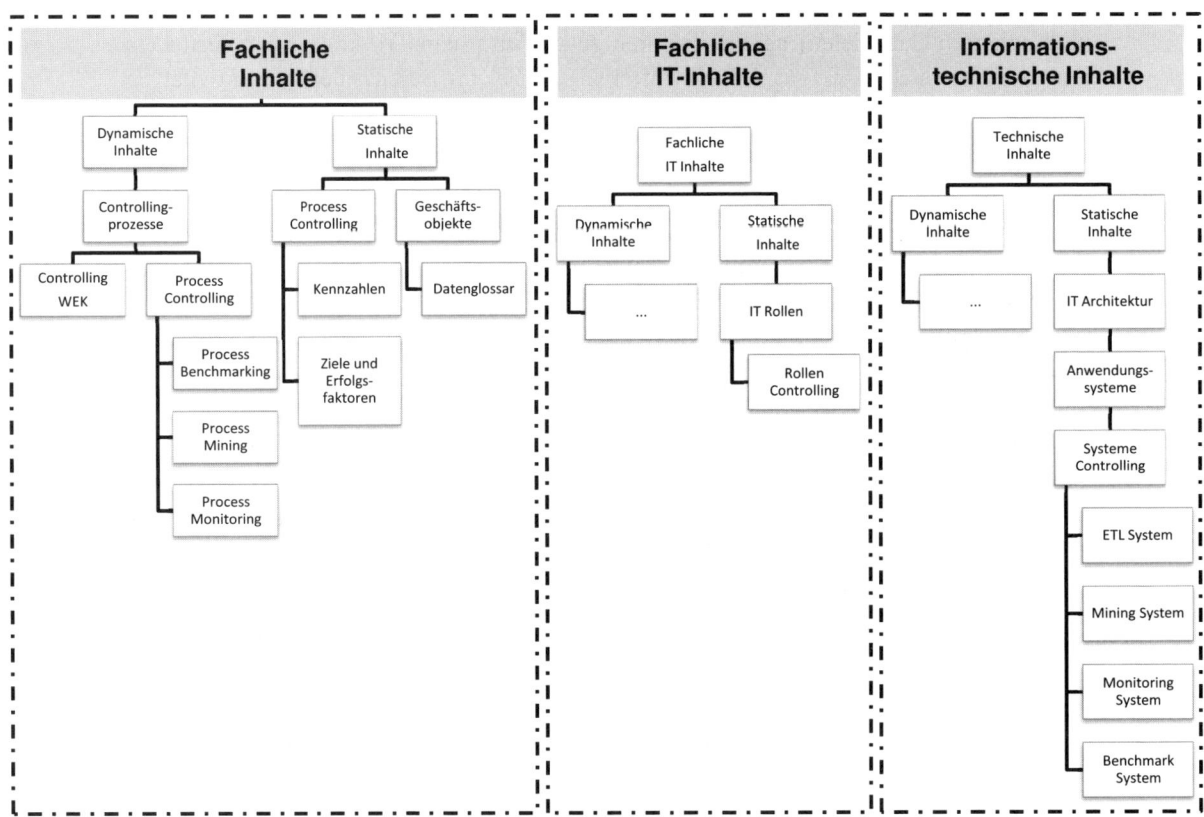

Abbildung 9.11 Organisatorischer Rahmen für die Ablage der Modelle in der Oracle BPA Suite

9.7.1 Modellierung der statischen Inhalte

In einem ersten Schritt erstellen wir die fachlichen Übersichtsmodelle für die statischen Inhalte. Neben den grundlegenden Prozessen legen wir bei der Prozessmodellierung Wert auf die Beschreibung der statischen Elemente. Als Orientierung halten wir uns an Abbildung 9.10, die die benötigten Domänen zeigt. Im Wesentlichen sind dies die Unternehmensziele und Kennzahlen sowie die Fachbegriffe und der notwendige Ausschnitt aus dem Organigramm.

9.7.1.1 Modellierung der Ziele

Nun gehen wir auf die Modellierung der für das Process Controlling relevanten Ziele und Sub-Ziele ein. Ohne die betriebswirtschaftlichen Grundlagen hinsichtlich der Festlegung betrieblicher Grundsatzentscheidungen und deren Ausprägung in Unternehmenszielen (und natürlich Sub-Zielen) näher ausführen zu wollen [Schm03], können wir festhalten, dass wir uns in diesem Beispiel auf ein einziges Ziel im Bereich der Produktivität beschränken wollen:

Das Geschäftsziel ist die Senkung der Durchlaufzeiten für den Wareneingangsprozess um 20%.

Der Vollständigkeit halber haben wir in Abbildung 9.12 die grundlegenden Leistungsparameter [Schm03, S. 153 ff] für die Bewertung eines Prozesses als Zieldiagramm aufgenommen und die „Reduktion der Durchlaufzeit" verfeinert.

Im rechten Diagramm aus Abbildung 9.12 erkennt man die Bildung von „Erfolgsfaktoren". Diese Erfolgsfaktoren sind als geplante Initiativen zu verstehen, die zur Erreichung des Ziels durchgeführt werden sollen. Diese Erfolgsfaktoren müssen in der späteren Modellierung aufgegriffen werden und bilden die Basis für die Implementierung organisatorischer Maßnahmen sowie die Grundlage der Konzeption und Implementierung von IT-Systemen zur Bildung der relevanten Kennzahlen („Alignment" mit den Geschäftszielen). In Tabelle 9.5 werden die benötigten Oracle BPA Suite-Methodenobjekte aufgeführt.

In unserem speziellen Fall wiederum erkennt man bereits jetzt, dass diese Erfolgsfaktoren sich auf die geschilderten drei unterschiedlichen Ansätze abbilden lassen (s. Tabelle 9.4).

Tabelle 9.4 Zusammenhang zwischen den Erfolgsfaktoren und den benötigten Anwendungssystemen

Monitoring und Alerting (Process Monitoring)	Erfolgsfaktor: Eskalation schneller beheben
Ad-hoc-Analysen (Process Mining)	Erfolgsfaktor: Optimierungspotenzial aufdecken
Dash-Board (Prozess-Cockpits)	Erfolgsfaktor: Benchmarking

Tabelle 9.5 Benutzte Methodenobjekte der Oracle BPA Suite

Modellname	Geschäftsziele PC, Reduktion der Durchlaufzeit der WEK um 20%
Diagrammtyp	Zieldiagramm
Symbol	Ziel, Erfolgsfaktor

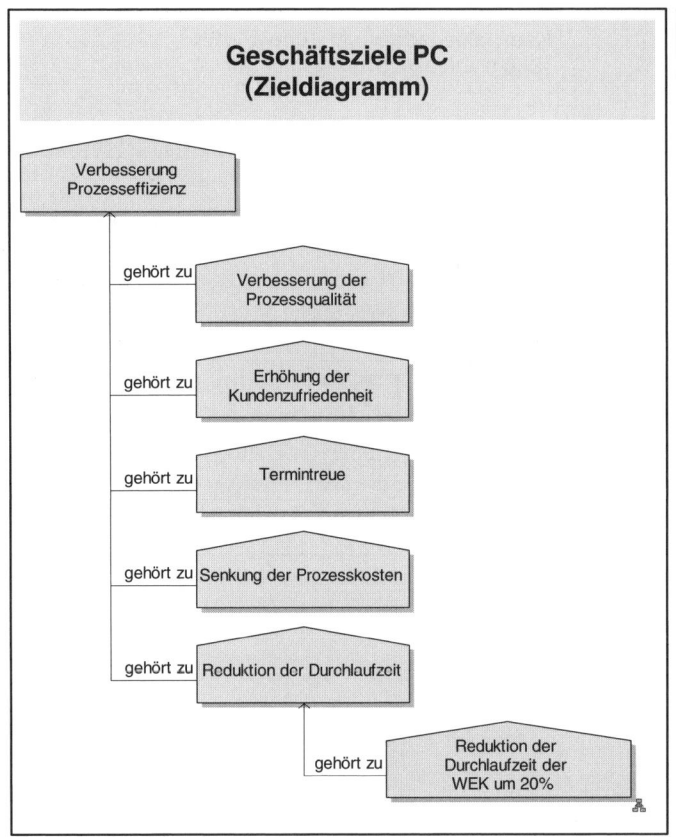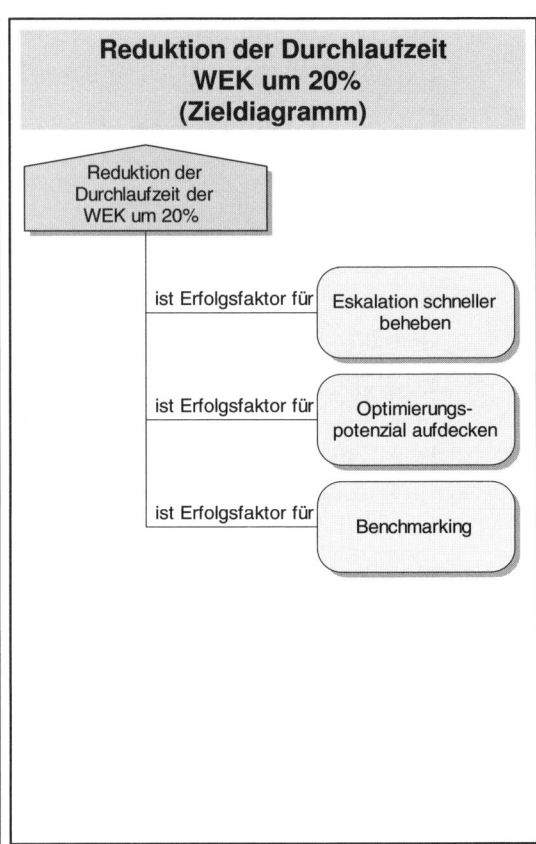

Abbildung 9.12 Modellierung der Ziele und Erfolgsfaktoren

Für eine Einarbeitung in die Methodik zur Bestimmung von Erfolgsfaktoren aus definierten Unternehmenszielen empfehlen wir die Ausarbeitung in [SER04] oder auch mit praktischen Beispielen für die Modellierung bei [Schi09, S. 89ff].

9.7.1.2 Modellierung der Kennzahlenhierarchie

Begleitend erfolgt nun die Modellierung der Kennzahlen und ihrer Hierarchien. Die Kennzahlen sollen sich aus den spezifischen Zielen des Process Controlling ableiten und dienen als Maßzahl für die Erfüllung eines Ziels.

In unserem Fall nutzen wir die zielunabhängige Meta-Kennzahl „Prozessdurchlaufzeit" und wenden diese auf die Messung der Durchlaufzeit des Prozesses „Wareneingangskontrolle" an. Dies ergibt die Kennzahl „Prozessdurchlaufzeit der Wareneingangskontrolle", die wir mit „PDauer WEK" definieren. Die Kennzahlen sollte man so modellieren, dass sie in einer Hierarchie strukturiert sind. Abbildung 9.13 zeigt die Hierarchie für unser Beispiel: Pdauer WEK „wirkt auf" die spezifischen Ausprägungen der Kennzahl bzgl. der Verfeinerung auf unterschiedliche Sichten.

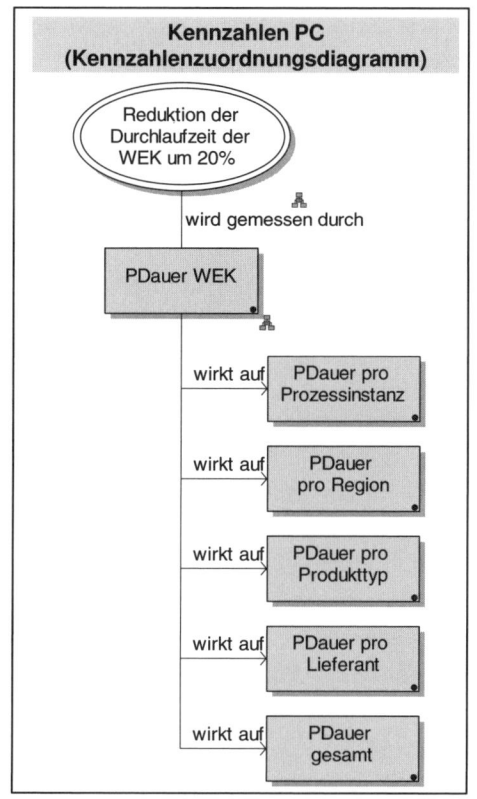

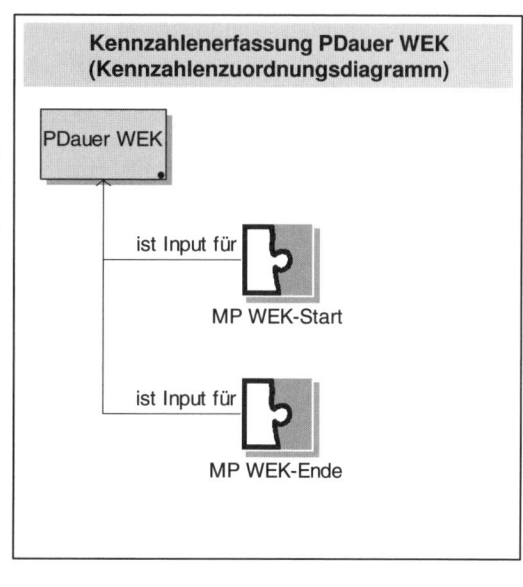

Abbildung 9.13
Modellierung der Kennzahlen
und deren Zuordnungen

Hierbei ist für uns jede Ausprägung der Durchlaufzeit für eine (oder mehrere) Dimensionen eine unabhängige Kennzahl. Neben der Beschreibung der Kennzahlenhierarchien versuchen wir bereits an dieser Stelle die Beziehungen („Hooks") zu den IT-Systemen zu setzen. Bei der Definition der „PDauer WEK" halten wir bei der Modellierung die Regeln zur Bildung der Kennzahl fest sowie in einem Kennzahlenzuordnungsdiagramm den benötigten Input zur Bildung der Kennzahl. In diesem Fall sind es die Endpunkte des WEK-Prozesses.

Im ersten Schritt weisen wir der Kennzahl „PDauer WEK" den Erfolgsfaktor zu, den sie messen soll. Hierdurch ist das „Alignment" mit den Geschäftszielen erreicht. Im nächsten Schritt wird die Kennzahlenhierarchie erstellt. Alle benötigten Ausprägungen der Kennzahl werden mit der „Wirkt auf"-Kante in einer Hierarchie zusammengefasst. Damit wir im Folgenden einen Verweis der Kennzahl auf den zu messenden Prozess haben, weisen wir als „ist Input zu" das Objekt MP WEK-Start und WEK-End als „ERM-Objekt" zu.

Tabelle 9.6 Benutzte Methodenobjekte der Oracle BPA Suite

Modellname	Kennzahlen PC, Kennzahlenerfassung PDauer WEK
Diagrammtyp	Kennzahlenzuordnungsdiagramm
Symbol	Kennzahlinstanz, Strategisches Ziel, ERM-Attribut

Für eine Einarbeitung in die Methodik empfehlen wir die Ausarbeitung in [Sche04] und [Sche05] sowie für das Thema der Kennzahlenhierarchie und der Vererbung der Kennzahleneigenschaften [Mele05] und [Mott08].

9.7.1.3 Modellierung der Fachbegriffe

Das Fachbegriffsmodell eignet sich zur verbindlichen Beschreibung der betriebswirtschaftlich relevanten Daten. Jedes Geschäftsobjekt wird durch ein plattformunabhängiges Objekt vom Typ „Fachbegriff" dargestellt. Aus Gründen der Übersichtlichkeit werden in Abbildung 9.14 lediglich einige Geschäftsobjekte aus dem Bereich des Process Controlling aufgeführt. Für den Grad der Detaillierung der Fachbegriffsmodelle kann keine allgemeingültige Regel angegeben werden. Er richtet sich nach der jeweiligen Domäne und den Rahmenbedingungen des Projektes. Komplexe fachliche Aufgabenstellungen setzen dementsprechend detaillierte Modelle voraus. Liegt hingegen die Schwierigkeit eher in der technischen Realisierung als im fachlichen Umfeld, so sind wenige einfache Fachbegriffsmodelle ausreichend. Die Fachbegriffsmodelle sollten dabei immer klar strukturiert und leicht verständlich sein [Schi09, S. 94].

Entscheidend ist somit die modellübergreifende Zusammenzufassung der genutzten Fachbegriffe. Insbesondere bei den Kennzahlen ergibt dies einen Sinn, da in den Unternehmen oft Kennzahlen bereichsübergreifend unterschiedlich verstanden werden.

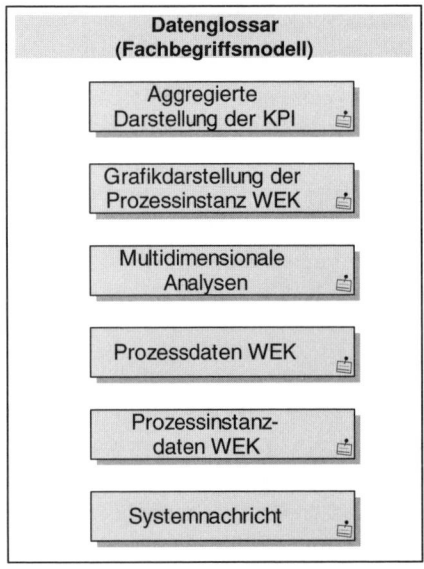

Abbildung 9.14
Modellierung der Fachbegriffe

Tabelle 9.7 Benutzte Methodenobjekte der Oracle BPA Suite

Modellname	Datenglossar
Diagrammtyp	Fachbegriffsmodell
Symbol	Fachbegriff

9.7.1.4   Modellierung der Rollen

Zur organisatorischen Implementierung des Process Controlling benötigen (siehe Kapitel 9.7.2) wir eigene Prozesse. Bei der Modellierung der erforderlichen Prozesse für das Process Controlling brauchen wir später „Auszuführende" bzw. „Verantwortliche" sowie die „User" der Systeme (siehe Abbildung 9.15).

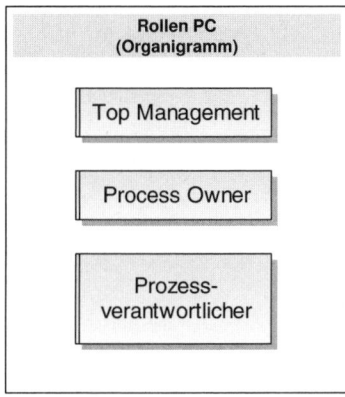

Abbildung 9.15
Modellierung der Stellen und Rollen

Die festgelegten Rollen im Modell Organigramm bilden hierfür die Basis. Ferner können wir aus den beschriebenen Rollen die Zugriffsrechte der Benutzergruppen ableiten.

In der Praxis wird sich zeigen, dass man die benötigten Rollen teilweise bei der Prozessmodellierung erkennt und diese dann im Organigramm „nachtragen" muss.

Tabelle 9.8 Benutzte Methodenobjekte der Oracle BPA Suite

Modellname	Rollen PC
Diagrammtyp	Organigramm
Symbol	Stelle

Praktische Tipps für eine vertiefende und komplexere Modellierung der Organisation erhält man bei [Schi09, S. 90ff].

9.7.2   Prozesse für das Process Controlling

Im nächsten Schritt modellieren wir nun die benötigten „dynamischen" Elemente – die Prozesse für das Process Controlling. Dies sind (gemäß Abbildung 9.10) die Prozesse, die wir zur Erreichung der Ziele durch die Erfolgsfaktoren (Initiativen) benötigen. Wir verankern diese Initiativen in der Prozesslandkarte unter dem sekundären Kernprozess „Controlling" (siehe Abbildung 9.16).

Hier fließen die Kennzahlen als Input ein und führen zu einer Bewertung und/oder zu entsprechenden Maßnahmen zur Erreichung der definierten Geschäftsziele. Das „Controlling" in einem Unternehmen besteht natürlich aus den unterschiedlichsten Aktivitäten. Stellver-

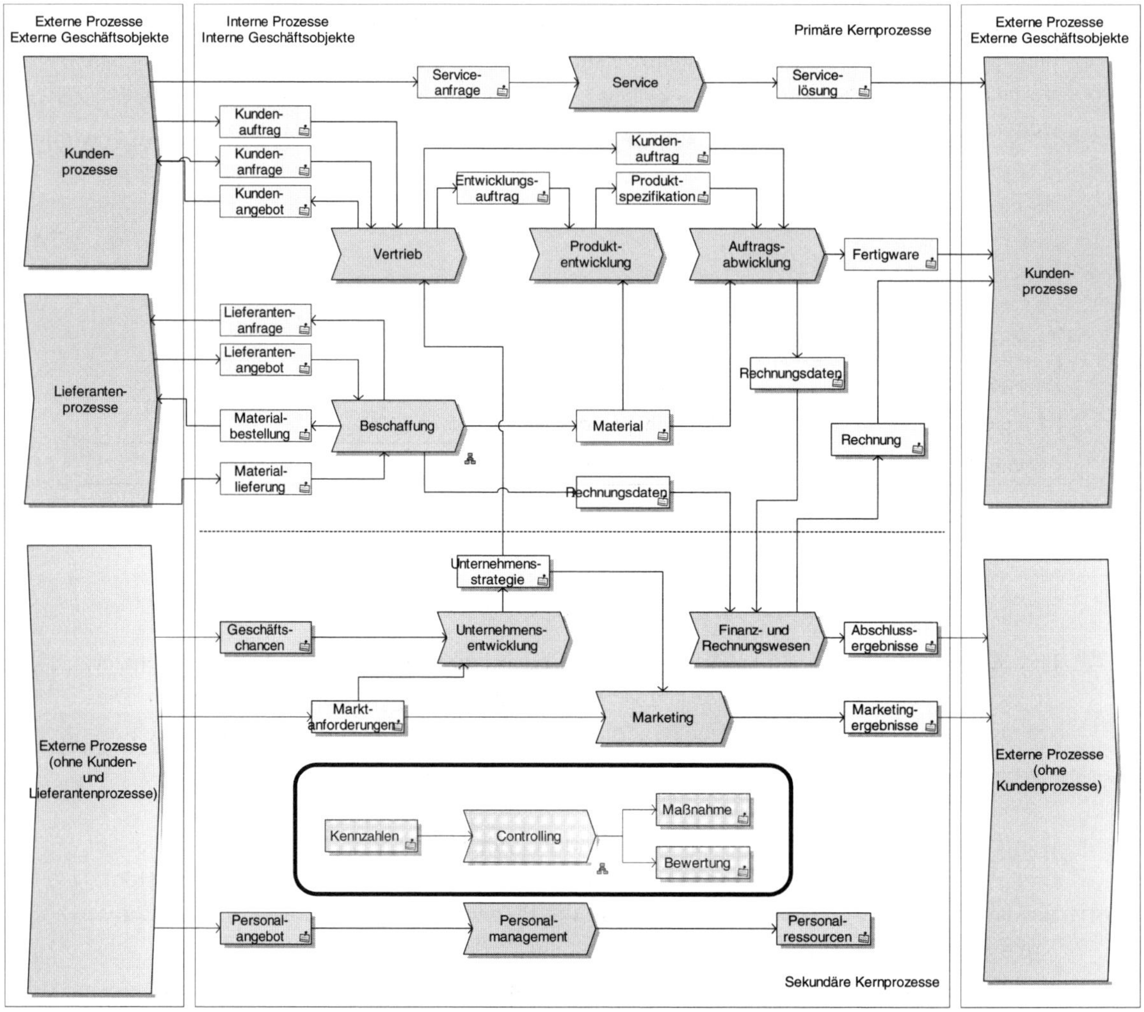

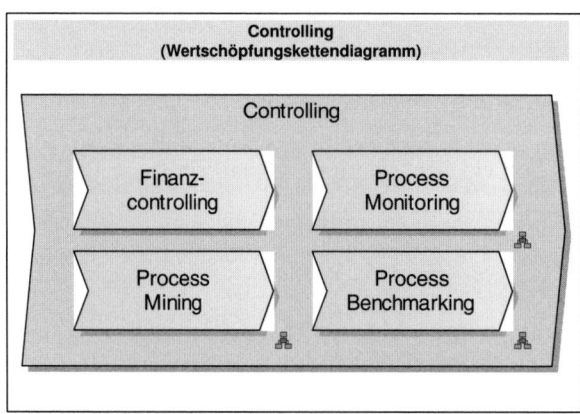

Abbildung 9.16 Einbettung Kernprozess „Controlling" in die Prozess-Landkarte

Controlling
(Wertschöpfungskettendiagramm)

Controlling

Finanz-
controlling

Process
Monitoring

Process
Mining

Process
Benchmarking

Abbildung 9.17
Modellierung der Prozesse
zum Process Controlling

tretend haben wir das Finanz-Controlling aufgeführt. In Abbildung 9.17 wird das Controlling in einem Wertschöpfungskettendiagramm verfeinert. Hierbei haben wir uns auf den Bereich des Process Controlling fokussiert und das Finanz-Controlling als „Platzhalter" weiterer Controlling-Prozesse (Vertriebscontrolling, Personalcontrolling etc.) modelliert.

Wir möchten uns nun auf das Process Controlling für die Durchlaufzeit des WEK konzentrieren. In Anlehnung an die drei Erfolgsfaktoren sollen organisatorische Maßnahmen als Prozesse implementiert werden. Im Folgenden werden wir diese im Wertschöpfungskettendiagramm aufgeführten Prozesse untersuchen.

Tabelle 9.9 Benutzte Methodenobjekte der Oracle BPA Suite

Modellname	Prozess-Landkarte, Controlling
Diagrammtyp	Wertschöpfungskettendiagramm (WKD)
Symbol	Wertschöpfungskette

Eine praktische Anleitung der Modellierung der WKD findet man bei [Schi09, S. 109].

9.7.2.1 Modellierung des Process Monitoring

Das Monitoring der laufenden WEK-Prozesse benötigen wir, um eine Eskalation rechtzeitig zu erkennen, zu managen und kurzfristig eine Optimierung vornehmen zu können. Dieser eigenständige Prozess im Process Controlling muss modelliert werden. Hierdurch unterstützen wir die Initiative A) „Eskalation bei Problemen in einer Prozessinstanz sollen schneller erkannt und behoben werden".

Dies ist eine Aufgabe, die von den Organisationseinheit(en) durchgeführt wird und in der Prozess-Landkarte erscheinen muss. Ferner benötigen wir den Prozess als einen „Hook" für das IT-System „Process Monitoring" in die Prozesswelt. Dies ermöglicht uns die lose Koppelung der Modelle der IT-Komponenten mit den Prozessen.

Das Process Monitoring setzt sich aus zwei Schritten zusammen: der Identifikation eines möglichen Problems und der Problemanalyse inkl. Einleitung notwendiger Schritte zur kurzfristigen Verbesserung einer laufenden Prozessinstanz.

Problemidentifikation

Bei der Modellierung nutzen wir nun die bereits bestehenden statischen Elemente. So fließen die Kennzahlen pro Prozessinstanz ein und werden zu einer Kennzahl „PDauer pro Prozessinstanz" verdichtet. Die Prüfung, ob ein Schwellenwert überschritten wurde, übernimmt das IT-System „Monitoring-System", das im Folgenden noch betrachtet wird. Wir haben mit „XOR" modelliert, da im Falle der Überschreitung eines Schwellenwertes der eigentliche Prozess zum Eskalationsmanagement angestoßen wird.

Achtung: Dieser Prozess läuft ohne „Human-Interaction" ab. Die Kennzahlen werden vom System erstellt und auch verteilt.

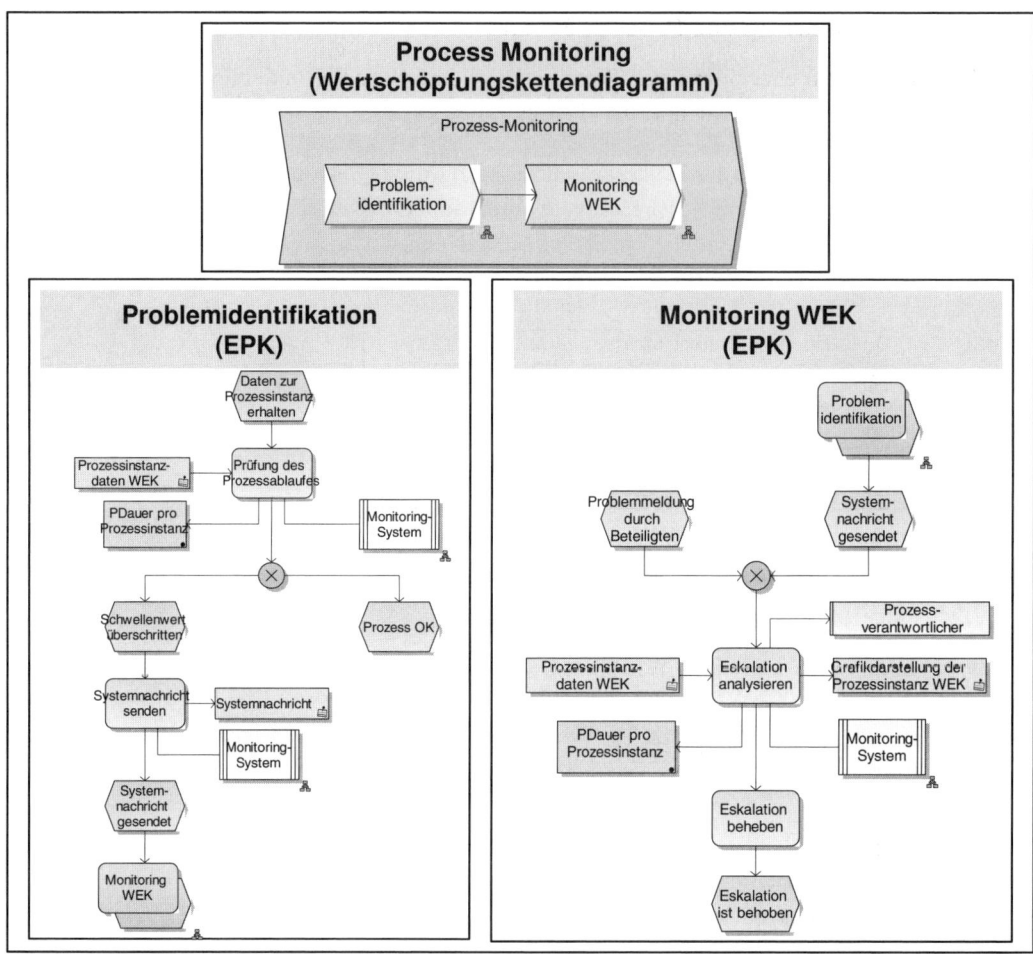

Abbildung 9.18 Modellierung des Prozesses zum Process Monitoring

Monitoring WEK

Bei der Analyse und Behebung der Eskalation übernimmt das IT-System eine unterstützende Funktion. Die wesentliche Leistung erfolgt durch den „Prozessverantwortlichen" für die Instanz. Wir beschreiben das eigentliche Eskalationsmanagement bewusst nicht ausführlicher, da es sehr komplex ist und individuell deutlich unterschiedliche Ausprägungen im Detail besitzt.

Tabelle 9.10 Benutzte Methodenobjekte der Oracle BPA Suite

Modellname	Process Monitoring, Problemidentifikation Monitoring
Diagrammtyp	Wertschöpfungskettendiagramm (WKD), EPK
Symbole	Ereignis, Funktion, Typ Anwendungssystem, Fachbegriff, Kennzahlinstanz, Personentyp, Prozessschnittstelle

9.7.2.2 Modellierung des Process Mining

Losgelöst von dem eher operativen Prozess des Monitorings der laufenden Prozessinstan-zen des WEK benötigen wir nun den Prozess „Process Mining" mit dem Arbeitsauftrag „Analyse des WEK". Hierdurch unterstützen wir die geschilderte Initiative B) „Analyse des WEK zur Erkennung von Optimierungspotenzial".

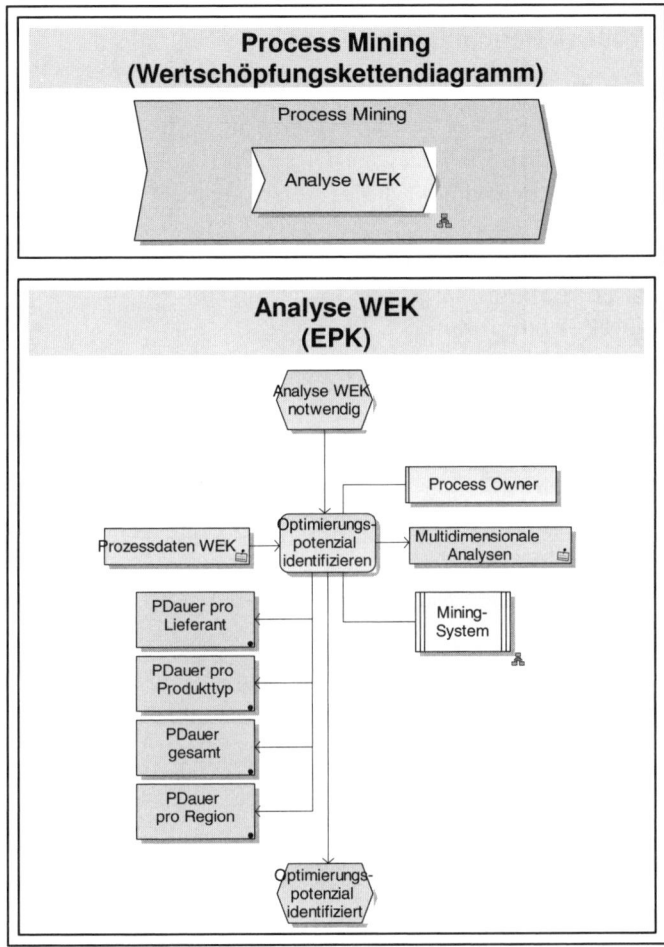

Abbildung 9.19
Modellierung des Prozesses zum Process Mining

Analyse WEK

Bei der Modellierung nutzen wir nun die bereits bestehenden statischen Elemente. So flie-ßen in diesem Falle die unterschiedlichen Daten (Abhängig von den zu betrachtenden Di-mensionen) ein. Dies erkennt man in der Abbildung 9.19, wo ein Input in den Prozess fließt und der Output (die multidimensionalen Analysen) als eigentliche Leistung des Pro-zesses festgehalten wird. Die Kennzahlen sind nun „ex-post" nach Beendigung der einzel-nen Prozessinstanzen und dienen zur Analyse und Aufdeckung eines möglichen Verbesse-rungspotenzials.

Tabelle 9.11 Benutzte Methodenobjekte der Oracle BPA Suite

Modellname	Process Mining, Analyse WEK
Diagrammtyp	Wertschöpfungskettendiagramm (WKD); EPK
Symbole	Ereignis, Funktion, Typ Anwendungssystem, Fachbegriff, Kennzahlinstanz, Personentyp, Prozessschnittstelle

9.7.2.3 Modellierung des Process Benchmarking

Losgelöst vom operativen Prozess des Process Monitoring und der analytischen Arbeit beim Process Mining benötigen wir einen Prozess für den Benchmark des Status des WEK hinsichtlich der gesamten durchschnittlichen Durchlaufzeit. Dieser Prozess unterstützt den Erfolgsfaktor C) „Dashboard für einen Benchmark für die Verbesserung beim WEK".

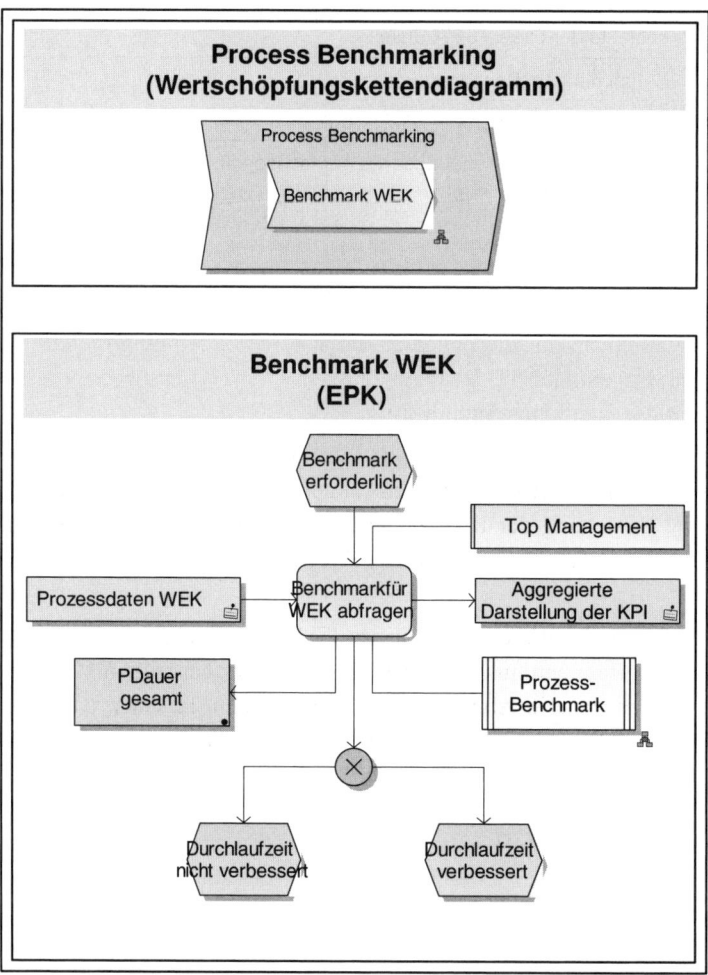

Abbildung 9.20 Modellierung des Prozesses zum Process Benchmarking

Benchmark WEK

Bei der Modellierung nutzen wir wiederum die bereits bestehenden statischen Elemente. So fließen in diesem Falle zur Bildung der Kennzahl sämtliche Prozessdaten ein, um die durchschnittliche „PDauer" über alle abgelaufenen Prozessinstanzen eines Zeitintervalls bilden zu können.

Abbildung 9.20 stellt den notwendigen Prozess für das „Process Benchmarking" dar. Das „Top-Management" betrachtet diese Kennzahl und erhält den momentanen Status der „Prozesseffizienz des WEK". In diesem Fall ist das Prozess-Cockpit eine Möglichkeit der Darstellung dieser Kennzahl. Die Publizierung der Kennzahl sollte in einem Bereich des Unternehmensportals erfolgen. Für die eigentliche Darstellung sollte man eine „Ampel-Funktion" oder ähnlich übersichtliche grafische Darstellungen wählen. Der Wert könnte auch über eine Benachrichtigung (SMS, E-Mail etc.) übermittelt werden.

Tabelle 9.12 Benutzte Methodenobjekte der Oracle BPA Suite

Modellname	Process Benchmarking, Benchmarking WEK
Diagrammtyp	Wertschöpfungskettendiagramm (WKD), EPK
Symbole	Ereignis, Funktion, Typ Anwendungssystem, Fachbegriff, Kennzahlinstanz, Personentyp, Prozessschnittstelle

9.7.3 Modellierung der IT-Systeme für das Process Controlling

Nachdem wir nun die die fachlichen Anforderungen an das Process Controlling modelliert haben, wenden wir uns den notwendigen IT-Systemen zu und beschreiben diese Systeme mit ihren Anforderungen aus der fachlichen Sicht heraus.

Ein kurzes Resümee: Die Ziele wurden beschrieben, und wir haben die notwendigen Prozesse zur Erreichung der Ziele (siehe Erfolgsfaktoren) abgeleitet. Es fehlen nun die IT-Systeme und die eigentliche Beziehung der Kennzahlen zum Prozess WEK: die Sonden, welche die Daten zu den Events „werfen" und die Basis für die Ausprägung der Kennzahlen bilden.

Wir fassen sämtliche für das Process Warehouse nötigen IT-Komponenten in einem Anwendungssystemtypdiagramm zusammen, um eine Dekomposition der benötigten IT-Komponenten durchführen zu können. Wie in Abbildung 9.21 beschrieben, fassen wir die unterschiedlichen „Sub-Systeme" selber wiederum als Module in der Anwendung „Process Warehouse" zusammen.

Tabelle 9.13 Benutzte Methodenobjekte der Oracle BPA Suite

Modellname	Process Warehouse
Diagrammtyp	Anwendungssystemdiagramm
Symbole	Typ Anwendung, Typ Modul

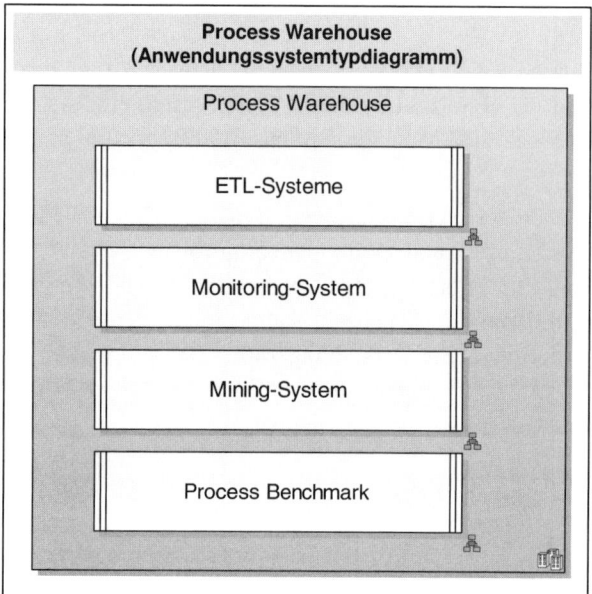

Abbildung 9.21
Modellierung der Anwendungssysteme des Process Controlling

Achtung:

Dies ist kein Modul-Design bzw. Modell zur Komponentenbildung im Rahmen des Software-Designs für die Realisierung. Das Modell dient ausschließlich der fachlichen Beschreibung und Zusammenfassung der fachlichen Anforderungen zu logischen IT-Systemen. Jedoch hat man im Sinne einer „losen" Kopplung die Möglichkeit die tatsächlichen implementierten IT-Komponenten diesen logischen IT-Systemen zuzuordnen.

9.7.3.1 Modellierung der IT-Systeme zum Process Monitoring

Eine Maßnahme war „Die Eskalation bei Problemen in einer Prozessinstanz soll schneller erkannt und behoben werden". Diese Maßnahme lässt sich über ein System für das Process Monitoring umsetzen.

Das IT-System besteht im Wesentlichen aus drei Komponenten, wie auch in Abbildung 9.22 beschrieben:

1. Der Import von Events und die Aufbereitung von Kennzahlen. Obwohl es für diese IT-Komponente keinen „human-workflow" gibt, ist dies das „Herz" der IT-Lösung.

2. Das System für die Benachrichtigung (Notifications) über unterschiedliche Kanäle eines möglichen Problems bei einer Prozessinstanz.

3. Eine Oberfläche zur Analyse einer Prozessinstanz und für das Einleiten von Maßnahmen.

Das übergreifende „Blue-Print" haben wir bereits in Abschnitt 9.4 beschrieben und ein Muster definiert. Somit können wir nun „gegen" dieses Muster modellieren.

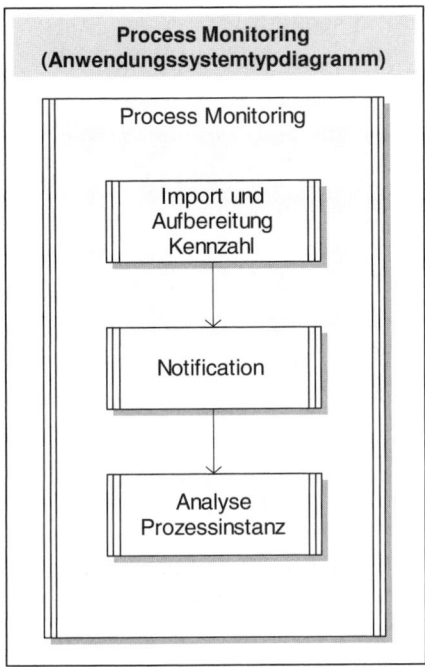

Abbildung 9.22
Modellierung der IT-Systems Process Monitoring

In der Regel wird man an dieser Stelle Standardprodukte für das „Business Activity Monitoring" (BAM) einsetzen. Diese Systeme haben bereits wohldefinierte, meist XML-basierende Schnittstellen für den Import der Daten. Die Kennzahlen können meist deklarativ beschrieben und somit ohne Programmierung instanziiert werden. Ein Beispiel für ein BAM-System ist das Produkt Oracle Business Activity Monitoring (BAM) [Orac06].

Tabelle 9.14 Benutzte Methodenobjekte der Oracle BPA Suite

Modellname	Process Monitoring
Diagrammtyp	Anwendungssystemdiagramm
Symbol	Typ Anwendung

Mehr Informationen zur Modellierung der fachlichen Anforderungen an ein IT-System finden Sie in Kapitel 6.

9.7.3.2 Modellierung der IT-Systeme zum Process Mining

Eine weitere Maßnahme war „Es soll die Möglichkeit der Analyse der Wareneingangskontrolle geschaffen werden, damit man Optimierungspotenzial erkennen kann". Das lässt sich über ein System für das Process Mining umsetzen. Wie aus Abbildung 9.23 ersichtlich ist, besteht das IT-System im Wesentlichen aus zwei Komponenten (eigentlich in Analogie mit klassischen Datawarehouse-Lösungen):

1. Der Import von Daten, die Transformation der Daten und Ablage in einer „Analyse-freundlichen" Datenstruktur (siehe Einschub 9.4: Multidimensionale Datenmodelle für das Process Warehouse).

2. Das interaktive und oberflächenlastige System für das Ad-hoc-Reporting bzw. die Analyse der Daten nach den unterschiedlichen Dimensionen („Slice-and-dice" bzw. Pivotierung der Daten zur Analyse nach unterschiedlichen Sichten).

Das übergreifende „Blue-Print" haben wir bereits in Abschnitt 9.4 beschrieben und ein Muster definiert. Somit können wir nun „gegen" dieses Muster modellieren.

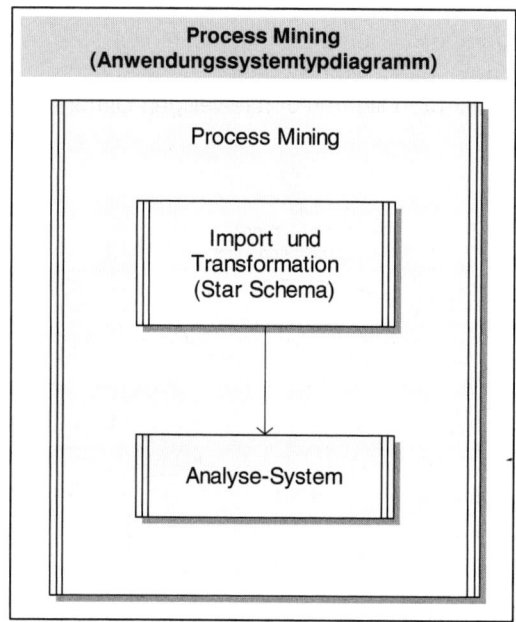

Abbildung 9.23
Modellierung eines IT-Systems
zum Process Mining

Tabelle 9.15 Benutzte Methodenobjekte der Oracle BPA Suite

Modellname	Process Monitoring
Diagrammtyp	Anwendungssystemdiagramm
Symbol	Typ Anwendung, Typ Modul

Für eine eingehende Beschreibung und Vorgehensweise für die Modellierung der fachlichen Anforderungen an ein IT-System möchten wir auf das Kapitel 6 dieses Buches verweisen.

Multidimensionale Datenmodelle für das Process Warehouse

Die Datenmodellierung für das Enterprise-Modell des Process Warehouse entspricht im Wesentlichen den gängigen Modellierungskonventionen für multidimensionale Datenmodelle (Star-/Snowflake-Schemata) in einem Data Warehouse oder Data Mart. Anders als bei klassischen OLTP[2]-lastigen Anwendungssystemen steht hier die Abarbeitung komplexer Analysevorhaben im Vordergrund. Diese Abfragen benötigen meist große Datenmengen und komplexe relationale Operationen, um die gewünschten Ergebnisse zu berechnen. Durch eine flexible und multidimensionale Betrachtung der Daten sollen entscheidungsunterstützende Analysen gewonnen werden.

Die diesem spezifischen Datenmodell zugrunde liegende Struktur ist ein OLAP[3]-Cube, der aus der operationalen Datenbank erstellt wurde. Dieser ist meist nach dem Sternschema aufgebaut, mit einer Faktentabelle und den jeweiligen Dimensionstabellen.

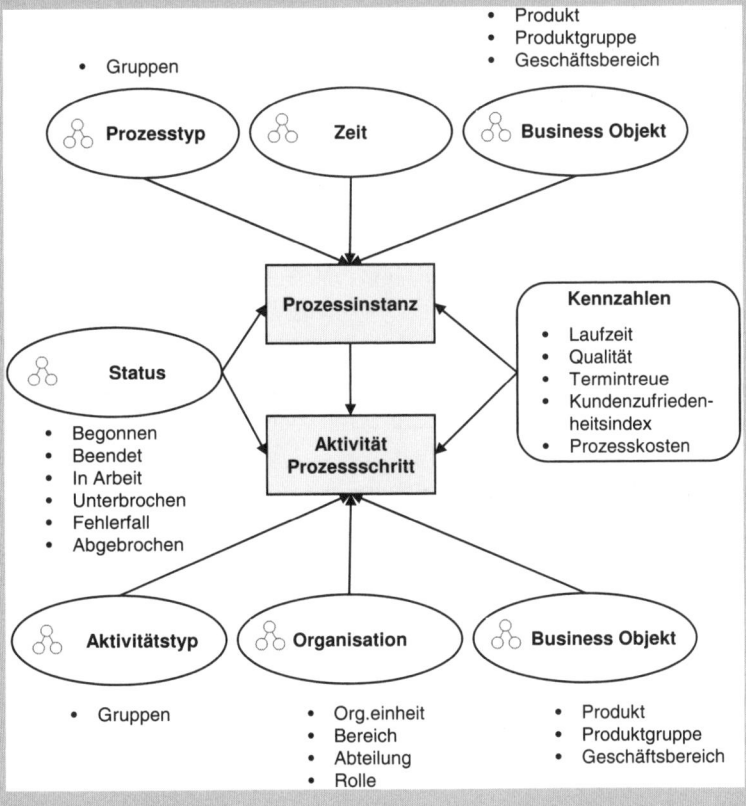

Abbildung 9.24 Das Multidimensionale Informationsmodell für das Process Mining

---

[2] OLTP = Online Transaction Processing
[3] OLAP = Online Analytical Processing

> Sehen wir uns den Zusammenhang an dem allgemeingültigen Beispiel für die Modellierung genauer an:
>
> Es gibt im Wesentlichen zwei grundlegende Faktentabellen: die Aktivität bzw. der Prozessschritt und die Prozessinstanz. Aus den Anforderungen an das Process Controlling bzw. den benötigten Kennzahlen leiten sich die benötigten Dimensionen ab.
>
> In Abbildung 9.24 sind einige typische Dimensionen, z.B.: Organisationseinheiten/ Rollen, Zeit, Produkt-/Artikelhierarchien, Produktions-/Standorte und Klassifizierung von Prozessen/Aktivitäten zu Gruppen/Typen aufgeführt. Weitere Dimensionen lassen sich aus der Struktur der unterlagerten Business-Objekte bei Bedarf bilden.

9.7.3.3 Modellierung des IT-Systems zum Process Benchmarking

Eine weitere Maßnahme war „Über ein Dashboard sollen die relevanten Kennzahlen dargestellt werden, damit man ein Benchmark für die Verbesserung hat". Diese Maßnahme lässt sich über ein „Prozess-Cockpit" umsetzen, das in der Regel eine Teilkomponente des bestehenden Unternehmensportals ist. In diesem Cockpit muss eine Teilkomponente (Ampel, Tacho) existieren, welche den Wert des KPI zum Status des WEK transparent darstellt.

Wie Abbildung 9.25 zeigt, modellieren wir das IT-System „Prozess-Cockpit WEK" als einen Anwendungssystemtyp. Durch diese Modellierung können wir diese IT-Komponente zur Darstellung der Kennzahl bei der fachlichen Modellierung an einer anderen Stelle wiederverwenden (man könnte dies auch als einen „oberflächenlastigen" Service verstehen).

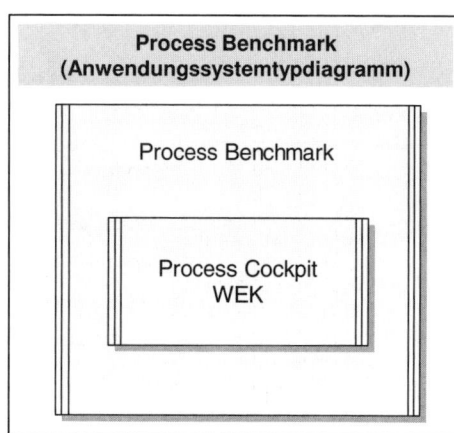

Abbildung 9.25
Modellierung des IT-Systems „Prozess-Benchmark"

Tabelle 9.16 Benutzte Methodenobjekte der Oracle BPA Suite

Modellname	Prozess-Benchmark
Diagrammtyp	Anwendungssystemdiagramm
Symbol	Typ Anwendung, Typ Modul

9.7.3.4 Modellierung von ETL-Systemen inklusive Sonden

Das IT-System für die Aufbereitung der Rohdaten aus den unterschiedlichen Prozessinstanzen stellt die eigentliche Herausforderung bei der Implementierung und Wartung dar. In Abschnitt 9.4.1 haben wir die Hintergründe beschrieben.

Diese spezifischen Sonden der unterschiedlichen Anwendungssysteme übermitteln die Daten an ein zentrales System für die Datenintegration (Stichwort: Enterprise Service Bus). Hier erfolgen die notwendigen Transformationen und die Aufbereitung auf das benötigte Schnittstellenformat, welches zum Aufbau eines Process Warehouse benötigt wird. Im Wesentlichen wird ein Schlüssel gebildet, der die Prozessinstanz eindeutig beschreibt und später für die Zuordnung der einzelnen Prozessinformationen dient. Das System ermittelt ferner den Vorgänger dieser Prozessinstanz und speichert diese Information ab, damit eine Serialisierung der Prozessschritte möglich ist.

In unserem speziellen Fall brauchen wir einen Datensatz für jeden zu messenden Event (hier: eindeutiger Start- und Endezeitpunkt) im Prozess der Wareneingangskontrolle (WEK). Hieraus können wir die Kennzahl PDauer WEK (= Prozessdurchlaufzeit bei der WEK) berechnen. Bei der Modellierung müssen wir nun beginnend beim WEK-Prozess dem entsprechenden Ereignis einen „Event" (Symbol: b-Attribut ERM) zuweisen. Dieses ist als der Auslöser für die Aktivierung der Sonde zu verstehen, welche die benötigten Daten extrahiert. Wir nutzen das Zugriffsdiagramm, um die Sonde mit dem Event in Beziehung zu setzen. Anschließend weisen wir dem Anwendungssystem die benutzten Sonden zu.

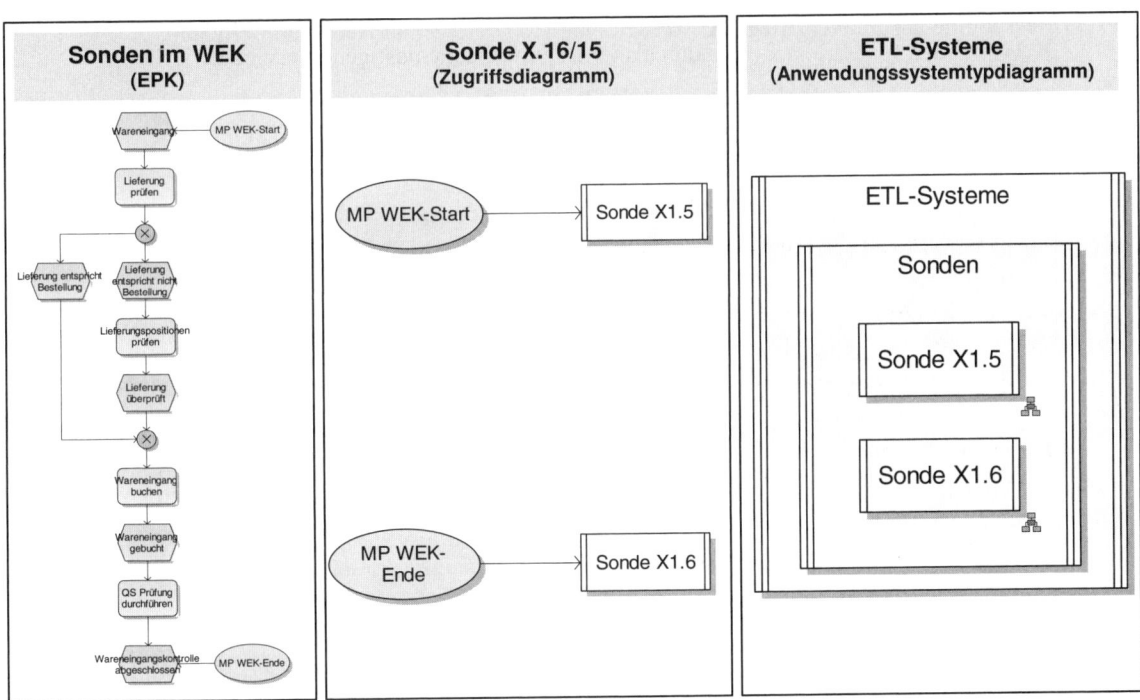

Abbildung 9.26 Modellierung der ETL-Systeme und Sonden

Abbildung 9.26 beschreibt die Zusammenhänge der Sonden im WEK-Prozess mit den IT-Komponenten bei den ETL-Systemen durch ein Zugriffsdiagramm, welches die Start/ Ende-Events des Prozesses den entsprechenden Sonden zuordnet.

Durch unsere Vorarbeit können wir nun die Sonde mit der Kennzahl verknüpfen und damit die fachlichen Anforderungen für die Implementierung der Regeln nutzen. Durch die Verknüpfung der prozessorientierten Events mit den relevanten Prozessschritten des WEK wissen wir, an welchen IT-Anwendungssystemen die Sonden ansetzen müssen.

Tabelle 9.17 Benutzte Methodenobjekte der Oracle BPA Suite

Modellname	ETL-Systeme, Sonden, Sonden im WEK
Diagrammtyp	Anwendungssystemdiagramm, Zugriffsdiagramm, EPK
Symbol	Typ Anwendung, Typ Modul, b-Attribut (ERM), Ereignis, Funktion

9.8 Fazit

Die schrittweise Umstellung der bestehenden Softwarearchitektur auf serviceorientierte Architekturen mit wiederverwertbaren Anwendungskomponenten in Verbindung mit dem Einsatz von Systemen zum Business Process Management (BPM) wird die Implementierung von Systemen zum Process Monitoring/ Mining unterstützen [Peis06]. Systeme zur Messung der operativen Effizienz werden eine stetig steigende Bedeutung erhalten, da die Kosten zur Implementierung in den nächsten Jahren beständig sinken werden. Im Markt etablieren sich bereits BAM-Lösungen für das Process Monitoring, und auch die Anbieter von Lösungen rund um das Corporate Performance Management (CPM) entwickeln Lösungen für das Process Mining.

Aus unserer Sicht liegt ein wesentlicher Erfolgsfaktor bei der Implementierung eines Process Warehouse in der Modellierung der fachlichen Zusammenhänge und der Implementierung der Datenbewirtschaftung. Die „Anreicherung" der Prozessmodelle mit Informationen zu den benötigten Kennzahlen bildet den ersten Schritt für die Definition klarer Transformationsregeln. Diese Regeln garantieren erst die Umwandlung von Informationen aus den operativen Systemen in serialisierte Prozessinformationen. Die durch PUSH-Konzepte implementierte Datenbewirtschaftung transformiert und lädt die benötigten Data-Warehouse-Tabellen im Rahmen des Process Warehouse.

Die Modellierungskonventionen der Oracle BPA Suite unterstützen die vorgestellte Methode. Die Modelle lassen sich in einem gemeinsamen Repository ablegen und erzeugen die benötigte Transparenz der komplexen Zusammenhänge. Wichtig ist uns hier die lose Kopplung der Objekte innerhalb der Modelle. Dies ermöglicht die Innovation und Veränderung einzelner Prozesse oder IT-Systeme, ohne die komplette Modellierung „umschreiben" zu müssen. Außerdem sorgt es dafür, dass fachliche Beschreibung und Implementierung sauber voneinander getrennt bleiben.

Durch das Process Controlling mit einem Process Warehouse schließt sich der oft theoretisch beschriebene Regelkreis des Geschäftsprozessmanagements. Das Process Warehouse liefert nun systemseitig valide Kennzahlen für Prozessanalysen und die begleitende Prozessoptimierung. Der Druck vieler Unternehmen, ihre Geschäftsprozesse flexibel auf neue Geschäftsmodelle umzustellen, wird dazu führen, dass sich die geschilderten Ansätze eines Process Monitoring und Process Mining mittelfristig durchsetzen werden.

Literatur

[Aals00]   *van der Aalst, W. M. P., et al.:* Workflow Patterns,
            http://www.workflowpatterns.com/documentation/documents/wfs-pat-2002.pdf

[Aals03]   *van der Aalst, W. A. ter Hofstede, M. Weske:* Mining Most Specific Workflow Mod-
            els from Event-based In: W. van der Aalst, A. ter Hofstede and M. Weske: Business
            Process Management, Proceedings of the International Conference BPM 2003, Eind-
            hoven, Lecture Notes in Computer Science, Band 2678, Springer, S.25-40, 6/2003

[BPMN09]   Object Management Group, BPMN Information Home, http://www.bpmn.org

[Carr03]   *Carr, N.:* IT doesn't matter. In: Harvard Business Review. Harvard Business School
            Publishing, Boston 2003

[Crum06]   *Crump, J.:* Business Activity Monitoring (BAM) The new face of BPM, June 2006,
            http://www.softwareag.com/Corporate/Images/WP_The_New_Face_of_BPM_
            tcm16-34226.pdf

[Davi01]   *Davis, R.:* Business Process Modelling with ARIS. 1. Auflage Springer Verlag Lon-
            don, 2001

[Hans09]   *Hanschke, I.:* Strategisches Management der IT-Landschaft. Ein praktischer Leitfaden
            für das Enterprise Architecture Management. 1. Auflage. Hanser, München 2009

[Kapl97]   *Kaplan, R. S., Norton, D. P.:* Balanced Scorecard – Strategien erfolgreich umsetzen,
            Stuttgart, 1997

[Koch05]   *Kochar, Harpal,* Oracle Business Acitivity Monitoring – White Paper,
            http://www.oracle.com/technology/products/integration/bam/pdf/bam_whitepaper.pdf

[List00]   *List, B., Schiefer, J., Tjoa A M., Quirchmayr, G.:* Multidimensional Business Process
            Analysis with the Process Warehouse. In: *W. Abramowicz* and *J. Zurada* (Eds.):
            Knowledge Discovery for Business Information Systems, Kluwer Academic Publish-
            ers (2000)

[Math07]   *Mathas, C.:* SOA intern: Praxiswissen zu serviceorientierten IT-Systemen. 1. Auflage.
            Hanser, München 2007

[Mele05]   *Melenovsky M., Sinur, J., Hill, J., McCoy, D.,* Business Process Management: Pre-
            paring for the Process-Managed Organization, 2005

[Mott08]   Performing Business Processes Knowledge Base, Precedings, University of Pavia, Gianmario Motta, Giovanni Pignatelli, Manuela Florio, 2008

[Oasi06]   *OASIS:* Reference Model for Service Oriented Architecture 1.0. 2006

[Orac06]   Oracle Corporation, Oracle Business Activity Monitoring User's Guide 10g (10.1.3.1), October 2006

[Peis06]   *Peisl, R.:* Geschäftsprozessmanagement mit IBM WebSphere, Publisher: IBM Deutschland GmbH (April 2005)

[Sche02]   August-Wilhelm, Scheer, Wolfram Jost: ARIS in der Praxis, Springer 2002

[Sche04]   *Scheer, A.-W. und W. Jost (Hrsg.):* ARIS in der Praxis – Gestaltung, Implementierung und Optimierung von Geschäftsprozessen, Springer Saarbrücken, 4. Auflage, 2002.

[Sche05]   *Scheer, A. W. :* Corporate Performance Management, Aris in der Praxis, Springer, 2005

[Schi09]   *Schmiedel, D.:* Vorgehensmodell für Closed-loop BPM mit Oracle Fusion Middleware, Masterarbeit an der HTWK Leipzig, 2009

[Schm03]   *Schmelzer, H., Sesselman, W.:* Geschäftsprozessmanagement in der Praxis, 3 Auflage, Hanser 2003

[Schm07]   *Schmelzer, J.; Sesselmann, W.:* Geschäftsprozessmanagement in der Praxis, 6. Auflage. Hanser, München 2007

[Toga09]   The Open Group Architecture Framnework TOGAF. http://www.opengroup.org/

[Zach09]   *Zachman, J.:* Zachman International Enterprise Architecture. http://zachmaninternational.com

[zMüh00]   *zur Mühlen, M.:* Workflow-based Process Controlling - Or: What You Can Measure You Can Control. In: Fischer, Layna (2000): Workflow Handbook 2001. Lighthouse Point, FL, 2000, S. 61-77

Register

V

W

Z

HANSER

Enterprise Architecture Management im Griff.

Hanschke
Strategisches Management der IT-Landschaft
343 Seiten.
ISBN 978-3-446-41702-1

Die IT spielt für den Erfolg eines Unternehmens eine ganz entscheidende Rolle. Nur wenn die IT-Landschaft an den Business-Zielen ausgerichtet ist, kann ein Unternehmen erfolgreich im Markt agieren und auf die großen Herausforderungen wie Globalisierung, Fusionen und immer kürzere Innovationszyklen rasch und flexibel genug reagieren.

In diesem Buch erfahren Sie, wie Sie als IT-Manager oder CIO Ihre IT-System-Landschaft am Business ausrichten und erfolgreich planen und steuern. Die relevanten Kernaufgaben dabei sind das IT-Bebauungsmanagement und das technische Architekturmanagement.

Die praktischen Anleitungen und Best Practices versetzen Sie in die Lage, Ihrem Unternehmen eine IT-Unterstützung für das Business zu marktgerechten Preisen anzubieten, die flexibel auf Veränderungen reagieren kann.

Mehr Informationen zu diesem Buch und zu unserem Programm
unter **www.hanser.de/computer**

HANSER

Zielfindung mit ITIL® 3.

Beims
**IT-Service Management in der
Praxis mit ITIL® 3**
327 Seiten. Flexcover
ISBN 978-3-446-41320-7

Die IT hat sich zunehmend zu einem kritischen Erfolgsfaktor für funktio-
nierende Geschäftsprozesse in Unternehmen entwickelt. Das stellt IT-Orga-
nisationen vor die Herausforderung, bei unverändertem oder gar kleinerem
Budget immer neue Anforderungen erfüllen zu müssen. Als IT-Verantwort-
licher können Sie diese Herausforderung meistern, wenn Sie auf ein strukturiertes IT-Service Management setzen und damit die vorhandenen Fähigkeiten und Ressourcen zielgerichtet steuern und entwickeln.
Dieses Buch begleitet Sie auf diesem Weg. Es zeigt, wie Sie IT-Service
Management mit ITIL® in die Praxis planen und realisieren. Sie erfahren,
wie Sie die Best Practices von ITIL® Ihren Zielen entsprechend mit ISO
20000, IT-Kennzahlen, Balanced Scorecard, CobIT und PRINCE2 richtig
kombinieren und einsetzen.

Mehr Informationen zu diesem Buch und zu unserem Programm
unter **www.hanser.de/computer**

HANSER

Alles im Griff.

Tiemeyer (Hrsg.)
Handbuch IT-Management
Konzepte, Methoden, Lösungen
und Arbeitshilfen für die Praxis
3., überarbeitete und erweiterte
Auflage
739 Seiten
ISBN 978-3-446-41842-4

Informationstechnik (IT) hat inzwischen so gut wie alle Geschäftsbereiche durchdrungen und kann über Erfolg oder Misserfolg der Unternehmenstätigkeit entscheiden. Deshalb nehmen IT-Manager in Unternehmen eine ganz zentrale Rolle ein.

Damit IT-Manager für die Praxis gerüstet sind, stellt dieses Handbuch umfassendes, aktuelles und in der Praxis unverzichtbares Wissen aus allen Bereichen des IT-Managements zur Verfügung. Die Autoren, allesamt Experten auf ihrem Gebiet, vermitteln die Fähigkeit zur Entwicklung von IT-Strategien, technisches Know-How und fundiertes Wissen zu Managementthemen und Führungsaufgaben.

Mehr Informationen zu diesem Buch und zu unserem Programm
unter **www.hanser.de/computer**

HANSER

Anforderung gut, alles gut.

Chris Rupp & die SOPHISTen
**Requirements-Engineering
und -Management
Professionelle, iterative Anforderungsanalyse für die Praxis**
5., aktualisierte und erweiterte
Auflage
569 Seiten. Vierfarbig
ISBN 978-3-446-41841-7

Softwareentwickler müssen die Anforderungen (Requirements) an ein
Software-System kennen, damit sie und auch die späteren Anwender sicher
sein können, dass das richtige System entwickelt wird. Die Anforderungsanalyse entscheidet über den Erfolg von Projekten oder Produkten.

In ihrem Bestseller beschreiben die SOPHISTen, ausgewiesene Require-
ments-Experten, den Prozess, Anforderungen an Systeme zu erheben und
ihre ständige Veränderung zu managen. Sie liefern innovative und in der
Praxis vielfach erprobte Lösungen. Zahlreiche Expertenboxen, Beispiele,
Templates und Checklisten sichern den Know-how-Transfer in die Projekt-
arbeit.

Mehr Informationen zu diesem Buch und zu unserem Programm
unter **www.hanser.de/computer**

HANSER

Glasklar: Das „Standardwerk"!

Java SPEKTRUM

Rupp/Queins/Zengler
UML 2 glasklar
568 Seiten.
ISBN 978-3-446-41118-0

Die UML 2.0 ist erwachsen und in der Version 2.1 nun auch tageslicht-
tauglich. Daher haben die Autoren diesen Bestseller in Sachen UML
aktualisiert. Dieses topaktuelle und nützliche Nachschlagewerk enthält
zahlreiche Tipps und Tricks zum Einsatz der UML in der Praxis. Die
Autoren beschreiben alle Diagramme der UML und zeigen ihren Einsatz
anhand eines durchgängigen Praxisbeispiels. Folgende Fragen werden
u.a. beantwortet

· Welche Diagramme gibt es in der UML 2?
· Wofür werden diese Diagramme in Projekten verwendet?
· Wie kann ich die UML an meine Projektbedürfnisse anpassen?
· Was benötige ich wirklich von der UML?

Mehr Informationen zu diesem Buch und zu unserem Programm
unter **www.hanser.de/computer**

GUT AUFGELEGT
ICH BLEIBE OFFEN LIEGEN ;-) DANK SPEZIAL-
FORMAT UND PATENTIERTER BINDUNG

Kösel FD 351 · Patent-No. 0748702